电脑 Diannao | 即学即用 | 系列
Jixuejiyong Xilie

电脑上网

即学即用

周 平 编著

UESTCP 电子科技大学出版社

图书在版编目（CIP）数据

电脑上网即学即用 / 周平编著. —成都：电子科技大学出版社，2008.1

（电脑即学即用系列）

ISBN 978-7-81114-719-3

Ⅰ. 电… Ⅱ. 周… Ⅲ. 因特网—基本知识 Ⅳ. TP393.4

中国版本图书馆 CIP 数据核字（2007）第 192201 号

电脑上网 即学即用

周 平 编著

出 版： 电子科技大学出版社（成都市一环路东一段 159 号电子信息产业大厦 邮编：610051）

策划编辑： 谢应成

责任编辑： 江进优

主 页： www.uestcp.com.cn

电子邮箱： uestcp @ uestcp.com.cn

发 行： 新华书店经销

印 刷： 四川南方印务有限公司

成品尺寸： 185 mm×230 mm 印张 12. 25 字数 282 千字

版 次： 2008 年 1 月第一版

印 次： 2008 年 1 月第一次印刷

书 号： ISBN 978-7-81114-719-3

定 价： 20. 00 元

《电脑即学即用系列》

电脑作为现代办公设备必不可少的一种工具，已经广泛地应用到各个领域，正在改变着人们的生产和生活。不会使用电脑就跟不上时代，因此，如何快速地学会电脑操作技能，就成为现代社会每个人都需要解决的新问题。

为适应这种需求，各类学历教育学校以及社会培训学校都开设计算机专业方面的课程，各类学校也将非计算机专业学生的电脑知识和技能教育纳入教学计划。为此，我们组织了一批教学精英编写这套《电脑即学即用》系列，以满足学校教学和学习电脑知识人员的需要。本套教材的作者均长期从事一线教育工作，熟悉教学内容的编排，了解学生的需求和接受能力，并将丰富的授课和写作经验融入本套教材的编写中。

本套教材涵盖了计算机各个应用领域，包括操作系统使用、办公软件、互联网、网页制作、计算机组装、图形图像、二维动画、三维动画、电脑制图等。众多的图书品种可以满足不同读者、不同电脑课程设置的需要。

本套丛书全部以最流行软件为基础，详细讲解每个软件的使用方法及应用技巧，并以大量的案例贯穿于教学过程中，使读者真正熟练掌握所学软件，融会贯通。本套丛书具有以下特点：

1. 本丛书紧密结合自学与课堂教学的特点，针对广大初、中级读者电脑基础知识薄弱的现状，突出基础知识和实践指导方面的内容。

2. 版式设计简洁、大方，突出重点，对于标题、正文、注释、技巧等都设计了醒目的字体，读者阅读起来会感到轻松愉快。

3. 语言精练实用，不讲深奥的原理，只介绍学习电脑应用最需要的内容。

4. 以详细、直观的步骤讲解相关操作，方便读者阅读。本套丛书在实例的讲解上注意选材，书中的实例都具有较强的代表性。

5. 本套丛书中涉及的制作实例、素材等内容均可在 http://www.zrbook.net 网站上下载使用。

编　者

2007 年 10 月

电脑上网即学即用 前言

本书结合作者多年的应用经验及 Internet 的特点进行编写，期望本书的出版能够有助于计算机上网技术的普及应用。

本书共分为 9 章，具体内容安排如下：

第 1 章连接因特网。主要介绍 Internet 的概念、Internet 的形成和发展、Internet 的组成、通信协议、使用电话网接入 Internet 和使用局域网接入 Internet 的方法。

第 2 章浏览网页。主要介绍了 WWW 的概念、IE 浏览器的启动方法与工作界面、使用 IE 浏览器浏览网页的方法、收藏夹的使用和管理方法、保存网页、查看历史记录和 IE 浏览器的一些设置等。

第 3 章搜索引擎。主要介绍了搜索引擎的工作原理、基本类型、收录范围、分类目录和搜索引擎的使用方法。

第 4 章下载工具。主要介绍创了 FTP 的概念，迅雷下载工具的安装、界面和使用方法，快车的特点、界面、选项设置及下载方式等。

第 5 章聊天工具。主要介绍了腾讯 QQ 的下载和安装方法、申请 QQ 号码、使用 QQ 通信的方法和 MSN 的使用方法等。

第 6 章网上会议。主要介绍了网上会议程序的安装、初始化设置、界面介绍和使用方法。

第 7 章网上娱乐。主要介绍了网上聊天的方法，如进入聊天室、论坛、BBS 和使用网上多媒体听歌、看电影的方法及网上游戏的下载、安装方法等。

第 8 章电子邮件。本章主要介绍了免费电子邮箱的申请方法、使用免费电子邮箱收信和发信的方法、邮箱管理的方法及免费邮箱的功能等。

第 9 章制作与发布主页。本章主要介绍了创建网站结构、编辑网页和发布网页的方法。

本书可作为电脑上网的初学者或自学者使用，也可作为各中专学校及培训班教材，更可作为网络用户学习和应用的参考资料。

虽然经过严格审核、精细编辑，本书在质量上有一定的保障，但为求尽善尽美，欢迎广大读者和专家提出宝贵意见。

周　平

2007 年 10 月

电脑上网即学即用

电脑上网即学即用

电脑即学即用

教你学电脑

第1章 连接因特网

本章要点：

- ◆ Internet 的概念
- ◆ Internet 的形成和发展
- ◆ Internet 的通信协议
- ◆ 使用电话线接入 Internet 的方法
- ◆ 使用局域网接入 Internet 的方法

电脑博士，听说 Internet 是连接世界各国的一个最大的网络，可以介绍它的发展和组成结构吗？

小丽，当然可以，本章就介绍 Internet 的形成、发展、组成、通信协议和接入方式等特点，让你对 Internet 有一个全面的认识。

1.1 Internet 基础知识

Internet 又叫做因特网，它是利用通信线路将具有独立功能的计算机连接起来而形成的计算机集合。使用因特网，在多台计算机之间可以借助通信线路传递信息，共享软件、硬件和数据等资源。本章将着重介绍 Internet 的概念、发展、组成和通信协议。

1.1.1 Internet 的概念

Internet 有什么作用？
使用 Internet 可使多台计算机相互通信，并可浏览网页、查询信息、上网和文件传送等。

Internet 是一个面向公众的社会性的开放系统。Internet 的信息资源分布在整个网络中，没有统一的组织管理，也没有所谓管理部门。一方面，世界各地数以百万的人们已在利用 Internet 进行信息交流和资源共享；另一方面，每一个人和组织又可以投入自己的时间和精力对 Internet 进行开发并把自己的资源加入到 Internet 中去，让自己编写的软件通过网络推广出去，供世界上所有人使用，而这些都是自愿的和无偿的。

Internet 是一个国际性的通信网络集合体，它集现代通信技术和现代计算机技术于一体，是计算机之间进行国际信息交流和实现资源共享的良好手段。Internet 将各种各样的物理网络连接起来，构成一个整体，而不论这些网络类型的异同、规模的大小和地理位置的差异。

Internet 具有极为丰富的信息资源、最先进的信息交流手段及十分宽松的参与和管理方式。Internet 是一个庞大的信息资源网，把世界范围内各个领域的信息资源集为一体，供网上用户共享。

Internet 为广大群众提供进行创建、浏览、访问、阅读、交流信息等多种服务，如电子邮件、WWW 信息查询、电子新闻、文件传输、语音与图像通信服务等功能。

1.1.2 Internet 的形成和发展

Internet 是怎样形成并发展起来的呢？
接下来就介绍 Internet 的形成和发展情况。

Internet 从诞生几十年以来，大致经历了初期联网、ARPANET 网的诞生、NSFNET 网的

建立、美国国内互联网的形成及 Internet 网在全世界的发展等阶段。

随着计算机应用的发展，出现了多台计算机互联的需求。20 世纪 60 年代中期发展了由若干台计算机互联起来的系统，即利用调整通信线路将多台地理位置不同、各具独立功能的计算机连接起来，开始了计算机之间的通信。此类网络一般有两种形式：其一，主计算机通过通信线路直接互联起来。通信控制处理机负责网络上各主计算机之间的通信处理与控制。主计算机是网络资源的拥有者，负责数据处理、资源共享。这便是计算机网络发展的初级阶段。

在 1996 年底，全球已有 186 个国家和地区连接了 Internet，上网用户超过 7000 万，连接的网络达到 134 365 个，连接的主机约 1 600 万台：在 Internet 上约有 600 个大型电子图书馆、400 个学术文件库与 100 万个信息源，并且有 48 000 个组织注册了 Internet 网址，这些都是计算机网络技术发展的结果。

1.1.3 Internet 的组成

Internet 是由哪些部分组成的？
Internet 是由通信线路、路由器、主机、信息资源等部分组成。

Internet 的组成非常简单，只需用一个通信线路将路由器和主机相连，即可获得所需的信息资源。

• 通信线路

Internet 中的通信线路可分为两类：一类是有线通信线路，另一类是无线通信信道。通信线路是 Internet 中的基础设备，它用于连接路由器和主机。

通信线路可使用“带宽”和“传输速率”等术语来描述其数据传输能力。所谓传输速率，是指每秒钟传输的比特数，其单位为比特/秒（b/s）。

为了书写与表达方便，经常使用以下表示方法：

$$1kb/s=10^3b/s \qquad 1Mb/s=10^6b/s \qquad 1Gb/s=10^9b/s$$

通信线路的最大传输速率都与它的带宽成正比。通信线路的带宽越宽，其传输速率就越高。

• 路由器

路由器是负责连接 Internet 中的各个局域网或广域网的设备，路由器的设置是 Internet 中最重要的设置之一。

路由器的工作原理是：当数据从一个网络传输到路由器时，需要根据数据所要到达的目的地，通过路径选择算法为数据选择一条最佳的输出路径。如果路径路由器选择的输出路径比较拥挤，路由器则负责管理数据传输的等待队列。在数据从源主机出发后，往往需要经过多个路由器的转发，经过多个网络才能到达目的主机。

• 主 机

主机是 Internet 中不可缺少的成员，是信息资源与服务的载体。Internet 中的主机既可以是大型计算机，又可以是普通的微型机或便携式计算机。

按照在 Internet 中的用途，主机分为两类：服务器与客户机。服务器是信息资源与服务的提供者，一般是性能比较高、存储容量比较大的计算机。服务器根据它提供的服务功能不同，分为文件服务器、数据库服务器、WWW 服务器、FTP 服务器、E-mail 服务器与域名服务器等。客户机是信息资源与服务的使用者，可以是普通的微型机或便携机。服务器使用专用的服务器软件向用户提供信息资源与服务，而用户使用各类 Internet 客户端软件来访问信息资源或服务。

Internet 提供了很多类型的服务，例如电子邮件、远程登录、文件传输、WWW 服务、Gopher 服务与新闻服务等。通过这些 Internet 服务，可以在网上搜索信息、相互交流、网上购物、发布信息和娱乐等。

• 信息资源

信息资源直接关系到 Internet 受欢迎的程度。Internet 的发展方向是更好地组织信息资源，使用户快捷地获得信息。WWW 服务的出现使信息资源的组织方式更加合理；搜索引擎的出现使信息的检索更加快捷。

下图即是一个搜狐站点，在此站点中可查询各类信息。

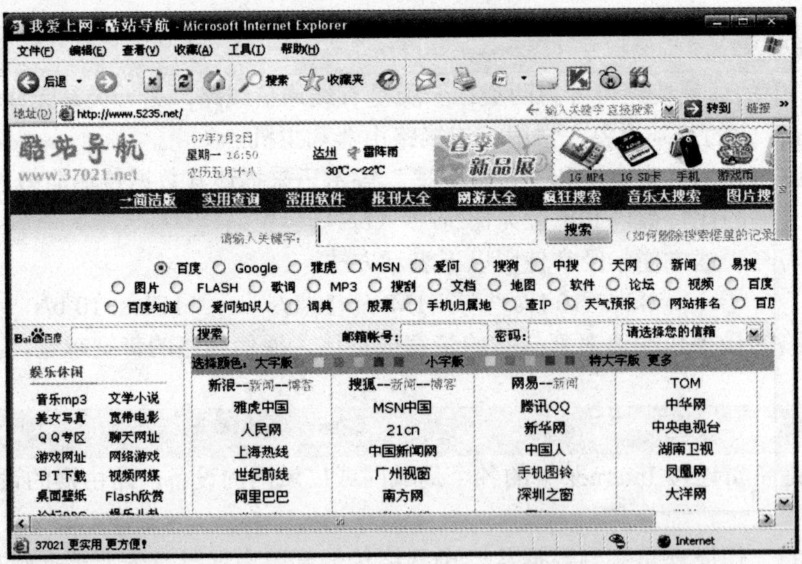

在 Internet 中有很多类型的信息资源，如文本、图像、声音、视频等多种信息类型，这些类型涉及社会生活中的各个方面。通过 Internet，可以查找资料，搜集新闻等各类信息，还可以进行娱乐、休闲、聊天。

1.1.4 通信协议

什么是通
信协议？
通信协议是一种保证
Internet 正常工作的方法。

计算机之间的通信过程就像人与人之间的交流过程，如果一个人讲中文另一个人讲英文，那么要使这两个人彼此能够交流就要有一个人来翻译才行。本节所讲的通信协议就与这个翻译一样起着一个过渡的作用。

Internet 的通信主要有 TCP/IP 协议（包括 IP 地址、IP 地址的分类和 IP 数据包的传输等），下面将分别介绍这几种。

• TCP/IP 协议

TCP/IP 协议是 Internet 中计算机之间通信必须遵循的一种通信规则，它规定了计算机之间通信的所有细节。TCP/IP 协议规定每台计算机信息表示的格式与含义，规定计算机之间通信所要使用的控制信息，以及在接到控制信息后应该做出的反应。

Internet 允许世界各地不同类型的计算机网络接入它的子网，因此这是一个非常复杂的系统，在此系统中，用什么方法才能保证 Internet 能够正常工作呢？其实很简单，只要求所有接入 Internet 的计算机都使用相同的通信协议即可，从而出现了 TCP/IP 协议。

• IP 地址

使用 IP 地址可以唯一确定 Internet 上每台计算机与每个用户的位置。接入 Internet 的计算机与接入电话网的电话相似，每台计算机或路由器都有一个由授权机构分配的号码，这个号码就叫做 IP 地址。

IP 地址采用分层结构，它分为网络号和主机号两部分，其结构如下图所示。

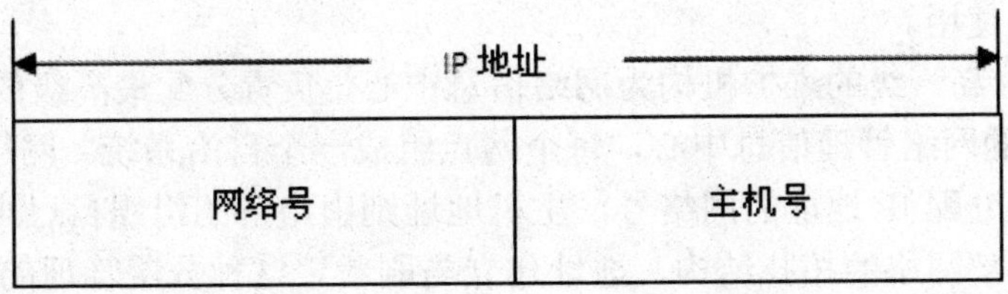
IP 地址
网络号
主机号

网络号用于标识逻辑网络，而主机号则是用来标识网络中的一台主机。一台主机至少有一个 IP 地址，而这些 IP 地址都是唯一的。如果一台 Internet 主机有两个或多个 IP 地址，那么该主机是属于两个或多个逻辑网络。

• IP 地址的分类

IP 地址的长度为 32 位，根据不同的取值范围，IP 地址可以分为 5 大类，如下图所示。

A类地址	0	网络地址（7位）	主机地址（24位）
B类地址	10	网络地址（14位）	主机地址（16位）
C类地址	110	网络地址（21位）	主机地址（8位）
D类地址	1110	多目的广播地址（28）位	
E类地址	11110	保留用于实验和将来使用	

从上图中可以看出：

A类IP地址的网络地址空间长度为7位，主机地址空间长度为24位。A类IP地址的取值范围是1.0.0.0～127.255.255.255，由于网络地址空间长度为7位，因此允许有126个不同的A类网络，此类地址适合用于有大量主机的大型网络。

B类IP地址的网络地址空间长度为14位，主机地址空间长度为16位。B类IP地址的取值范围是128.0.0.0～191.255.255.255。B类IP地址适用于一些国际性大公司与政府机构等。

C类IP地址的网络地址空间长度为21位，主机地址空间长度为8位。C类IP地址的取值范围是192.0.0.0～223.255.255.255。C类IP地址特别适用于一些小公司、工作室与普通的研究机构。

D类IP地址不标识网络，它的取值范围是224.0.0.0～239.255.255.255。D类IP地址可用于多目的地址广播。

E类IP地址暂时保留，其取值范围是240.0.0.0～255.255.255.255。E类IP地址主要用于一些实验或将来使用。

Internet上最高一级的维护机构为网络信息中心，负责分配最高级的IP地址。它的下一级为Internet网点的网络管理信息中心，每个网点组成一个自治系统。网络信息中心只给申请成为新网点的组织分配IP地址的网络号，主机地址则由申请的组织自己来分配和管理。自治域系统负责自己内部网络的拓扑结构、地址建立与刷新。这种分层管理的方法能够有效地防止IP地址冲突。

• IP数据包的传输

在Internet中，将发送数据的主机称为源主机，将接收数据的主机称为目的主机，将它们的IP地址分别称为IP源地址与IP目的地址。源主机在发送数据之前，要将IP源地址、IP目的地址与数据封装在IP数据包中。IP地址保证IP数据包的正确传送，其作用类似于信封上的地址。

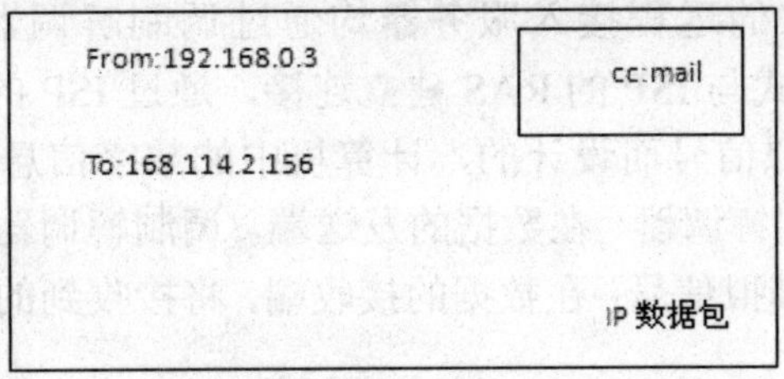

源主机在发送 IP 数据包时只需指明第一个路由器。该路由器根据数据包中的目的 IP 地址决定 Internet 中的传输路径，在经过路由器的多次转发后将数据包交给目的主机。在传送数据包时，用户不需设置数据包沿哪一条路径从源主机发送到目的主机，这些全部由通信子网独立完成。

1.2 接入Internet的方式

在学习 Internet 的接入方式之前，首先要了解 ISP 的作用，它是用户接入 Internet 的一个入口点，它不但能为用户提供接入服务，还能为用户提供各类信息服务。

通常，计算机接入 Internet 的方式有两种，一种是通过电话线接入，另一种是通过局域网接入，但不管使用哪种接入技术都要连接到 ISP 的主机才行。

1.2.1 使用电话网接入 Internet

下图是一个电话网接入 Internet 的结构示意图。它先用调制解调器通过电话网与 ISP 连接，再通过 ISP 的连接通道接入 Internet。

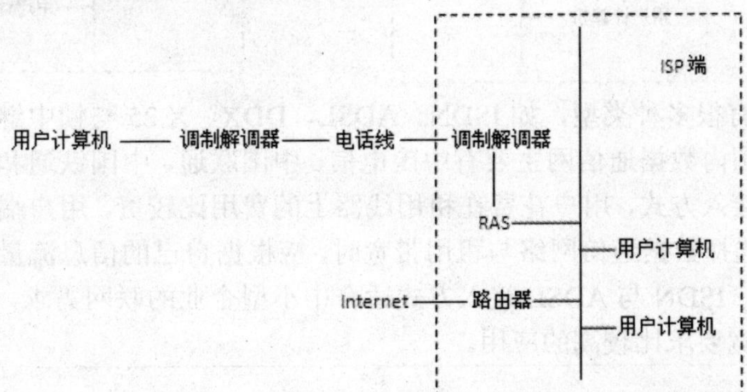

用户计算机与 ISP 的远程接入服务器均通过调制解调器与电话网相连。用户在访问 Internet 时，通过拨号方式与 ISP 的 RAS 建立连接，通过 ISP 的路由器访问 Internet。

电话网是为传输模拟信号而设计的，计算机中的数字信息号无法直接在普通的电话线上传输，因此需要使用调制解调器。在数据的发送端，调制解调器将计算机中的数字信号转换成能够在电话线上传输的模拟信号；在数据的接收端，将接收到的模拟信号转换成能够在计算机中识别的数字信号。

ISP 能提供的电话中继线数目关系到与 ISP 建立连接的成功率。每条电话中继线在每个时刻只能支持一个用户接入，ISP 提供的电话中继线越少，用户与 ISP 的 RAS 建立连接的成功率越低。在用户端，既可以将一台计算机直接通过调制解调节器与电话网相连，也可以利用代理服务器将局域网通过调制解调器与电话网间接相连。

1.2.2 通过局域网接入 Internet

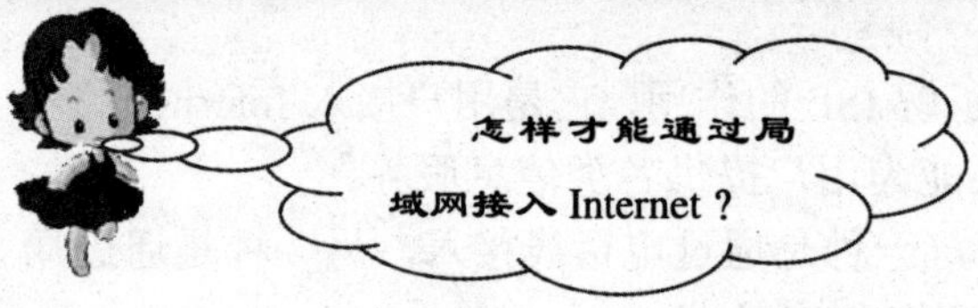

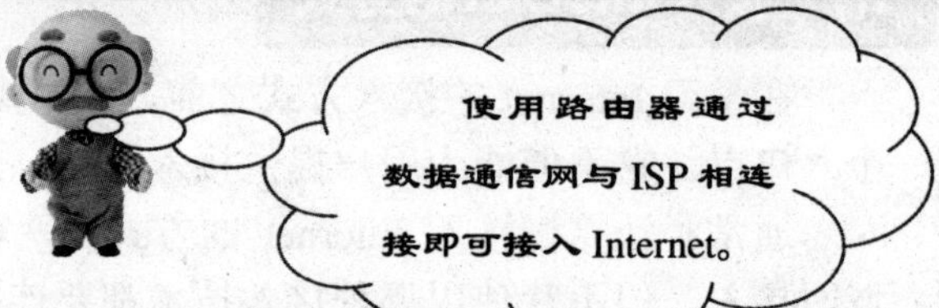

下图是通过局域网接入 Internet 的结构示意图，用户局域网使用路由器再通过数据通信网与 ISP 连接，然后通过 ISP 的连接通道接入 Internet。

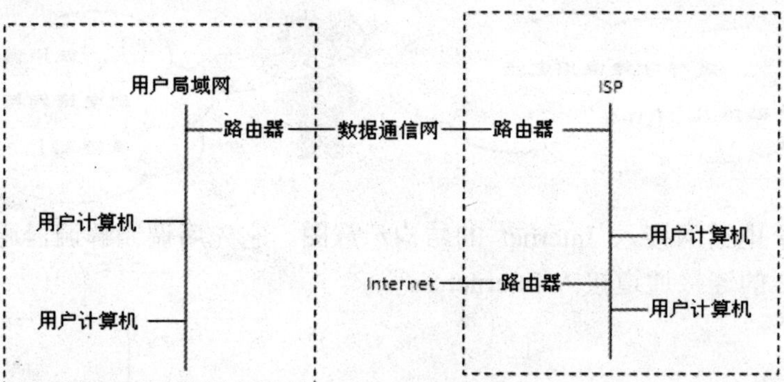

数据通信网有很多种类型，如 ISDN、ADSL、DDX、X.25 与帧中继等，它们都由电信部门运营和管理。国内数据通信网主要有中国电信、中国联通、中国铁通和中国网通等几个经营点。使用局域网接入方式，用户花费在租用线路上的费用比较贵，用户端通常是有一定规模的局域网。用户在选择数据通信网络与租用带宽时，应根据自己的信息流量和能够承担的费用等进行选择。通常，ISDN 与 ADSL 接入方式适合中小型企业的联网需求，而 DDX 和帧中继接入方式适合对带宽要求比较高的应用。

电脑即学即用

教你学电脑

第2章 浏览网页

本章要点：

- WWW 概念
- 启动 IE 浏览器
- Internet Explorer 6.0 界面
- 使用收藏夹
- Internet Explorer 6.0 浏览器设置

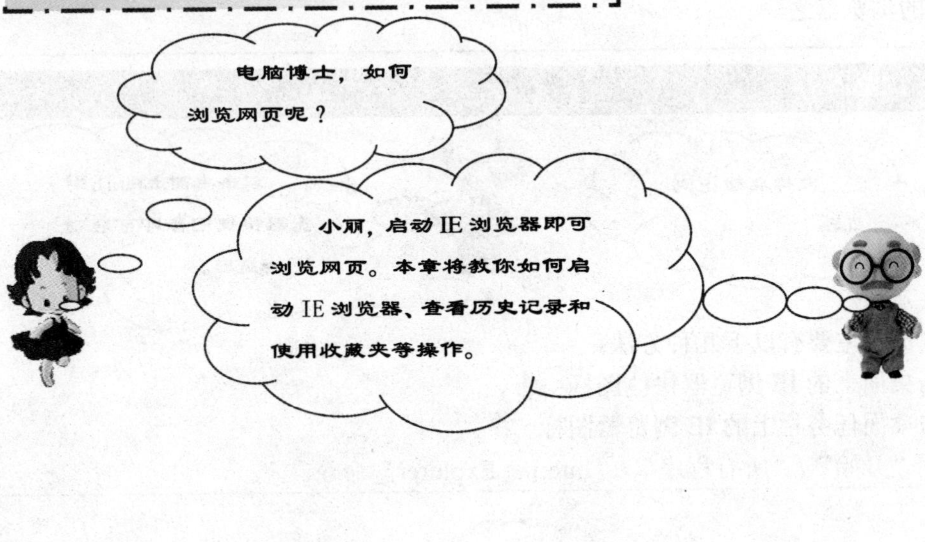
电脑博士，如何浏览网页呢？
小丽，启动 IE 浏览器即可浏览网页。本章将教你如何启动 IE 浏览器、查看历史记录和使用收藏夹等操作。

2.1 WWW 概念

WWW 是 World Wide Web 的缩写，称为万维网。WWW 起源于欧洲高能物理研究人员组成的 CERN。在没有出现 WWW 前，Internet 只是枯燥的数字与字符；而 WWW 出现之后使 Internet 变得丰富多采，为用户提供全方位的服务。

什 么 是
WWW 呢？
WWW 是一个把信息检
索技术与超文本技术相融合
而形成的环球信息系统。

WWW 是因特网上的一个超文本信息查询工具，它通过超文本链接方式为用户提供各种服务。在 WWW 上，每个 Web 页都有一个特定的地址被称作统一资源定位符（URL）。

WWW 系统采用客户/服务器模式进行工作，这种方式与 Internet 上大多数的服务是一样的。在 Internet 上的计算机运行 WWW 服务程序，用来整理、存储各种 WWW 资源，并响应客户端软件，满足客户端的请求，把所需的资源传回客户端；在用户端的计算机上运行着 WWW 客户程序，用以帮助用户完成信息查询。WWW 服务软件可运行在 Windows95 以上的各种平台上。

2.2 IE 浏览器

IE 是“Internet Explorer”的缩写，它是 WWW 上浏览各种信息的一种软件，也是目前比较流行的浏览器之一。

2.2.1 启动 IE 浏览器

怎样启动IE浏
览器？
双击桌面上的IE浏
览器快捷图标即可启动
IE 浏览器。

启动 IE 浏览器主要有以下几种方法：

（1）双击桌面上的 IE 浏览器快捷图标。

（2）单击桌面任务栏上的 IE 浏览器图标。

（3）执行“开始”/“所有程序”/“Internet Explorer”命令。

1 执行“开始”/“所有程序”/“Internet Explorer”命令。

2 执行此命令后，即可启动IE浏览器。

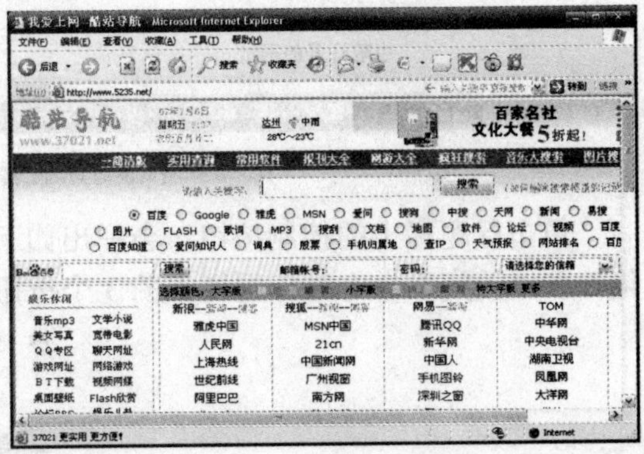

2.2.2 Internet Explorer 6.0 界面

Internet Explorer 6.0 界面主要由哪些部分组成？

该界面主要由标题栏、菜单栏、工具栏、地址栏、内容显示区和状态栏等组成。

Internet Explorer 6.0 界面主要由标题栏、菜单栏、工具栏、地址栏、内容显示区和状态栏组成。

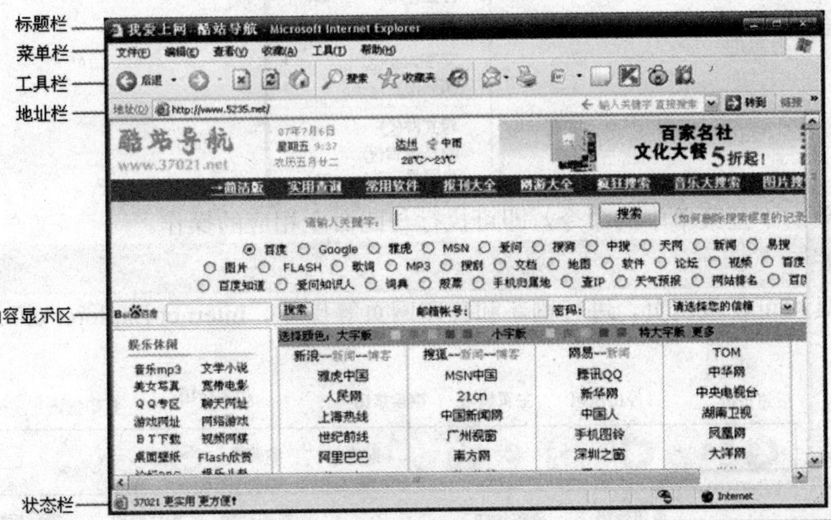

• **标题栏**

在标题栏中显示了控制按钮、当前浏览的网址、浏览器的名称、最小化按钮、还原按钮和关闭按钮。

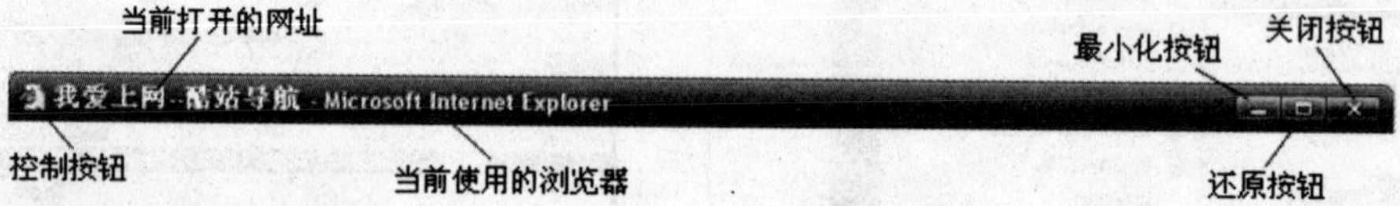

单击标题栏上的控制按钮，会弹出如下图所示的按钮菜单，此菜单中的“还原”、“最小化”和“关闭”命令与标题栏上的 3 个按钮具有相同的功能。

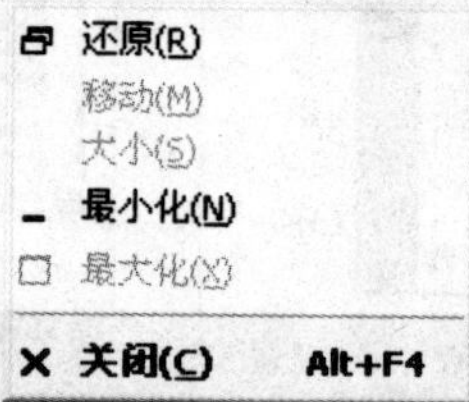

• **菜单栏**

Internet Explorer 6.0 的菜单栏共有 6 个下拉菜单，分别是文件、编辑、查看、收藏、工具和帮助。单击这些菜单按钮，即可弹出菜单。

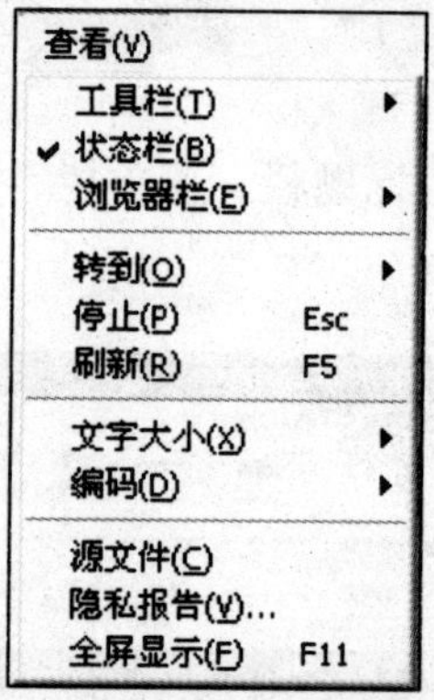

用鼠标单击下拉菜单中的命令，即可执行与此命令相应的操作。

• **工具栏**

使用工具栏可收藏网页，进行刷新和打印网页等操作。Internet Explorer 6.0 工具栏如下图所示。

工具栏中各按钮的含义如下：

后退和前进按钮：用于查看最近浏览过的网页。

停止按钮：用于终止某个任务，如当 IE 在很长时间内不能下载网页时，即可单击此按钮终止下载。

刷新按钮：单击此按钮，可重新加载当前的 Web 页。

主页按钮：可设置 IE 打开时的主页，即打开时显示的页面。

搜索按钮：用于访问各种搜索引擎的首页，用户可通过输入关键字等方法查询感兴趣的资料。

收藏按钮：用于收藏网页，用户可将自己喜欢的网页收藏在此收藏夹中。

历史按钮：用于调用或查看以前访问过的网页。

邮件按钮：用于打开邮件程序。

打印按钮：用于打印当前网页。

编辑按钮：用于编辑当前网页，单击右侧的下拉按钮，会弹出如下图所示的下拉菜单，在此菜单中任选一种方式即可编辑当前网页。

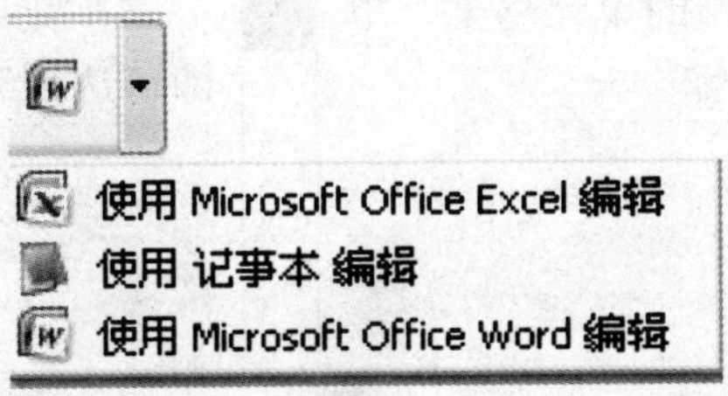

打开“网易”首页，如下图所示。

单击“编辑”按钮右侧的下拉箭头，在弹出的下拉菜单中选择“使用 Mirosoft Office Excel 编辑”命令，此时会弹出“新建查询”对话框。在弹出对话框的同时也会启动 Excel。

在此对话框中单击“导入”按钮，会弹出“导入数据”对话框，为方便起见在此对话框中选择“新建工作表”单选项按钮。

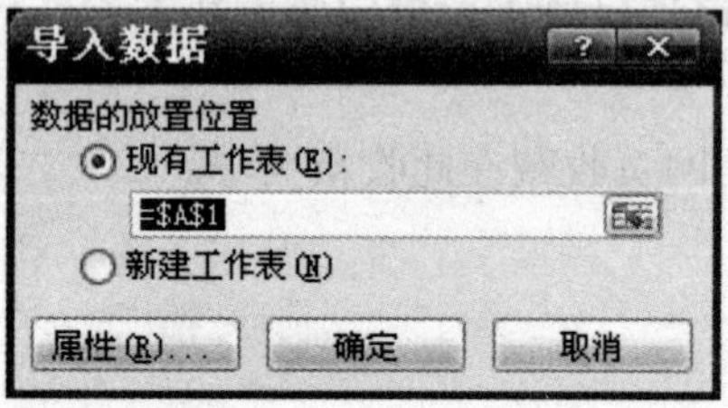

4 单击“确定”按钮后，网页中的数据即可全部放到新建的工作表中。

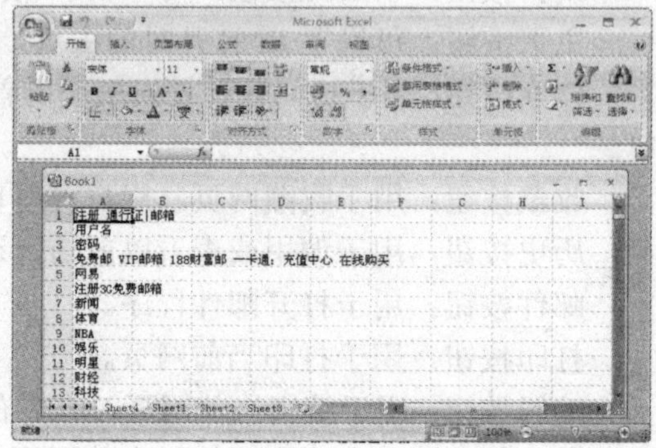

将鼠标指向需要编辑的单元格上，单击左键。

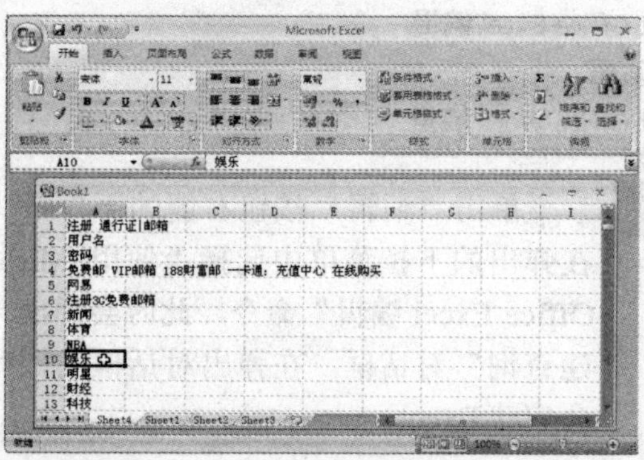

6 在此单元格中输入需要替换的内容，即可达到编辑效果。

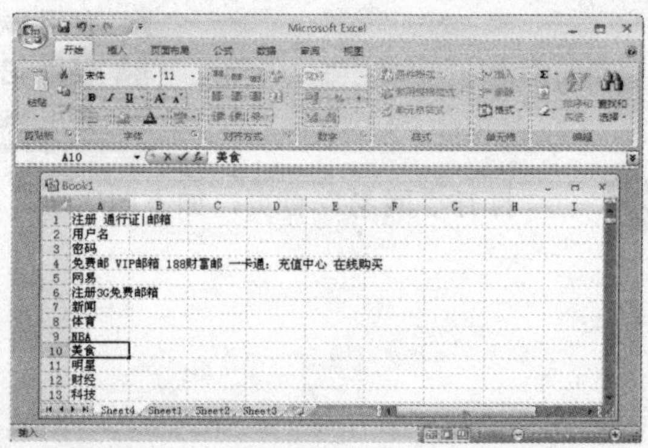

• 地址栏

Internet Explorer 6.0 的地址栏如下图所示，此地址栏是用来输入 Web 页地址的，以便于 Internet Explorer 6.0 窗口显示此网页。通常，将在地址栏输入的地址称为 URL，用于表示某个信息存放的位置和存取方式。

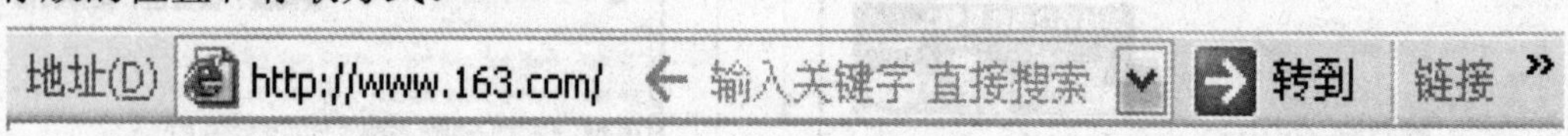

一个完整的地址包括所使用的传输协议、域名和目录名。

如：http://www.yahoo.com/sadkas/，http 表示采用的是超文本传输协议；www.yahoo.com

表示域名；sadkas 表示目录名。

在地址栏中输入完整的地址名后，单击后面的“转到”按钮，或按“回车键”，即可打开此网页。

2.2.3 浏览网页

怎样才能轻松地浏览网页？
只要打开具有导航信息的网站即可轻松浏览网页。

本节以访问腾讯站点中的天气信息，介绍浏览网页的方法。

双击桌面上的IE浏览器快捷图标，打开主页。

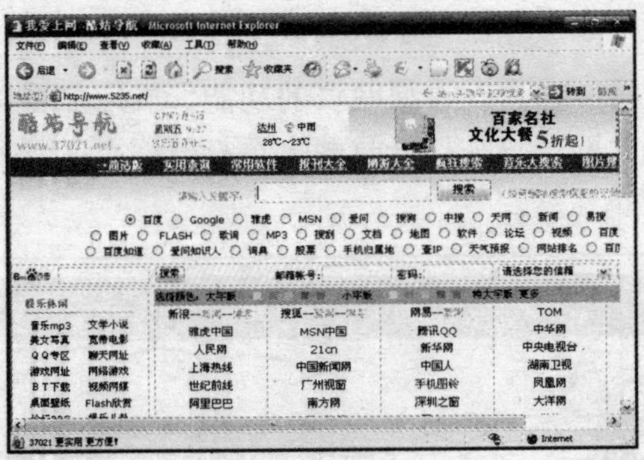

在地址栏中输入腾讯首页的地址www.qq.com。

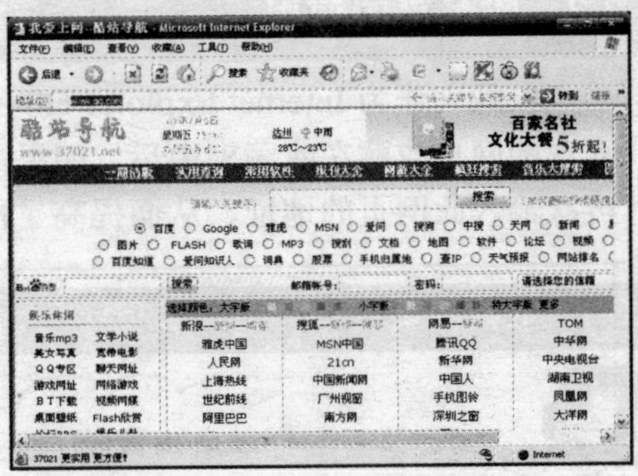

单击地址栏右侧的“转到”按钮，即可打开腾讯首页。

在打开的网页中用鼠标指向“天气”，当鼠标变成一个手形时单击右键。

此时会打开与“天气”相链接的网页。

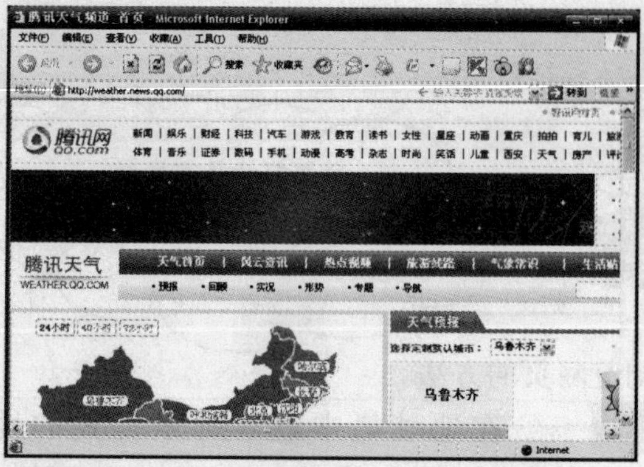

提示：

在浏览网页时，用鼠标指向几个文字，若这些文字的颜色发生变化或在下面出现一条横线，则表示单击这些文字会打开一个与其有链接的网页。

2.3　收藏夹的使用

收藏夹作为 Internet Explorer 6.0 的一个工具，它具有收藏网页的功能。当用户将自己喜欢的网页收藏在收藏夹中后，如果需要打开此网页只需打开收藏夹再打开网页，而不需再次输入此网页的地址，从而提高了网页的浏览速度。

2.3.1　收藏网页

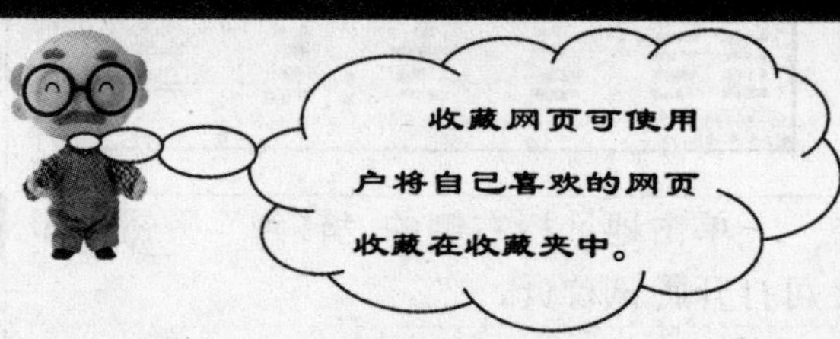

单击 Internet Explorer 6.0 工具栏上的“收藏夹”按钮，此时会在窗口左侧弹出如下图所示的收藏夹任务窗格。

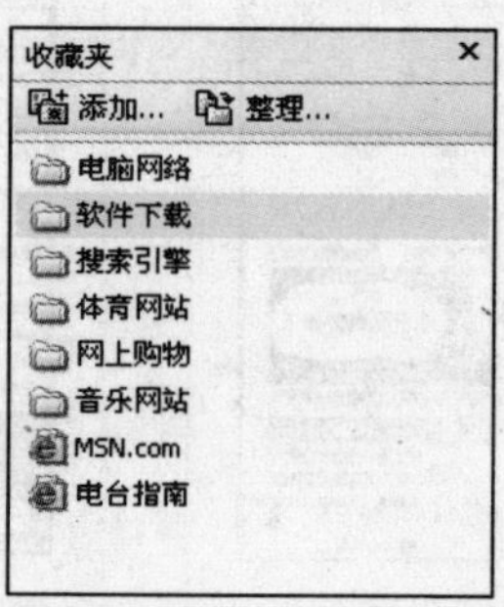

打开自己喜欢的网页，在此以“雅虎中文网”为例。

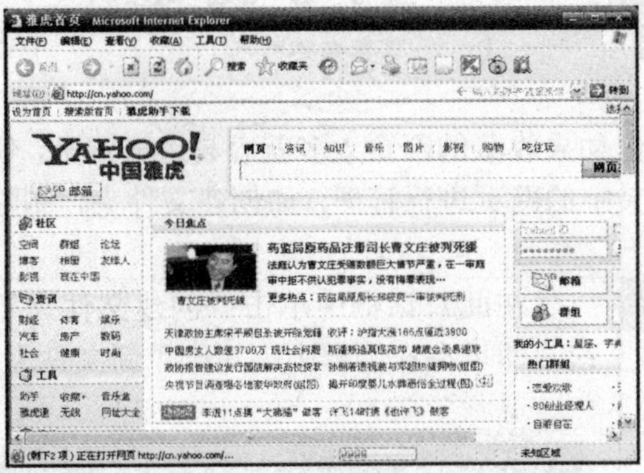

单击工具栏上的“收藏夹”按钮，此时会在内容显示区中的左侧弹出“收藏夹”任务窗格。

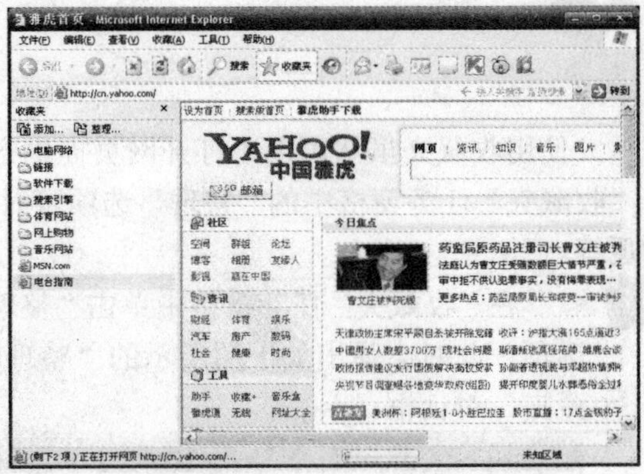

在此任务窗格中单击“添加”选项，此时会弹出“添加到收藏夹”对话框。

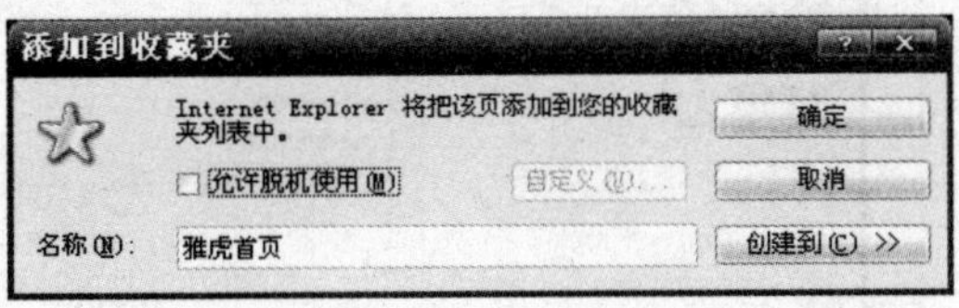

在此对话框中的“名称”文本框中输入网页的名称可更改网页的原名称。

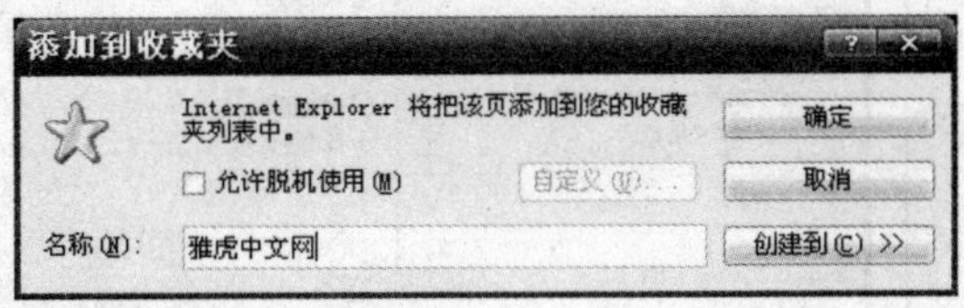

在此对话框中单击“确定”按钮后，即可将此网页添加到收藏夹中。

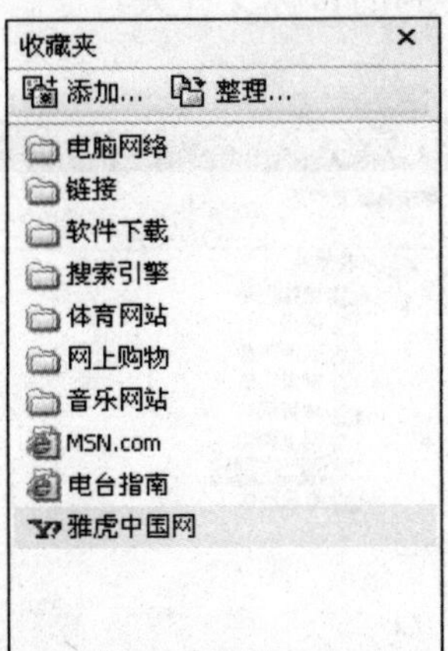

提示：

收藏网页后，如果需要打开此网页只需打开收藏夹，并在收藏夹中单击此网页名称即可打开。

2.3.2 整理收藏夹

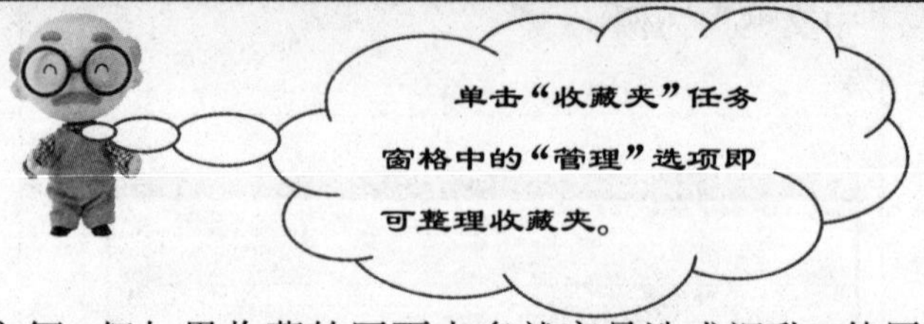

使用收藏夹虽然可以为打开网页提供方便，但如果收藏的网页太多就容易造成混乱，使用“收藏夹”任务窗格中的“整理”选项可对收藏夹中的网页进行管理，如创建文件夹，删除网页等。

1 在“收藏夹”任务窗格中单击“整理”选项，此时会弹出如下图所示的“整理收藏夹”对话框。

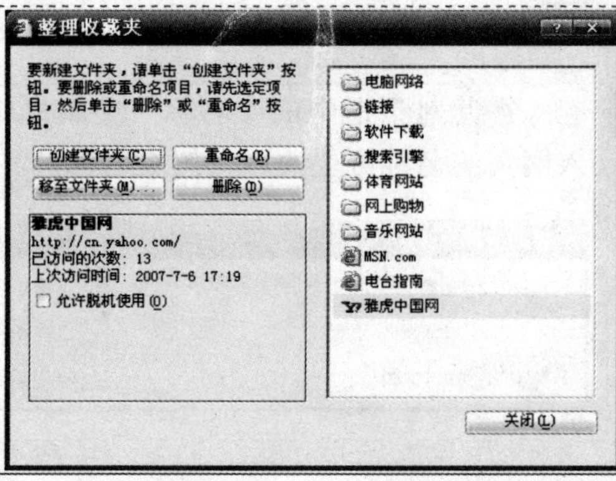

2 在此对话框中单击“创建文件夹”按钮，即可在右侧框中创建一个新文件夹。

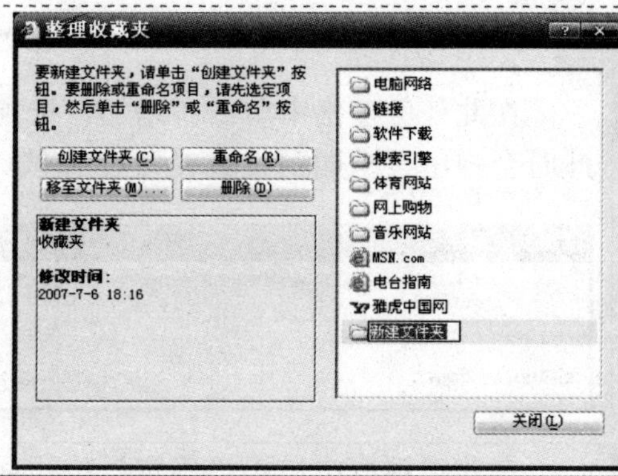

3 在“整理收藏夹”对话框中选择需要移动的网页，并单击“移至文件夹”按钮，会弹出“浏览文件夹”对话框。

4 在“浏览文件夹”对话框中选择网页将要移到的目标文件夹。

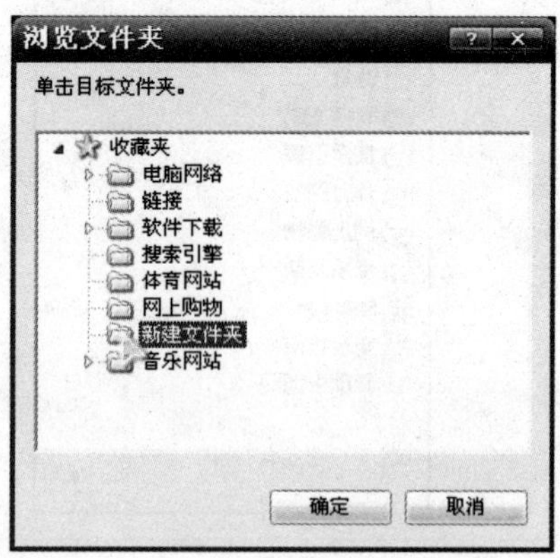

5 单击“确定”按钮后，再在“整理收藏夹”对话框中单击“新建文件夹”，可看到刚才选择的网页已被移动到此文件夹中去了。

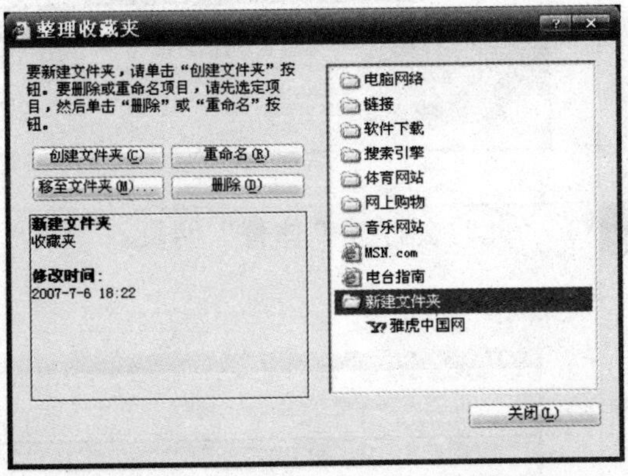

6 在“整理收藏夹”对话框中选择“新建文件夹”，然后单击左侧的“重命名”按钮，“新建文件夹”将呈反白显示，表示此时即可输入新的文件夹名称。最后单击对话框中的“关闭”按钮，即可使设置生效。

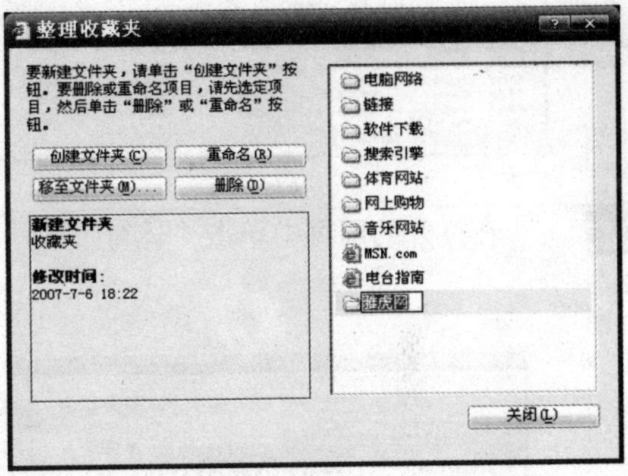

2.4 保存网页

保存网页可将当前打开的网页保存在计算机中，便于用户以后浏览，被保存的网页还可通过共享的方式与朋友一起分享。

如何保存
网页呢？
单击“文件”菜单，
在弹出的下拉菜单中选择
“另存为”命令即可。

保存网页时，不仅可保存整个网页而且可保存网页中的某张图片、某一段文本等。本节以保存体育新闻为例介绍保存网页及图片的方法。

- **保存网页**

1 打开“酷我导航”网页，并用鼠标指向“中国新闻网”。

2 单击“中国新闻网”，此时会打开与此相连接的网页。

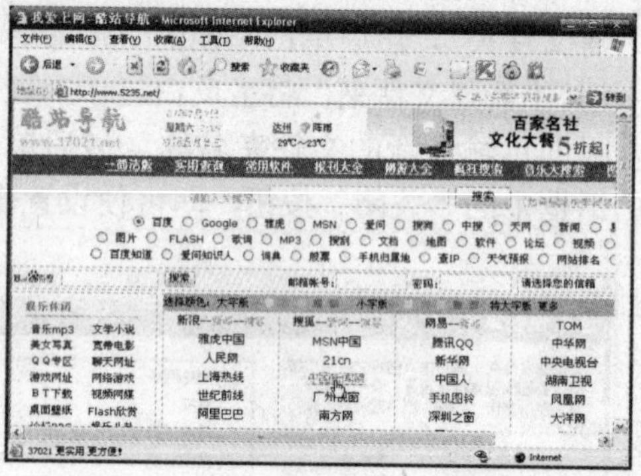

3 在打开的网页中单击“体育”。

4 此时会打开“体育”网页。

5 找到所需的体育网页后，单击菜单栏中的“文件”，并在弹出的下拉菜单中选择“另存为”命令。

6 执行“另存为”命令后，会弹出“保存网页”对话框。

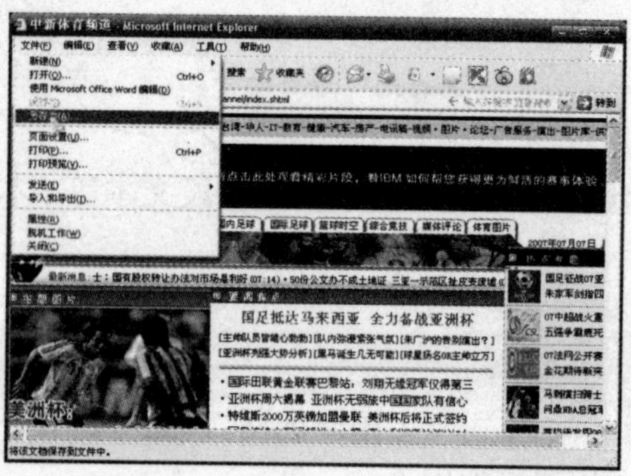

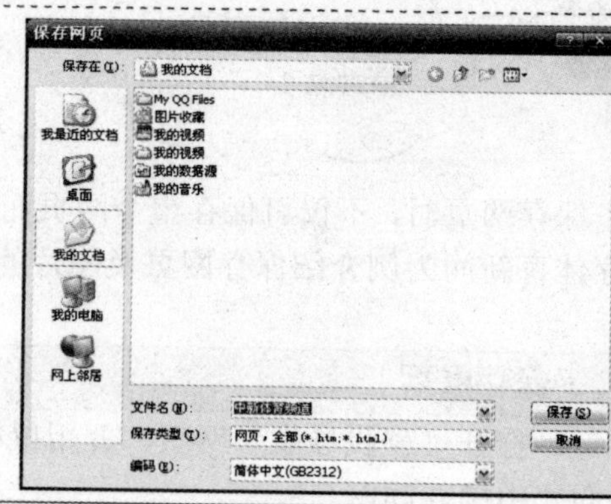

7 在“保存网页”对话框中，单击“保存在”文本框右侧的下拉按钮，并在弹出的列表中选择网页存放的位置；或直接单击对话框左侧的图标也可选择网页的存放位置。

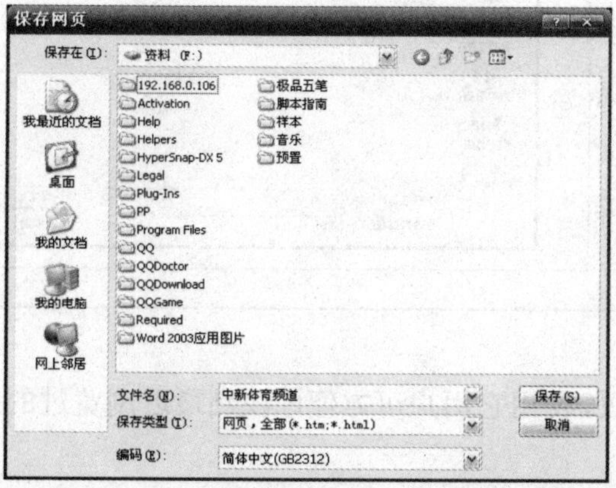

8 在保存网页时，一定要选择保存为“html”类型，在此对话框中单击“保存类型”栏右侧的下拉按钮，即可选择网页的保存类型。设置完成后，单击“确定”按钮即可将当前打开的网页保存在计算机中。

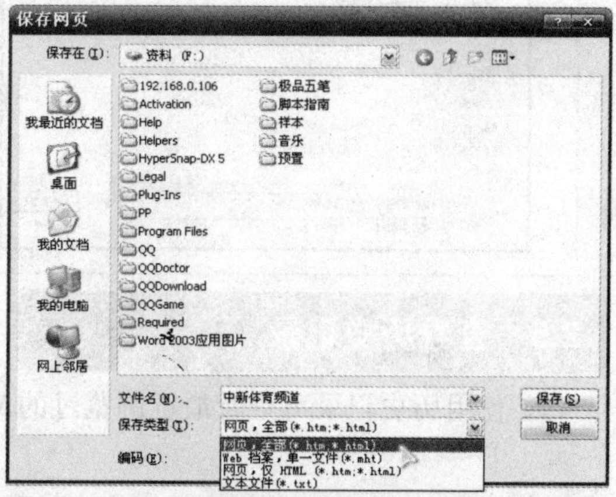

• 保存网页图片

用户在浏览网页时如果遇到自己喜欢的图片，可通过快捷菜单中的“图片另存为”命令将此图片保存在计算机中。

1 打开图片所在的网页。

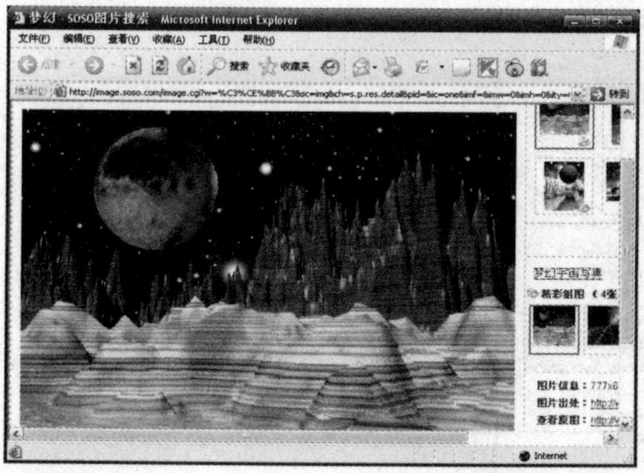

2 用鼠标指向自己喜欢的图片单击右键，并在弹出的快捷菜单中选择“图片另存为”命令。

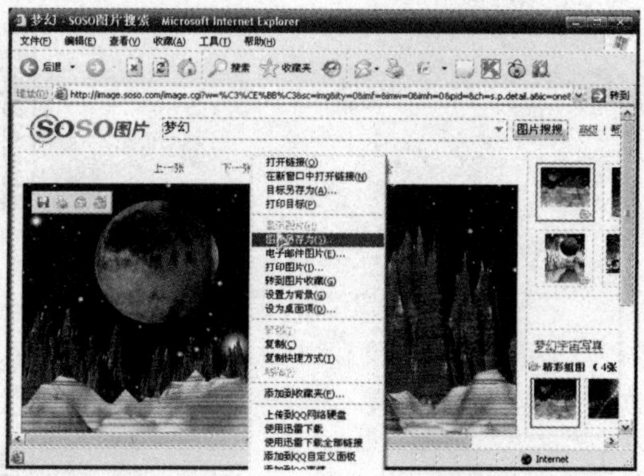

3 执行"图片另存为"命令后，会弹出如下图所示的"保存图片"对话框。

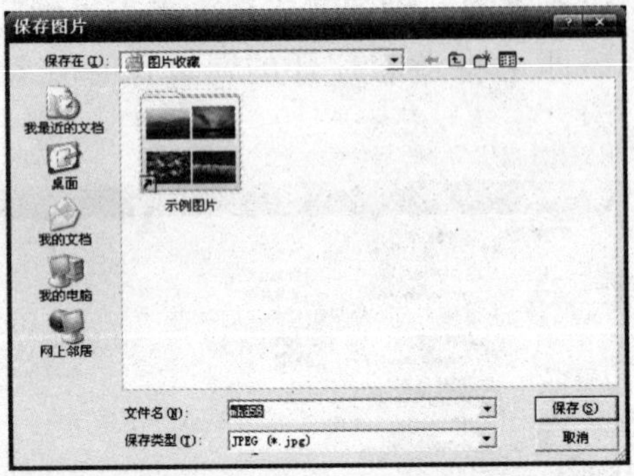

4 在此对话框中选择图片的保存位置及名称和类型，然后单击"确定"按钮即可保存图片。

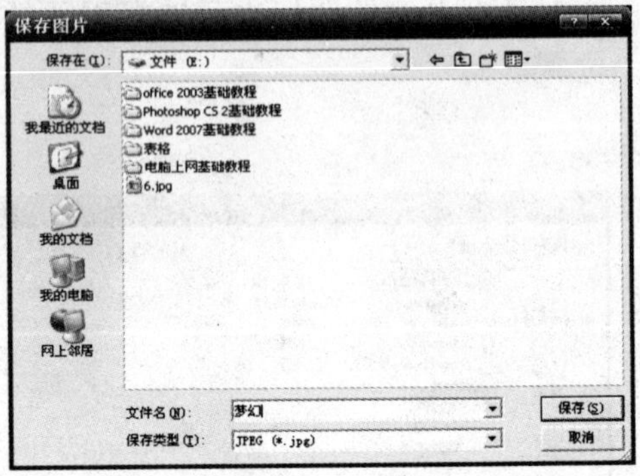

2.5 查看历史记录

使用历史记录可查看最近浏览过的Web页，使用它用户可方便地找到最近浏览过的网页。

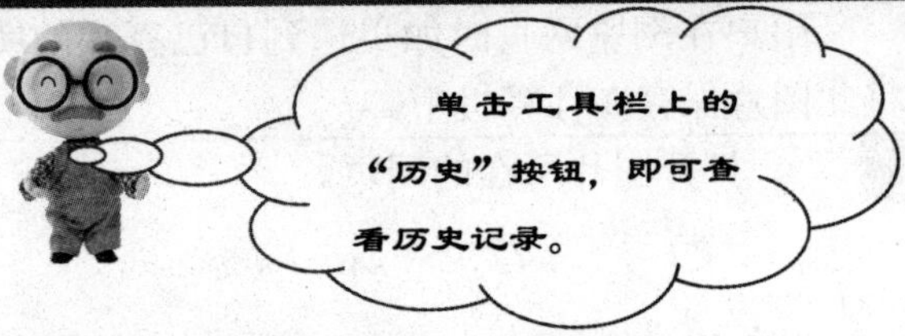

单击工具栏上的"历史"按钮，会弹出如下图所示的"历史记录"任务窗格。

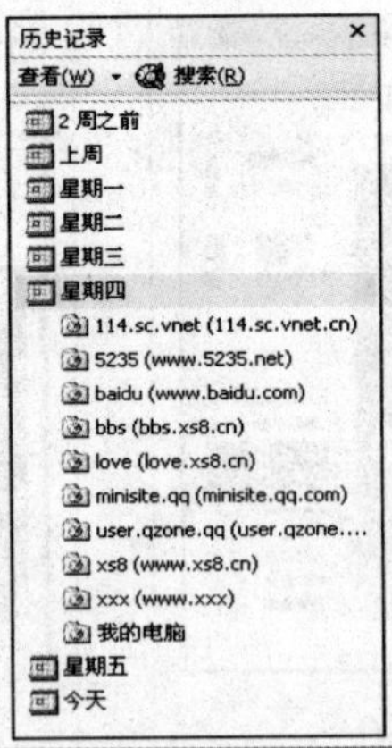

在此任务窗格中列出了最近浏览过的网页，通过任务窗格中的“查看”选项可对这些网页过行排列，如按浏览的日期、站点、访问次数等进行排列。

1 单击工具栏上的“历史”按钮。

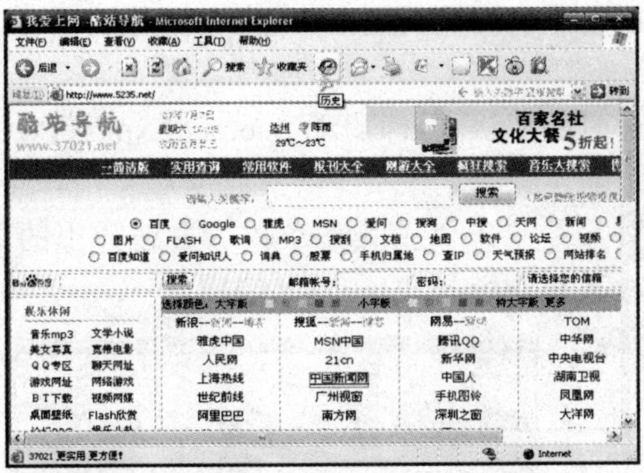

2 此时会在窗口的左侧弹出“历史记录”任务窗格。

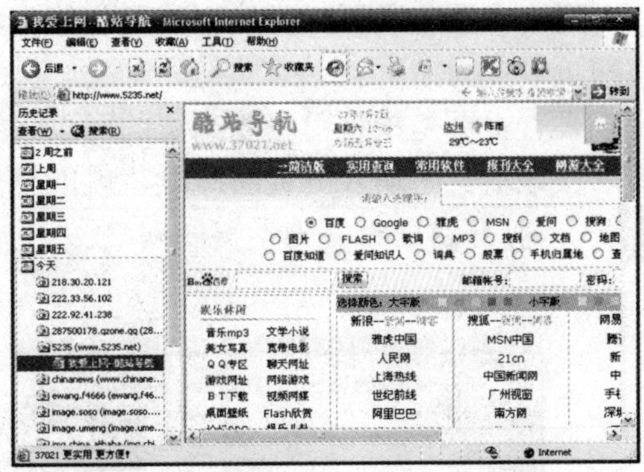

3 在此对话框中单击“查看”右侧的下拉按钮，在弹出的下拉菜单中选择“按访问次数”命令。

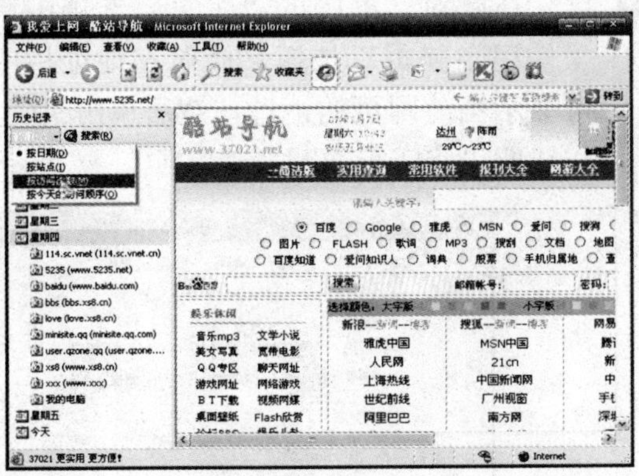

4 排列网页后，单击历史记录列表中的网页即可进行浏览。

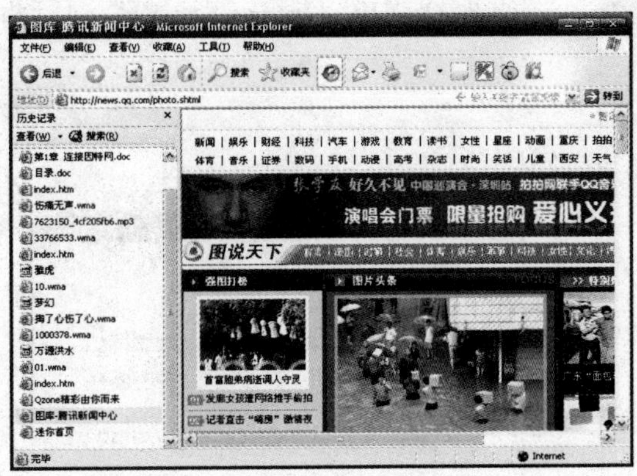

2.6 设置 IE 浏览器

Internet Explorer 6.0 浏览器的设置包括设置主页、删除临时文件、安全区域设置、设置多媒体特性和浏览窗口的设置等。

2.6.1 设置主页

设置主页有
什么作用呢？
设置主页可使用户
更加方便地浏览网页。

用户在浏览网页时虽然可使用收藏夹收藏自己喜欢的网页，但如果经常要浏览的话可以将此网页设置为主页。

设置主页是指将用户要浏览的网页设置为打开时的默认页，即启动 Internet Explorer 6.0 后，不用在地址栏中输入网页的地址，就能打开此网页。

1 打开将要设置为主页的网页。

2 单击“工具”菜单，并在弹出的下拉菜单中选择“Internet 选项”。

3 此时会弹出“Internet 选项”对话框。

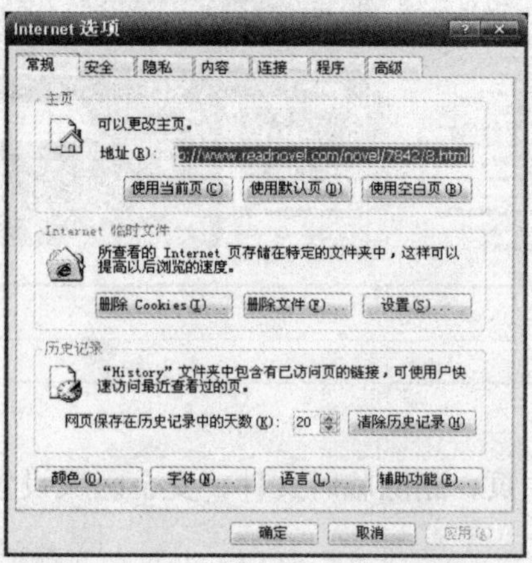

4 在此对话框中的“主页”选项中单击“使用当前页”按钮，此时在地址栏中即可显示当前网页的地址，然后单击“确定”按钮即可将当前页设置为主页。

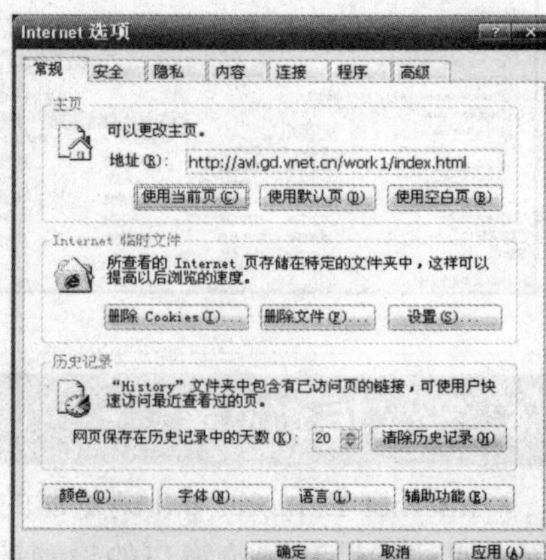

2.6.2 删除临时文件

用户在访问网页时，浏览器首先会检查此网页是否被保存在 Internet 临时文件里，如果保存有，则系统直接调用此数据而不用到网上去读取，从而减少了数据在网络中的传输量，大大提高了浏览网页的速度。

打开“Internet”选项对话框，并在此对话框中单击“删除文件”按钮，此时会弹出“删除文件”提示框。

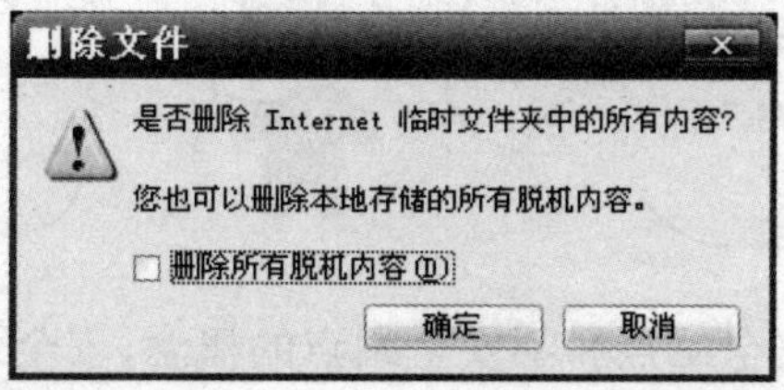

在此提示框中如果选择“删除所有脱机内容”复选框，则在删除临时文件的同时会将脱机浏览的网页一起删除。

如果需要对这些临时文件进行设置，可在“Internet 选项”对话框中的“Internet 临时选项”中单击“设置按钮”，此时会弹出如下图所示的“设置”对话框。

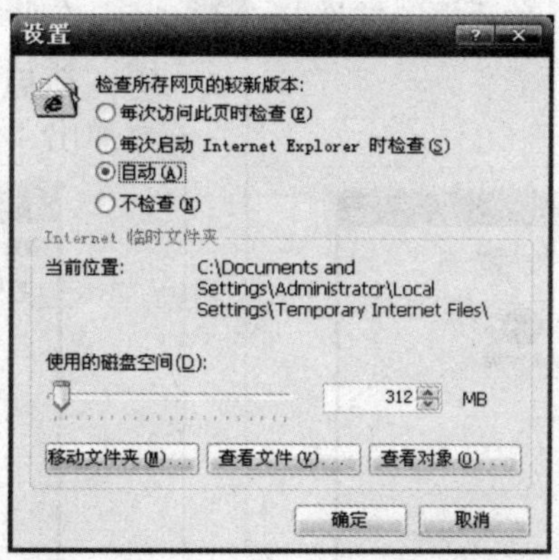

“设置”对话框中各选项的含义如下：

每次访问此页时检查：选择此单选按钮后，每浏览一个网页时都会和临时文件夹中的相应文件进行比较，如果一样就直接读取，如果不一样则下载此网页，但这样会使浏览网页的速度变慢。

每次启动 Internet Explorer 时检查：选择此单选按钮后，如果打开刚浏览过的网页，在浏览此网页时直接调用缓存，即可减少检查网页的频率。

自动：选择此单选按钮后，浏览器将自行设置缓存，它与第一种方法相同，但随着时间的推移，如果 Internet Explorer 确定网页上的图像更新不频繁，它将减少检查新图像的频率，这样就可以提高浏览已查看过的网页的速度。

不检查：选择此单选按钮后，当返回到以前查看过的网页时，Internet Explorer 将不检查在上次查看以后网页是否已经更改，而直接调用缓存。

在 Internet 临时文件夹选项中，拖动“使用的磁盘空间”下的滑块可更改 Internet 临时文件所占硬盘空间的百分比等。

2.6.3 安全设置

在浏览网页时需注意安全站点和不安全站点的概念，安全站点是指可禁止未授权者发送信息到该站点或查看由该站点发出的信息。使用安全站点的安全协议可放心地将信息发送到安全站点。

在设置 Internet 的安全区域时，Internet Explorer 6.0 将 Internet 划分为 4 个区域，分别是：Internet、本地 Intranet、受信任的站点和受限制站点，用户可根据需要对这 4 个区域进行设置。

1 打开“Internet 选项”对话框，并选择“安全”选项卡。

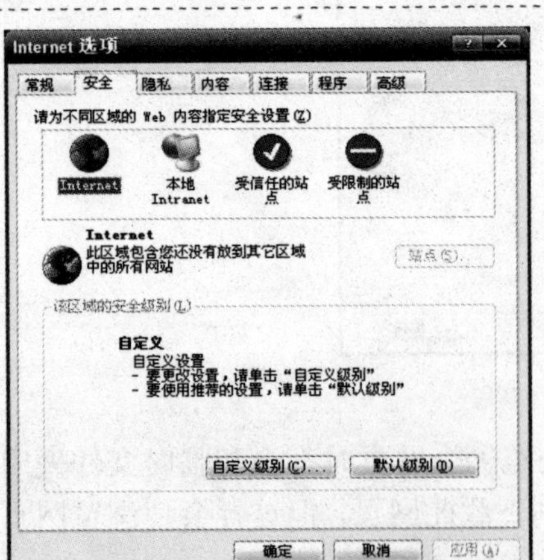

2 在此对话框中选择需要设置安全的区域，然后单击“自定义级别”按钮，此时会弹出“安全设置”对话框。

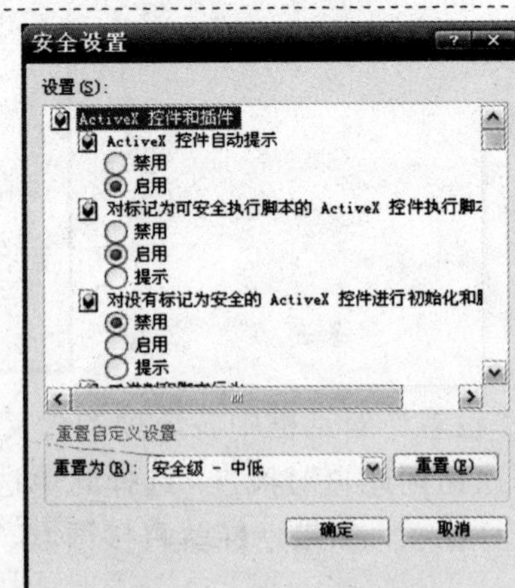

3　在此对话框中拖动右边的垂直滚动条可查找需要设置安全的的控件或插件，然后在下面三个单选按钮中设置其安全提示。

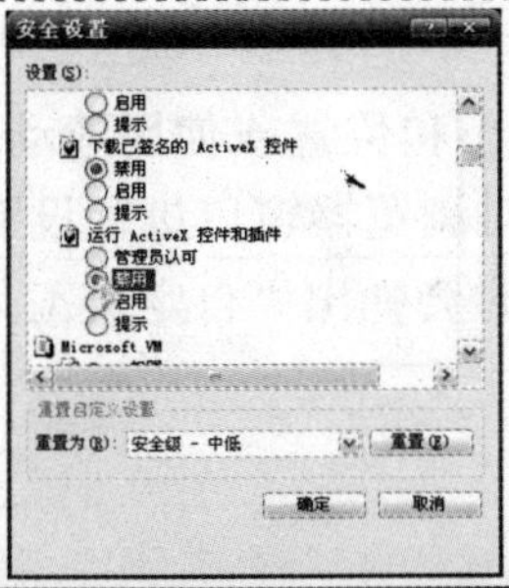

4　在此对话框中单击“重置为”栏右侧的下拉按钮，会弹出“安全性”列表，在此列表中选择其安全性级别后，再单击“确定”按钮，即可完成设置。

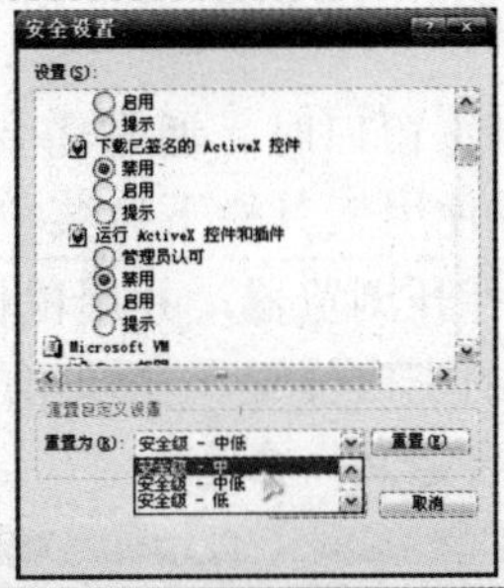

2.6.4　设置多媒体特性

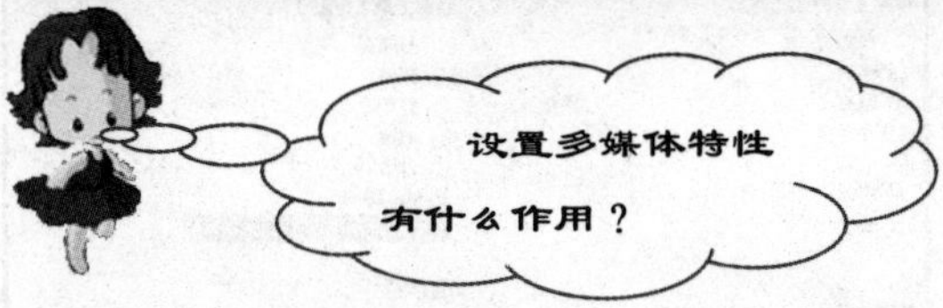

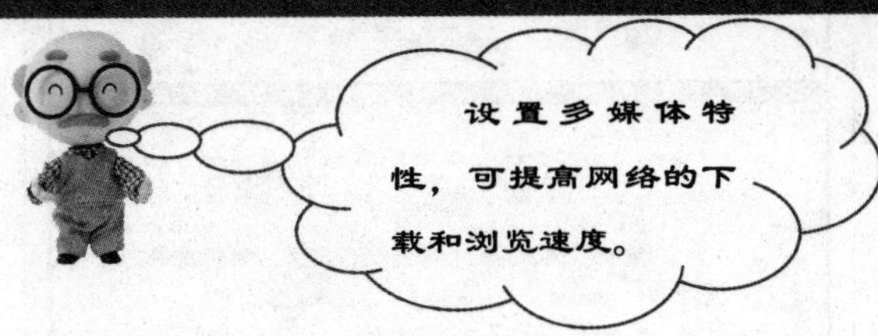

这里的多媒体是指网络上所使用的声音、图像等。多媒体特性是指在显示网页时，应显示哪些多媒体，如播放动画、显示图片等。

在浏览网页或在网上下载歌曲、图片等文件时，如果关掉多媒体中的一些不必要的特性可提高其下载和浏览速度，其设置过程是：

1　打开“Internete 选项”对话框，并单击“高级”选项卡。

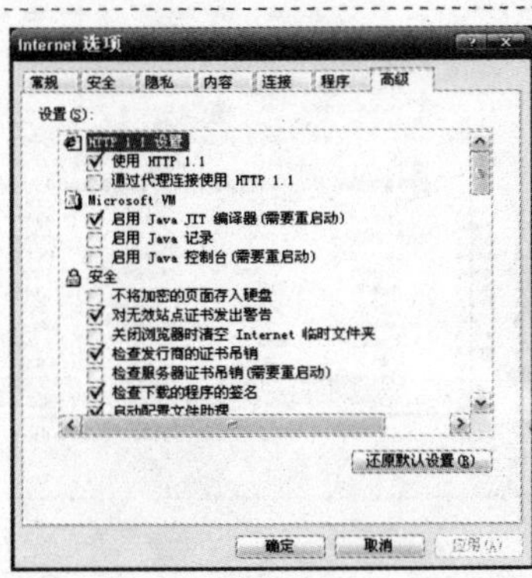

2　拖动对话框的垂直滚动条，在多媒体选项中单击已被选择的但想清除的复选框，以便于清除这些不必要的特性。最后单击“确定”按钮，即可完成设置。

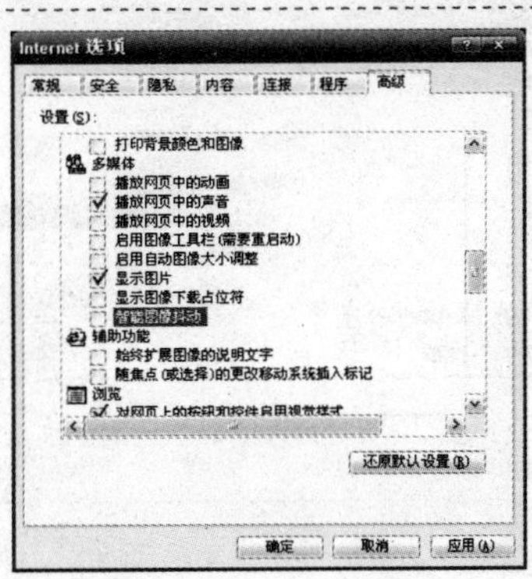

2.6.5 设置浏览器窗口

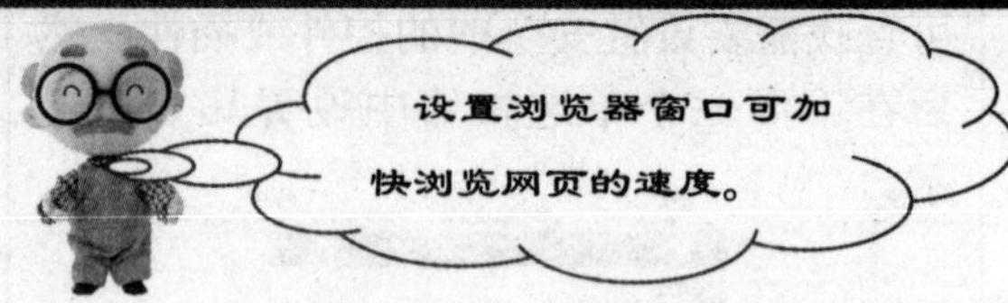

在浏览窗口时，通常需要不断地调整浏览器窗口的大小和位置或使用滚动条来查看更多的内容。使用工具栏下拉菜单中的“自定义”命令，即可对浏览器窗口进行设置。

1 打开浏览器，并用鼠标右键单击工具栏上的空白位置，在弹出的快捷菜单中选择“自定义”命令。

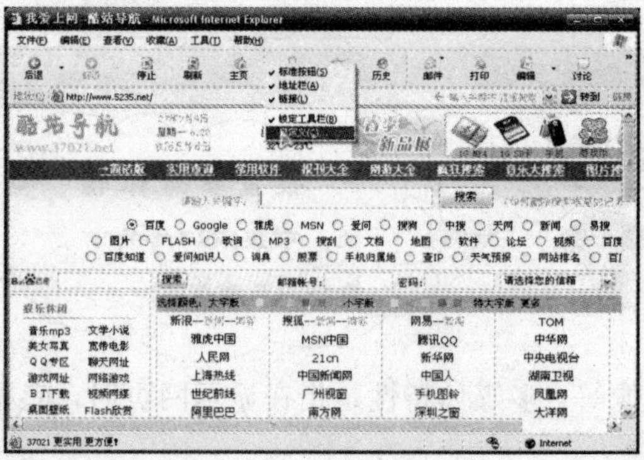

2 此时会弹出“自定义工具栏”对话框。

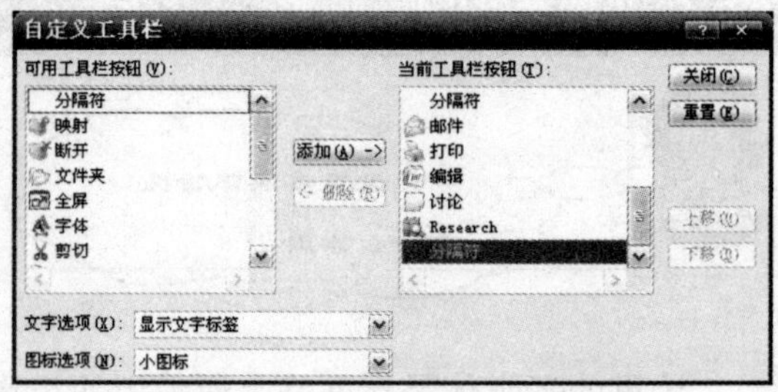

3 在此对话框中的“可用工具栏按钮”列表中选择“全屏”，然后单击“添加”按钮，即可将所选的“全屏”按钮添加到“当前工具栏按钮”列表中。

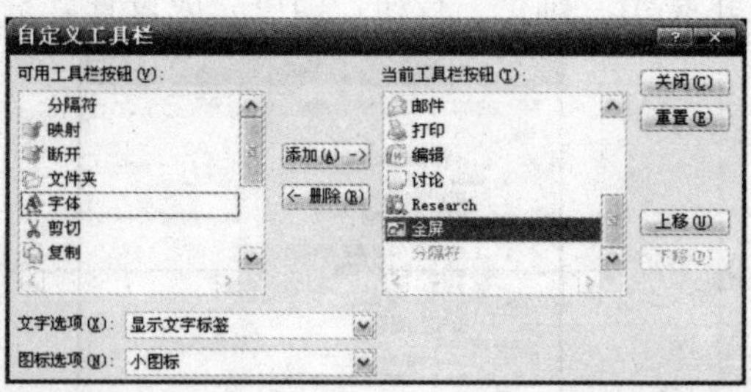

4 单击“关闭”按钮后，即可将“全屏”按钮添加到工具栏中。

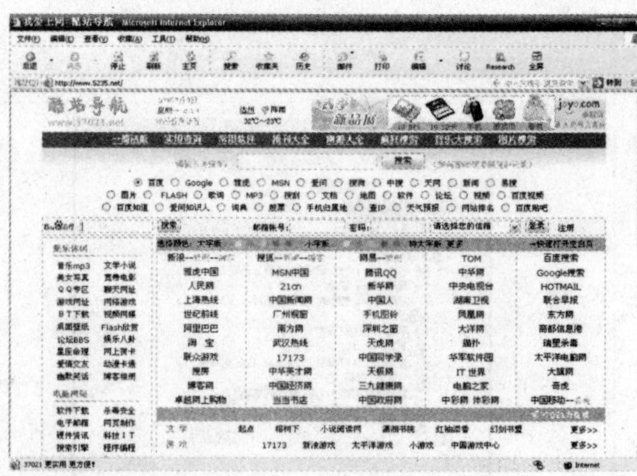

电脑即学即用

教你学电脑

第3章 搜索引擎

本章要点：

- 搜索引擎的工作原理
- 搜索引擎的基本类型
- 搜索引擎的使用
- 其他搜索引擎的范围

电脑博士，在浏览网页时，如何才能快速地从浩如烟海的信息中找到自己需要的信息呢？

小丽，这不用担心，只要使用浏览器提供的搜索引擎功能，即可在众多信息中找到自己所需的信息资源。本章将着重介绍搜索引擎的概念和使用方法。

3.1 搜索引擎的概念

搜索引擎是进入 Internet 的门户，也是在网络世界生存的必备武器。想要在 Internet 中找到自己喜欢的东西就必须熟练掌握搜索引擎的使用方法。本章将着重介绍搜索引擎的工作原理、特点、类型和使用方法。

3.1.1 搜索引擎的工作原理

为什么要学习搜索引擎的工作原理？
学习搜索引擎的工作原理有助于高效地应用互联网。

使用搜索引擎可在不知道网站 IP 地址或域名的情况下，准确地在网上找到自己所喜欢的东西。搜索引擎是一个收集了成千上万个站点地址的地方，其主要功能是让用户搜索这些站点并查找信息。

大部分的搜索引擎是以 Web 站点形式而存在的，它不仅提供网址、网页、文章搜索，还提供综合服务的 Search Engine，因此人们形象地把它称为搜索器、网络指南针、搜寻器或导航站点等。

搜索引擎中数据库的资源主要来源于以下两种方式：

（1）由用户提交的登录信息。

（2）数据库自动地使用搜索程序根据网页的链接搜索因特网上的资源，它可将搜索到的网页信息归入其索引数据库中。

使用搜索引擎进行搜索时，是根据网页的链接进行搜索的。

3.1.2 搜索引擎的基本类型

搜索引擎主要有几种基本类型？
搜索引擎主要有两种基本类型。

搜索引擎主要有以下两种基本类型：

• 以分类目录为主的基本类型

以分类目录为主的搜索引擎类型，可提供按类别编排的国际互联网网站目录，并在这些目录下边排列着属于这一类的网站名和网址链接，不仅这样还在各网址下注有此网站的内容提要。

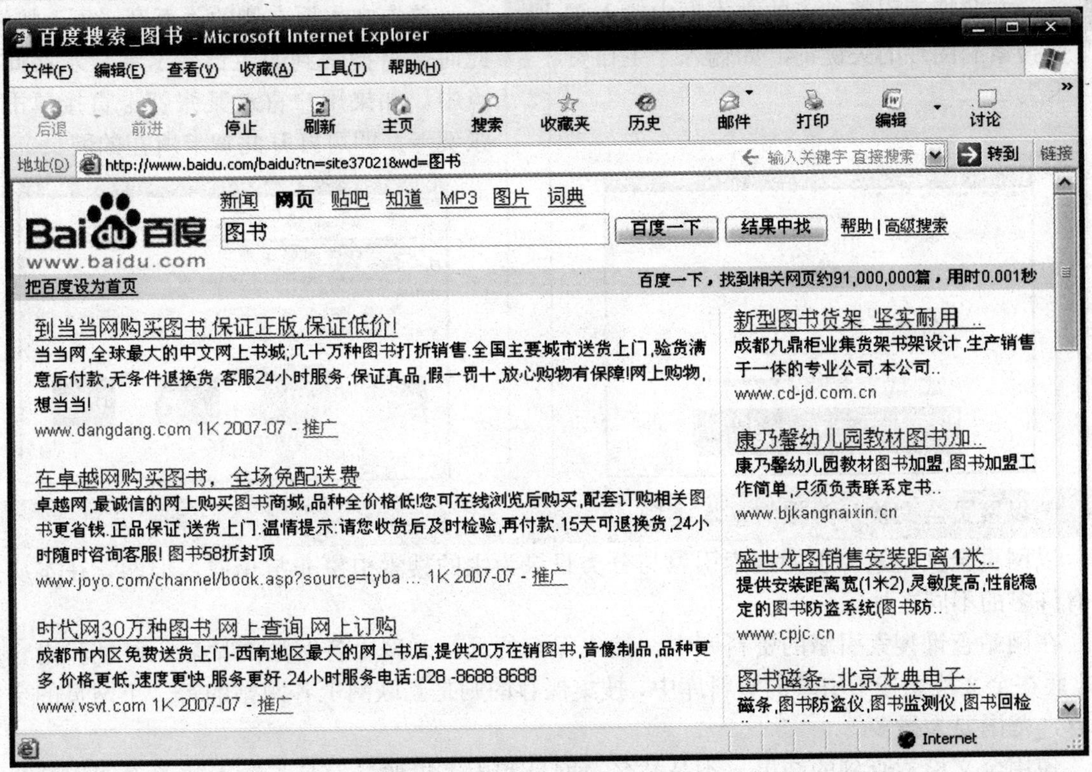
百度搜索_图书 - Microsoft Internet Explorer
文件(F) 编辑(E) 查看(V) 收藏(A) 工具(T) 帮助(H)
后退 前进 停止 刷新 主页 搜索 收藏夹 历史 邮件 打印 编辑 讨论
地址(D) http://www.baidu.com/baidu?tn=site37021&wd=图书
输入关键字 直接搜索 转到 链接
新闻 网页 贴吧 知道 MP3 图片 词典
Bai百度 www.baidu.com
图书
百度一下 结果中找 帮助 | 高级搜索
把百度设为首页
百度一下，找到相关网页约91,000,000篇，用时0.001秒
到当当网购买图书,保证正版,保证低价!
当当网,全球最大的中文网上书城;几十万种图书打折销售.全国主要城市送货上门,验货满意后付款,无条件退换货,客服24小时服务,保证真品,假一罚十,放心购物有保障!网上购物,想当当!
www.dangdang.com 1K 2007-07 - 推广
在卓越网购买图书，全场免配送费
卓越网,最诚信的网上购买图书商城,品种全价格低!您可在线浏览后购买,配套订购相关图书更省钱.正品保证,送货上门.温情提示:请您收货后及时检验,再付款.15天可退换货,24小时随时咨询客服! 图书58折封顶
www.joyo.com/channel/book.asp?source=tyba ... 1K 2007-07 - 推广
时代网30万种图书,网上查询,网上订购
成都市内区免费送货上门-西南地区最大的网上书店,提供20万在销图书,音像制品,品种更多,价格更低,速度更快,服务更好.24小时服务电话:028 -8688 8688
www.vsvt.com 1K 2007-07 - 推广
新型图书货架 坚实耐用..
成都九鼎柜业集货架书架设计,生产销售于一体的专业公司.本公司..
www.cd-jd.com.cn
康乃馨幼儿园教材图书加..
康乃馨幼儿园教材图书加盟,图书加盟工作简单,只须负责联系定书..
www.bjkangnaixin.cn
盛世龙图销售安装距离1米..
提供安装距离宽(1米2),灵敏度高,性能稳定的图书防盗系统(图书防..
www.cpjc.cn
图书磁条--北京龙典电子..
磁条,图书防盗仪,图书监测仪,图书回检
Internet

以分类目录为主的搜索引擎往往还伴有网站查询功能，即在网站中提供一个文字输入框，用户可在此输入框中输入需要查询的关键词，就可找到与此关键词相关的网站。在此类搜索引擎中可以查询新闻、网页、音乐、图片和词典等信息。

启动 IE 浏览器，并在地址栏中输入“www.baidu.com”，然后按回车键，即可打开“百度”搜索引擎站点。

Bai百度
新闻 网页 贴吧 知道 MP3 图片
百度一下

在此搜索引擎站点中，用鼠标指向“图片”，当鼠标变成手指的形状时单击左键，此时站点将变成如下图所示的样式。

Bai图片
新闻 网页 贴吧 知道 MP3 图片 视频
百度一下

在此搜索引擎站点的文本框中输入需要搜索的图片的关键词，如输入“生日贺卡”。

单击文本框右侧的“百度一下”按钮，此时会将搜索到的生日贺卡都显示在此站点中。如果用户喜欢某张贺卡直接单击此张贺卡，即可打开此贺卡所在的网页。

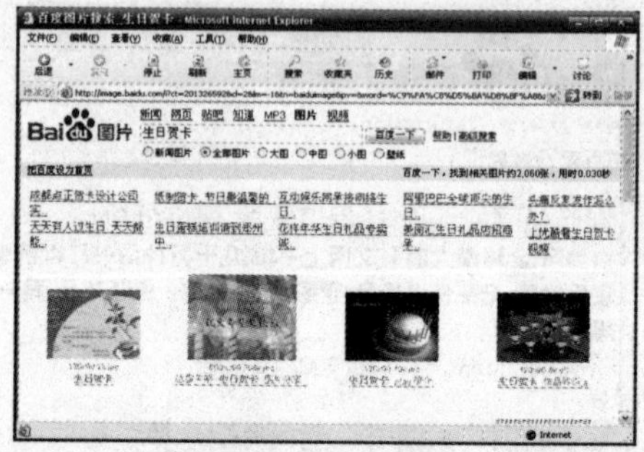

• 以网页全文检索为主的基本类型

以网页全文检索为主的搜索引擎与分类目录为主的搜索引擎非常相似，但两者在本质上却有许多的不同之处。

在网站查询搜索引擎的资料库中，搜集保存的是互联网上各网站的站名、网址和内容提要，而在全文检索搜索引擎的资料库中，搜集保存的则是互联网上各网站的每一个网页的全部内容，范围要大得多。

使用全文检索查到的结果，不是站名、网址和内容提要，而是与输入的关键词相关的一个网站的地址和一段文字。在这段文字中可以没有此关键词，它只是某个网页的一段话或一段无法看懂的标记，但在这个网站中，一定有需要查找的关键词。

使用全文检索搜索引擎可以查询书本的版权或查询与报纸相关的文章。下面以查询书本版权为例详细介绍全文检索搜索引擎的使用方法。

打开此书的电子文档，并选择需要查询的文本，并将其复制到剪切板中。

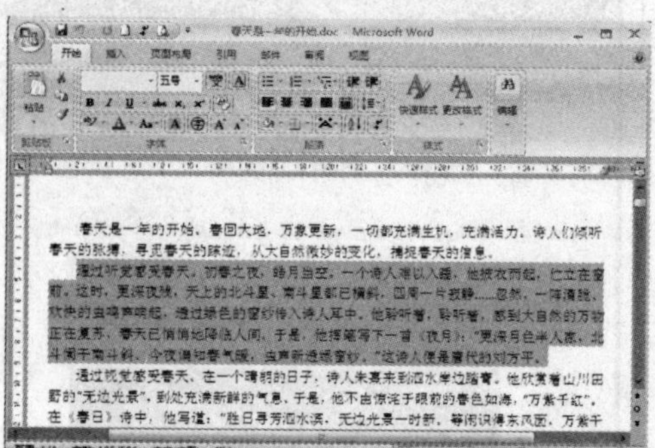

打开“百度”搜索引擎站点，将复制的文本复制到文本框中。

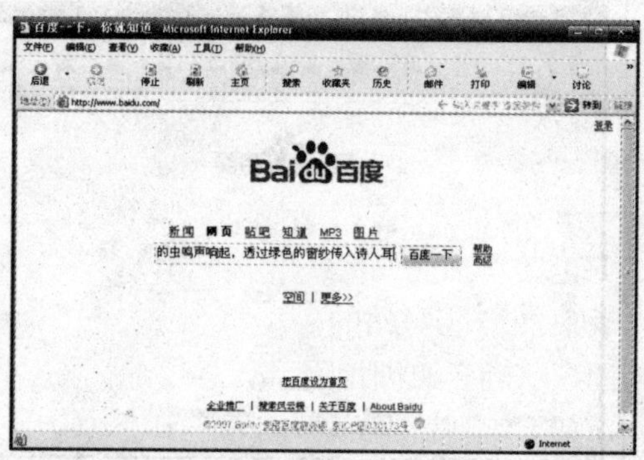

3 单击文本框右侧的“百度一下”按钮，即可搜索到与此内容相关的网址。在网址下边显示的是某一网页中的一段话，在此段话中用红色显示的文本表示与查询的关键词相同。

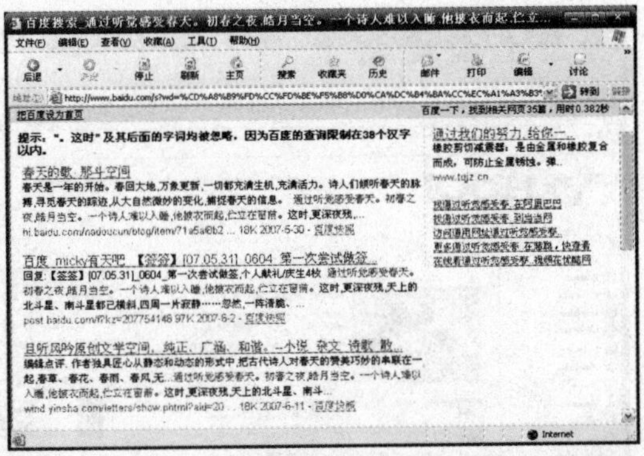

4 单击显示的红色文本最多的网址，将打开网页，然后将电子文档中的文本与网页中的文本进行对比，若此文档中的内容与网页中的内容相同，则说明文本是从此网址中复制过来的。

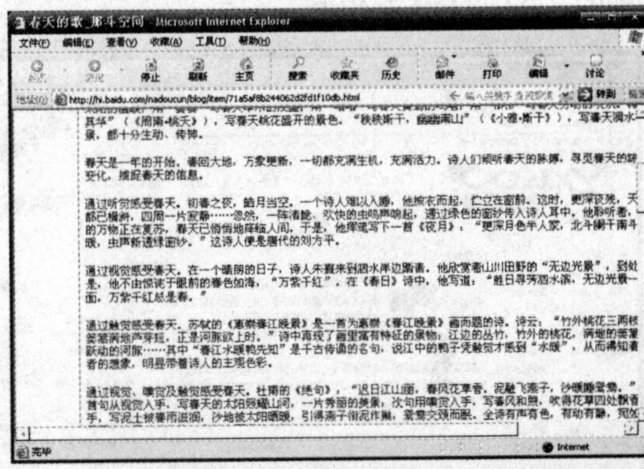

3.1.3 搜索引擎的收录范围

搜索引擎的收录范围主要有哪些？
搜索引擎的收录范围主要有地域、语言、网站类型和专业范围方面。

在某个搜索引擎站点中搜索信息时，了解其收录的范围是很重要的。用户只有知道其收录范围，才能知道在此站点是否能查询到自己所需的信息。搜索引擎的收录范围主要有以下 4 个方面：

• 地域范围

了解搜索的地域范围可快速地搜索自己所需的信息。一些大型搜索引擎的资料库，除了面向全球互联网的网站或网页，还在本网站或网页中专门建立了一些地域范围的检索。用户常常浏览的“雅虎”网站就属于这一类型，它一方面收录全球的网站，而另一方面又专门开辟有收录亚洲地区网站的分站，除此之外，一些中小型的搜索引擎则专门收录某一地区的信息，如美洲、欧洲、亚洲地区等。全球性搜索引擎收录的范围虽然广泛，但对某一局部而言，却很可能不如区域性搜索引擎内容来得丰富和完善。

• 语言范围

许多著名的搜索引擎，如雅虎、Alta Vista 等针对全球许多国家和地区开发了多种语言版本的分站。开发这些分送站后，用户在浏览网页时可以不受语言的限制，如美国人想浏览“雅虎”网，只需在地址栏输入“www.yahoo.com”即可进行浏览，而中国人想浏览则直接在地址栏输入“雅虎”即可。如下图所示为“雅虎”的中文和英文两个网站，因为语言的不同，因此网页中的信息也不相同。

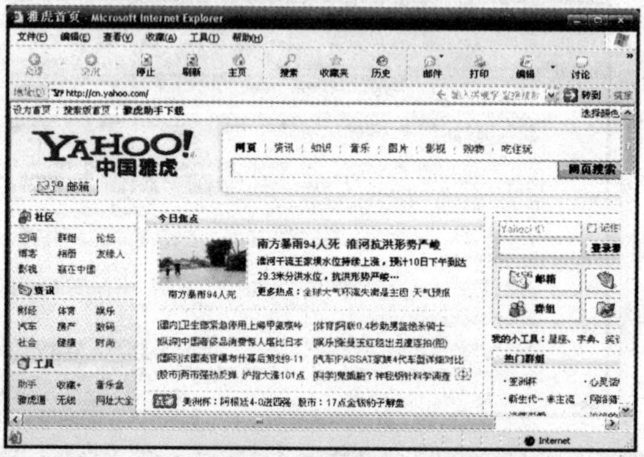

“雅虎”中文网

“雅虎”英文网

许多搜索引擎网站除有地区语言的分类外，还有其他的语言分类，如雅虎中文网站，它就使用不同的汉语内码来表示，如简体中文、繁体中文等来表示。因此有些搜索引擎主要用来收录简体中文网站的信息；有些主要用来收录繁体中文网站的信息；还有些则是用来搜索简体中文网站的信息，因此出现了一些专查简体中文网站信息的搜索引擎。

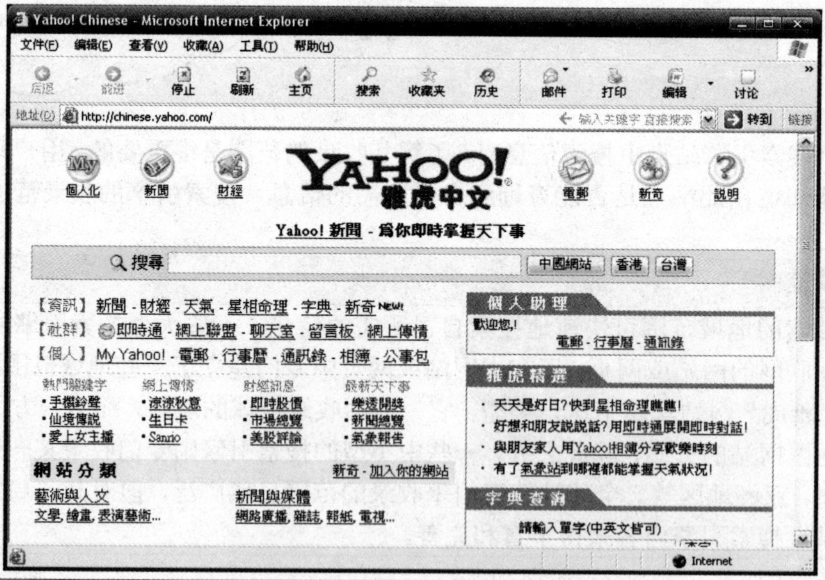

用户在安装计算机时应注意，如果只安装了简体中文操作系统，为避免查阅繁体版的搜索引擎出现乱码，最好再安装一个支持繁体字的软件或字库，才能正常将搜索引擎中的繁体字正确显示出来。同样，如果计算机中只安装了繁体中文操作系统，在查阅简体的搜索引擎时也会出现乱码，此时则需要再安装一个支持简体字的软件或字库。

- **网站类型范围**

在所有国际互联网的网站中，最常见的就是页面浏览、超文本链接形式的网站，也就是WWW网站，但也还有其他多种形式的网站，如FTP、Gopher、BBS等。大型搜索引擎往往能够搜索各种形式的网站信息，它们往往开辟有专门的选项来搜索这些网站中的内容，但有许多的搜索引擎，只能搜索WWW网站，而无法查询其他形式网站的信息。

- **专业范围**

专业范围是指专门收录某一方面、某一行业、某一主题的信息，如商务查询、企业查询、人名查询、电子邮件地址查询、医学论文查询等，它们与综合性搜索引擎有着许多相同之处，但也有一些本质上的区别。

3.1.4　搜索引擎的分类目录

为什么要对搜索
引擎进行分类呢？
对搜索引擎进行
分类可为用户的查询
提供方便。

搜索引擎的分类是多种多样的，常见的分类方法是根据各个站点的内容属性进行分类的，如休闲娱乐类、健康卫生类、新闻媒体类、科学技术类、文学类、艺术类等。在搜索引擎中对这些内容进行分类是为了方便用户查询信息，如需要查询散文、诗歌，只需单击搜索引擎站点中的文学即可一步步地查找。搜索引擎在进行分类时，都是根据一定的准则，一般是以我国颁布的《标准化工作导则》中的《信息分类编码的基本原则和方法》为依据进行分类的，这种方法是一个比较系统、全面和科学的分类方法。

通常，比较好的搜索引擎的分类目录在总目录下还会有二级目录、三级目录、四级目录甚至五级目录层次，分类的目录越多，查询中的限制就会越明显，也就越便于用户查询到比较明确的信息。在对站点进行分类时可以同时属于不同的类目，如艺术品拍卖，既可以是艺术的范畴也可是商业的范畴，因此它既出现在艺术的分类目录下，也出现在商业的分类目录下才会显得具有合理性。

一份好的分类目录，就像是一个指南针，能让用户找到自己需要的东西，但对于差的分类目录则常常使用户疲于奔波，而所获甚微。在评价一个分类目录的优劣时，主要有以下几个方面的因素：

• 分类方式

对于网站的分类方式，许多网站是依据中华人民共和国颁布的《标准化工作细则》中的《信息分类编码的基本原则和方法》分类，它是一个正规的、官方的分类方法；而美国的绝大多数网站的分类目录则依据国际通行的黄页分类法，偏重于商业化分类的模式；有的则比较轻松，更贴近于生活。由于这些分类方式精彩纷呈、各有千秋，从而形成了不同分类目录各自的特色和风格。

• 多级分类目录

具有多级分类目录的网站可以说是一个比较优秀的网站，因为分类的目录越多，用户查找的范围就会越小也越明显。

• 交叉显示

交叉显示是指一个分类在多个目录下显示，如计算机零售作为一个子类目，即可出现在商业公司的大类下，又可出现在计算机大类下，这种双重或多重显示就叫做交叉显示，但大多数分类目录网站并不提供交叉显示的功能。

• 内容提要

内容提要是在分类目录的下边便于用户对其内容一目了然。通常，搜索引擎的网站提要都是各网站在搜索引擎上注册时自己提供的。好的搜索引擎，要对来注册的提要进行检查、核实、增删和修改等，这些往往需要很大的工作量。有些搜索引擎为减轻工作量而使用自动注册或不进行核实，这样其内容提要就会存在不准确或注册者的自我夸张。理想的内容提要应该是搜索引擎自己的工作人员编写的，并提供较权威的评价。

• Internet 信息资源的分类

Internet 上计算机存放的信息称为信息资源，这些信息资源非常广泛，包括学术技术、体育、娱乐、旅游、消遣和新闻等信息。在 Internet 上的这些信息载体涉及所有媒体，如文档、表格、图像、声音及它们的合成。信息的容量小到几行字，大到一份报纸、一本书甚至一个图书馆。信息分布在世界各地的计算机上，以各种可能的形式存在，如文件、数据库、公告牌、目录等。目前，常见搜索引擎的主题范围一般包括有：

（1）自然学科：数学、物理、化学、天文、地质地理学、生命科学、空间学等。

（2）技术：自动化、计算机、电子技术、航空航天。

（3）建筑：工程、设计。

（4）医学：药学、营养学、心理学。

（5）农业：林业、园艺、渔业等。

（6）文化教育：图书、杂志、图书馆等。

（7）文艺：艺术、文学、杂志、新闻、出版等。

（8）国家：政府、政治、军事、法律、人口等。

（9）历史：考古、人文、语言等。

（10）财经：经济、金融等。

（11）商业：市场、求职、服务、组织机构等。

（12）体育：娱乐、旅游、气象、游戏等。

（13）其他：笑话、宠物、自然灾害等。

3.2 搜索引擎的使用

掌握搜索引擎的使用非常重要，在使用时一定要学会常用的查询技巧、各搜索引擎站点的区别等。

3.2.1 正确使用搜索引擎

正确使用搜索引擎时应特别注意以下几个方面：

• 关键字搜索与分类目录的搜索

与搜索引擎有关的网站大致上都可分为两种：一种是通过关键字进行搜索，另一种是通过分类目录进行搜索。

使用关键字进行搜索时，一定不能将查找的内容规定得太死，将内容放宽一些可避免系统遗漏。下图分别是查询网页方面的资料，图（a）是在搜索框中输入“唐朝诗歌”，而图（b）是在搜索框中输入“诗歌”，其搜索结果显然是后者要宽得多，因为前者加了个唐朝的限制，因此只搜索唐朝的诗歌，而后者却无论哪个朝代的诗歌都可以搜索到。

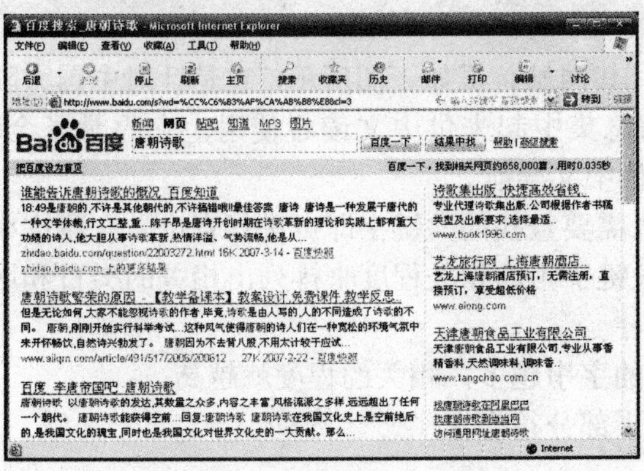

（a）搜索“唐朝诗歌”的结果

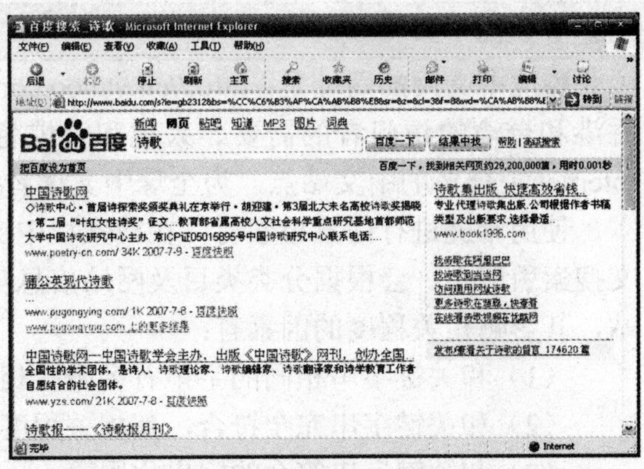

（b）“诗歌”搜索结果

目录分类搜索用于不确定具体内容的查找。目录查询方式是一种树型结构，因此在查询时可以按照顺藤摸瓜的方式一步步地进行查找。

• 搜索查询技巧

在某个搜索引擎中查询一个关键词，而检索出了几千个网址时，那情形是让人沮丧的，因为这样多的网址，根本不知道要从何查起，也不可能一个个查询，这样要浪费许多的时间，如果选择性的查询又怕需要的信息被遗漏；另外，有时输入一个关键词后，却没有返回所需的信息，这是因为这个关键字无法描述全部的需求。对此，各个搜索引擎包括网站检索和全文检索的搜索引擎，通常都提供一些方法来限制查询的内容，使其更加精确地符合我们的要求。

不同的搜索引擎，提供的复杂条件查询的功能和实现的方法各有不同，网站中一般都有“帮助”和解释各自的功能和方法，如模糊查询和精确查询、逻辑条件限制等。

• 搜索结果的排列

在搜索引擎的查询结果中都是有一定的排列顺序的，但每个网站的排法稍稍会有一些出入。如新浪网，它的检索结果是根据与查询要求相匹配的结果的质量来进行相关排列的，质量越高，排列的位置就越靠前，这与其他网站大致上是相同的。

3.2.2 常见中文搜索引擎的比较

常见的中文搜
索引擎有哪些？
常见的中文搜索引擎有
很多，这里主要介绍雅虎中
文、新浪和搜狐三个网站。

雅虎、新浪和搜狐这三个大型门户网站的搜索引擎在功能上来讲，大致相同，只是形式上有着明显的区别。

• 雅虎中文网

雅虎中文网的网址是：http://cn.yahoo.com/，其网站首页如下图所示，它是针对中国大陆、香港和台湾的访问者的需要、兴趣和习惯将信息集中起来供中文读者使用，它收录了全球Internet上众多的中文站点，为全球中文读者提供中文导航。

使用雅虎进行信息检索时，在检索栏中键入需要查找的关键字即可进行查询。在雅虎中文搜索引擎中，会根据分类类目及网站信息与关键字串的相关程度来排列出相关的类目和网站，其影响相关程度的因素有：

（1）和关键字串相同的字串有多少。相同的字串越多，相关的程度就越高。

（2）和关键字串完全符合，其相关程度高于部分符合。

（3）和关键字串符合的字串位置。

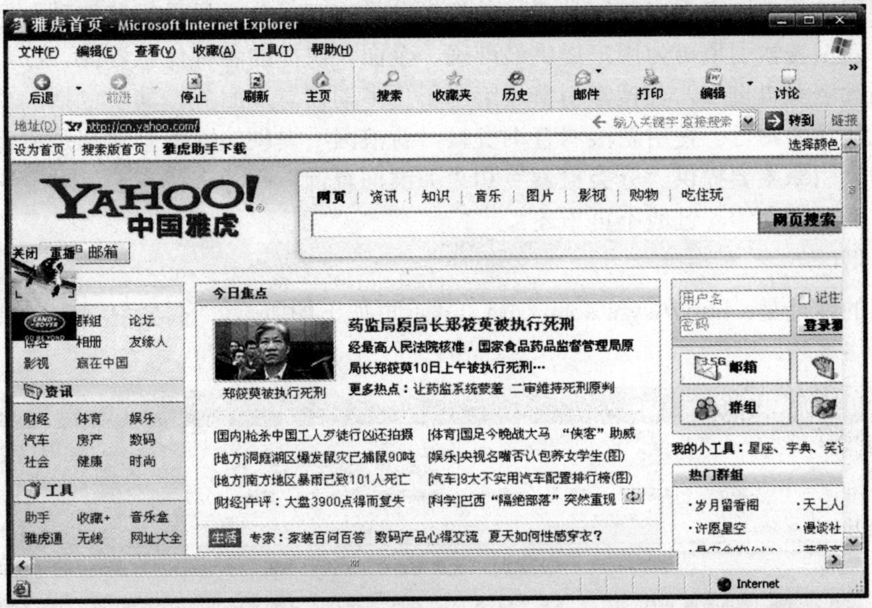

- **新浪网**

新浪网的网址是：search.sina.com.cn，其网站首页如下图所示。新浪网是一个面向全球华人的网上资源查询系统。它不仅提供网站、中文网页、英文网页、新闻、软件还提供游戏等查询服务。

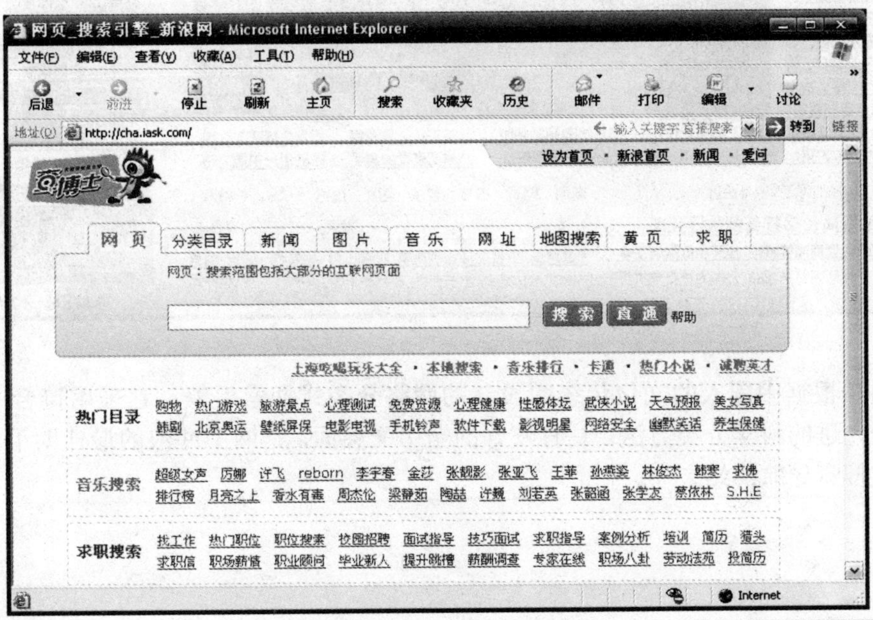

在新浪网首页中，可看出其网站收录的资源非常丰富，分类目录规范细致，遵循中文用户的习惯。新浪搜索引擎可为用户提供最准确、全面、快捷的各种信息资源。

新浪网除资源查询外，其搜索引擎还给出了更多的信息及服务，其中包括：今日焦点、评论空间、新浪酷站等。使用新浪网查询资料，新浪网所提供的服务全部都是免费的。

新浪搜索引擎主要提供“分类检索”和“关键词查询”两种查找方法。对于这两种方法的使用，前面已经介绍，过故不再重述。

• 搜狐网

搜狐网的网址是：http://www.sohu.com，其首页如下图所示，它是爱信特公司创办的一个大型中文网络系统。

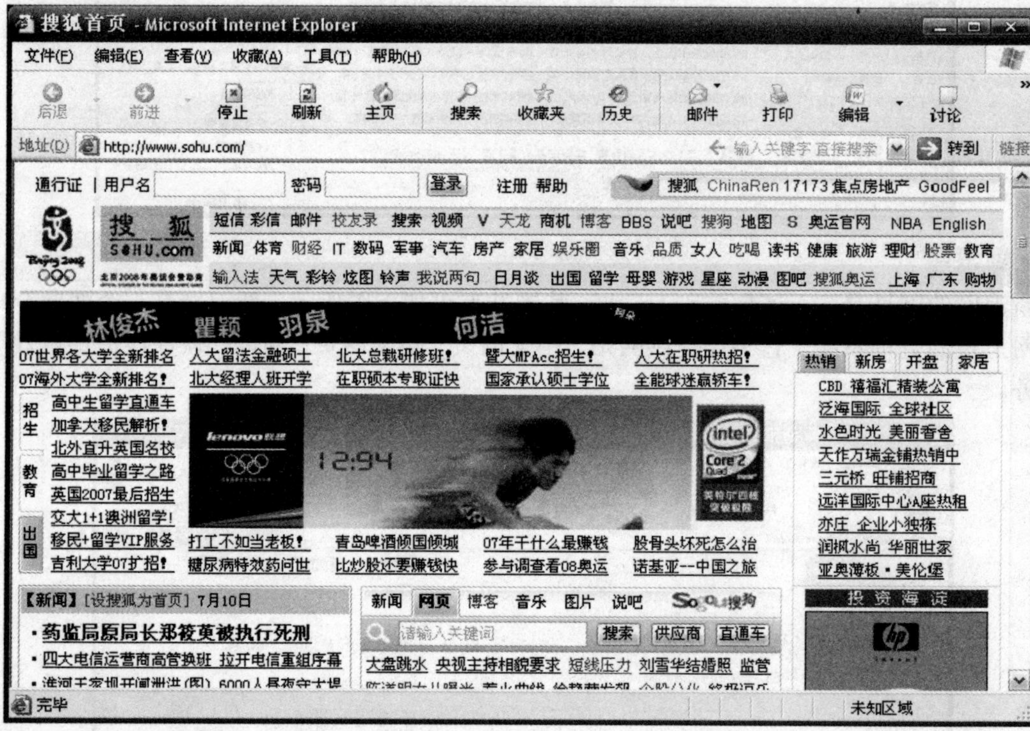

搜狐网是根据中国人的文化传统而设计的网络分类式搜索引擎。它采用符合中国语言文化习惯的最先进的科学分类方法，具有友好的全中文界面，是网上冲浪的最佳助手，成为中国最受欢迎的搜索导航网站之一。

电脑即学即用

教你学电脑

第4章 下载工具

本章要点：

- FTP 的概念
- 迅雷下载工具
- 迅雷下载工具的使用
- 网际快车下载工具
- 网际快车下载工具的使用

电脑博士，可以将网络中的资源保存在个人计算机上吗？

小丽，当然可以啦，使用本章介绍的迅雷和快车下载工具即可将网络中自己喜欢的东西保存在个人计算机中。

4.1 FTP 简介

FTP 的英文全称为“File Transfer Protocol”，也叫做文件传输协议。FTP 是网络中为传送文件而定的协议。

使用 FTP
有什么作用？

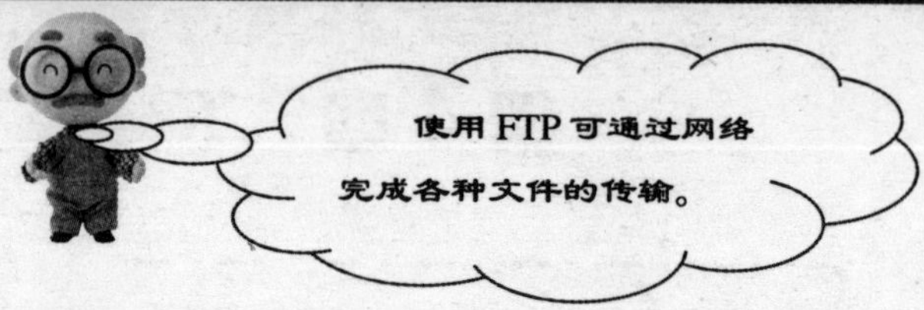
使用 FTP 可通过网络
完成各种文件的传输。

使用 FTP 可完成各种文件的传输，这种文件传输包括上传和下载两种方式。上传是指从自己计算机上将信息复制到网络中；而下载则是指将网络上的信息保存到自己的计算机中。通常，使用下载的次数要比上传次数多得多。

传统的 FTP 是基于 DOS 系统的，也就是在 DOS 系统中使用命令来运行这个程序以获取远程主机上的文件或是把自己电脑中的文件发到远程主机上。

浏览器的基本下载功能是最基本的下载方式，但它不是最快的下载方式。使用这种方法下载文件非常简单且方便。

使用 FTP 下载文件的方法如下：

打开“搜狐”首页，并在输入栏中输入与下载的文件有关的关键词，如输入“软件”。

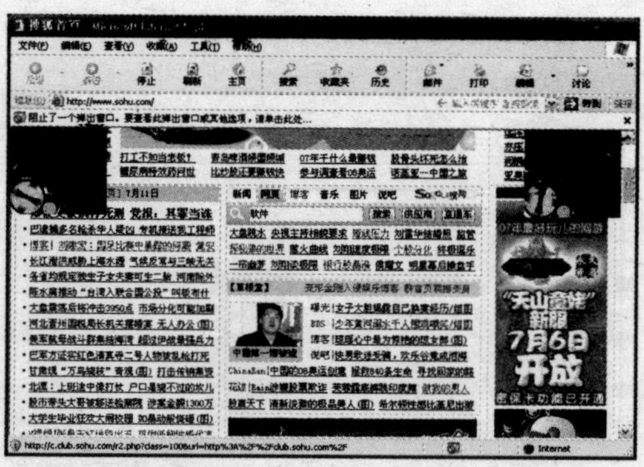

单击输入栏右侧的“搜索”按钮，即可搜索到与之有关的网址。

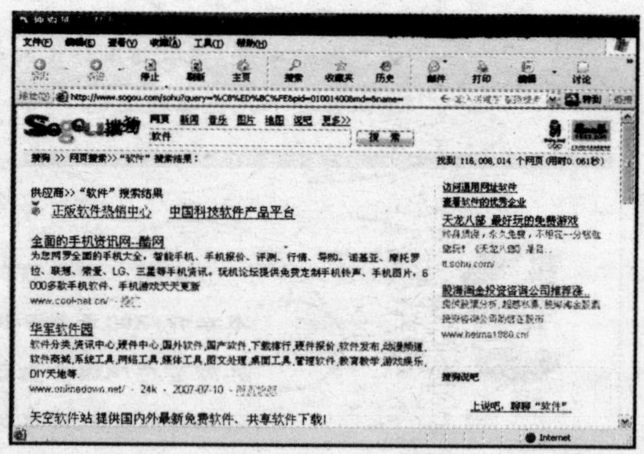

拖动浏览器窗口右侧的垂直滚动条，查找与自己所要查找的软件相关的网址，然后单击此网址，即可打开网页，在此选择“天空软件”网，其网站首页如下图所示。

4 在此网页中单击“主站入口”右侧的“电信”文字链接，会打开网页。当然，在选择入口时可根据用户的情况来选择。

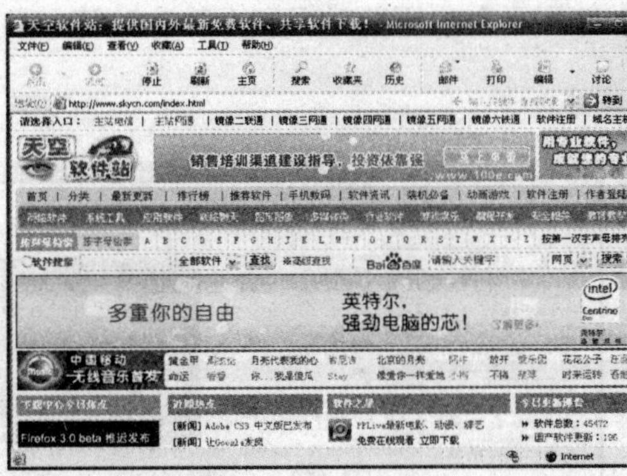

进入“天空软件”网站后，选择所要下载的软件类型，如在此选择“图形图像”类型，则直接用鼠标指向“图形图像”，当鼠标变成一个手指形状时，单击左键，即可打开。

6 在此网页中又将“图形图像”目录进行分类。如，分为图像处理、动画制作等。用户单击所要查找的类型，或直接在左侧列出的图形图像软件中查找，如果此页中没有所需的软件，则单击底部的“下一页”，在打开的另一个网页中继续搜索。

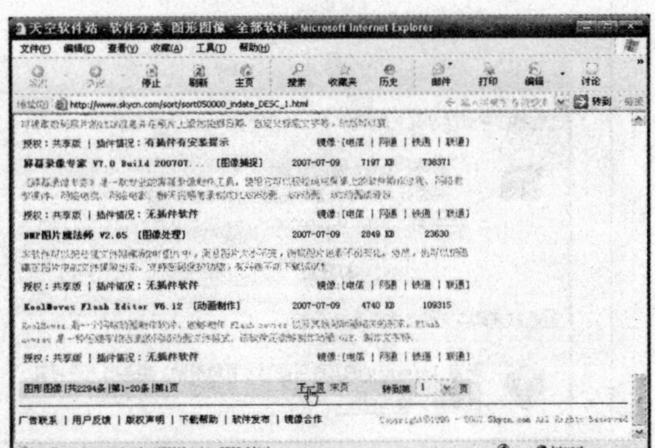

7 在网页中找到所需的软件后，单击该软件名后，会打开此软件的下载页面，用户在下载软件或其他资源时应仔细查看下载页面中的资源是否就是自己所要查找的。在下载页面中，用户可查看此软件的详细信息，如此软件的语言、大小、类别、应用平台、更新时间和下载次数等。

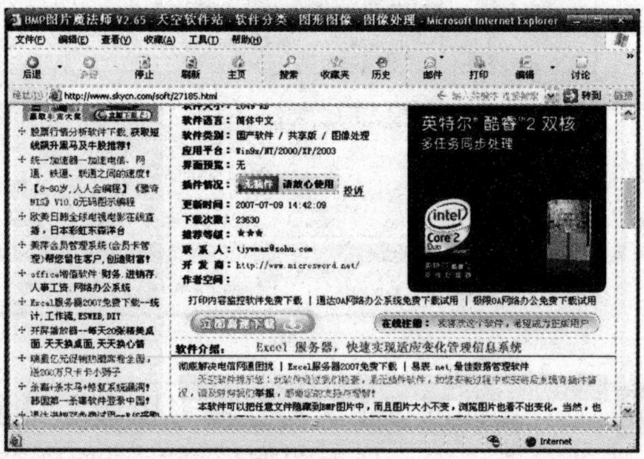

8 在打开的下载页面中单击“高速下载”按钮，会打开“下载提示”页面。

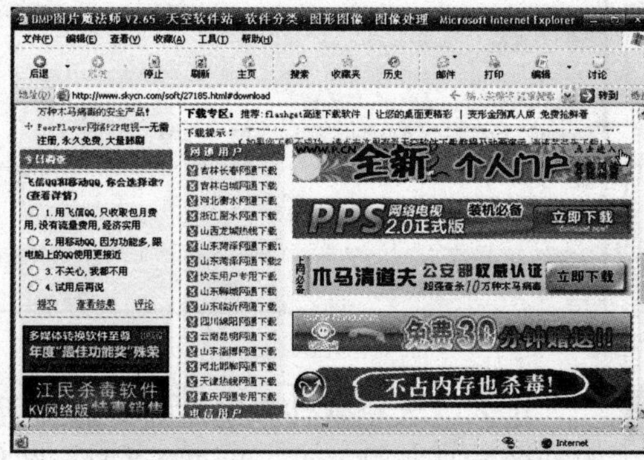

9 在“下载提示”页面中选择电信用户下的下载区域，即可弹出“文件下载”对话框。

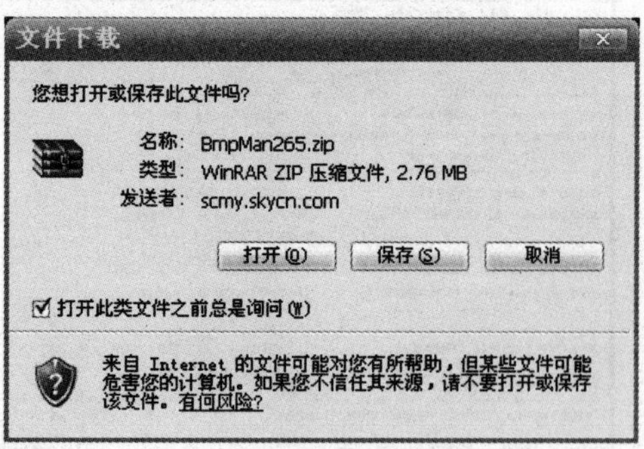

10 在此对话框中单击“保存”按钮，并选择文件存放的位置。

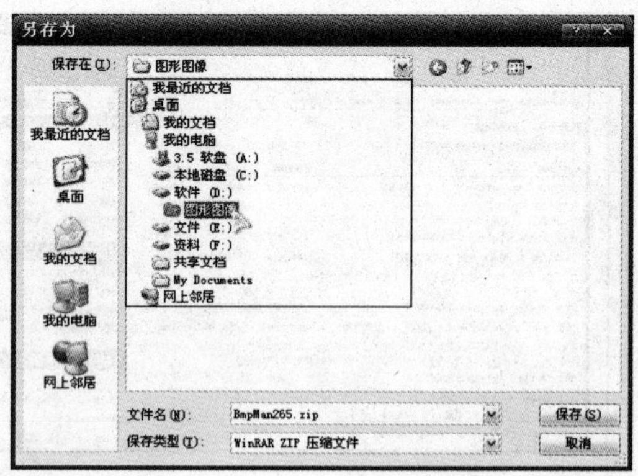

11 在“保存”对话框中单击“保存”按钮后，会弹出“下载”对话框。在此对话框中显示了文件下载的位置、传输速度和下载时间等信息。

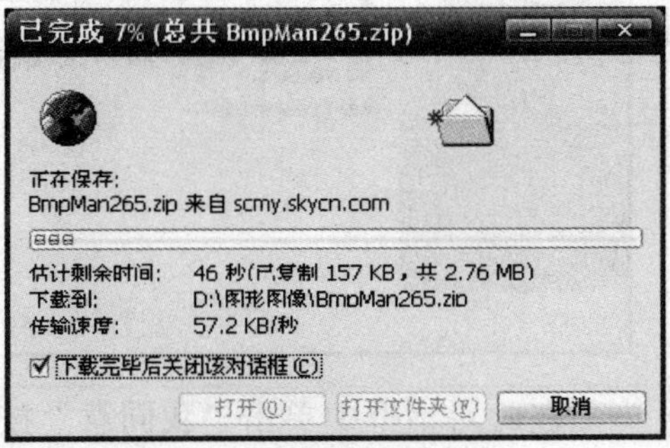

12 待文件下载完毕后，即可在对话框中提示文件已下载完毕，此时用户若想查看此文件，单击“打开文件夹”按钮即可查看下载到计算机中的文件。

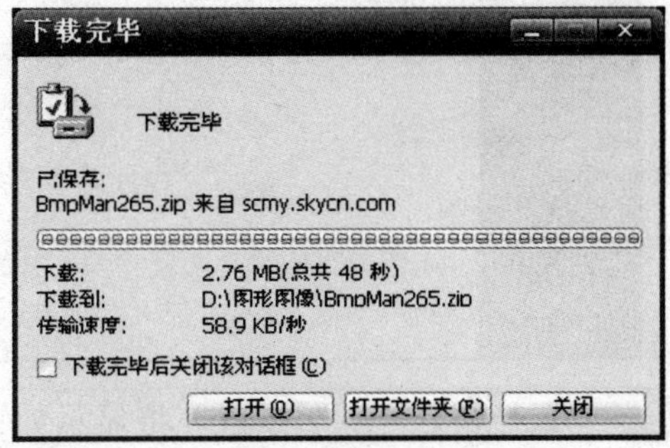

4.2 迅雷下载

虽然 FTP 可将网络上的资源下载到个人计算机中，但如果需要同时下载几个资源，或下载一个比较大的文件，使用 FTP 下载则速度就太慢了。

随着计算机行业的不断发展，为满足广大群众对网络的需求，工作人员开发出了各种下载软件，如“迅雷”、“Web 迅雷”、“快车”、“电骡”和“超级旋风”等。

4.2.1 安装迅雷

迅雷采用的是网络原理的多资源、超线程技术。它通过该技术能够将网络服务器与计算机资源进行有效的整合，以构成独特的下载网络，从而大大提高数据文件的传递速度。另一方面，在不降低用户下载速度的前提下，迅雷网络可以对服务器资源进行均衡，有效降低了服务器负载。

在使用迅雷前必须先将其安装程序下载到个人计算机中，才能进行安装和使用。迅雷软件的下载与上节所介绍的图形图像软件的下载方法相同，故不再重述。

1 在计算机中打开迅雷安装程序所在的位置。

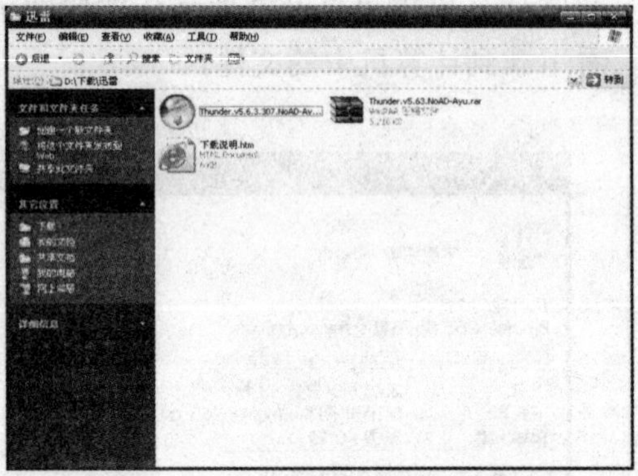

2 双击迅雷安装程序图标，进入迅雷安装向导。

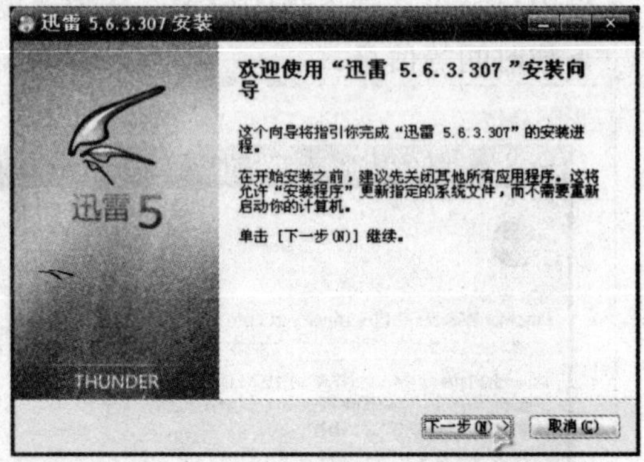
迅雷 5.6.3.307 安装
欢迎使用“迅雷 5.6.3.307”安装向导
这个向导将指引你完成“迅雷 5.6.3.307”的安装进程。
在开始安装之前，建议先关闭其他所有应用程序。这将允许“安装程序”更新指定的系统文件，而不需要重新启动你的计算机。
单击［下一步(N)］继续。
迅雷5
THUNDER
下一步(N) >
取消(C)

3 单击“下一步”按钮，将显示如下图所示的对话框。

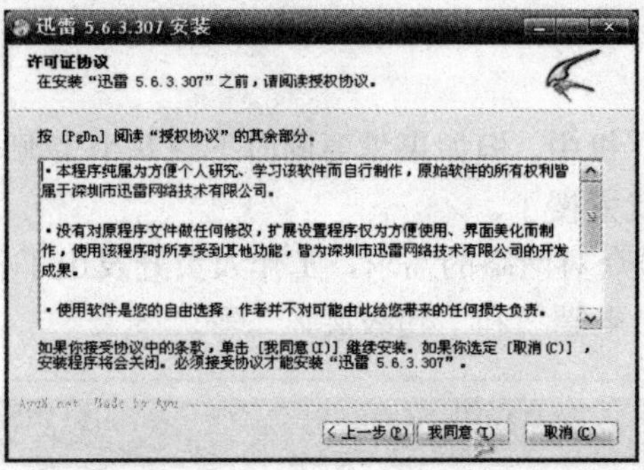
迅雷 5.6.3.307 安装
许可证协议
在安装“迅雷 5.6.3.307”之前，请阅读授权协议。
按［PgDn］阅读“授权协议”的其余部分。
•本程序纯属为方便个人研究、学习该软件而自行制作，原始软件的所有权利皆属于深圳市迅雷网络技术有限公司。
•没有对原程序文件做任何修改，扩展设置程序仅为方便使用、界面美化而制作，使用该程序时所享受到其他功能，皆为深圳市迅雷网络技术有限公司的开发成果。
•使用软件是您的自由选择，作者并不对可能由此给您带来的任何损失负责。
如果你接受协议中的条款，单击［我同意(I)］继续安装。如果你选定［取消(C)］，安装程序将会关闭。必须接受协议才能安装“迅雷 5.6.3.307”。
< 上一步(P)
我同意(I)
取消(C)

4 在此对话框中单击“我同意”按钮。在弹出的对话框中根据需要选择各项。

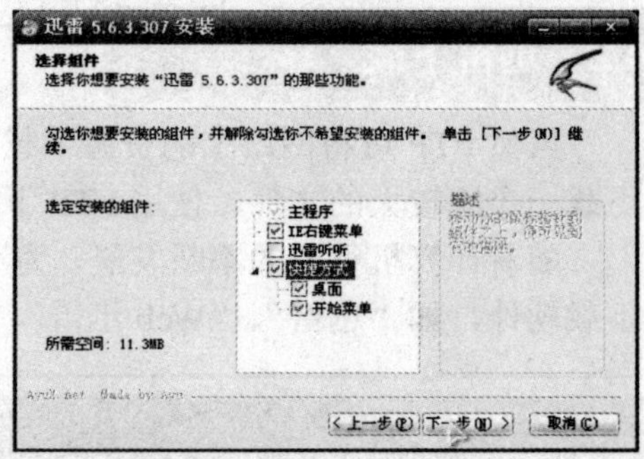
迅雷 5.6.3.307 安装
选择组件
选择你想要安装“迅雷 5.6.3.307”的那些功能。
勾选你想要安装的组件，并解除勾选你不希望安装的组件。单击［下一步(N)］继续。
选定安装的组件：
主程序
IE右键菜单
迅雷听听
快捷方式
桌面
开始菜单
所需空间：11.3MB
< 上一步(P)
下一步(N) >
取消(C)

5 在此对话框中单击“下一步”按钮，在对话框中单击“浏览”按钮，选择安装的文件夹路径。

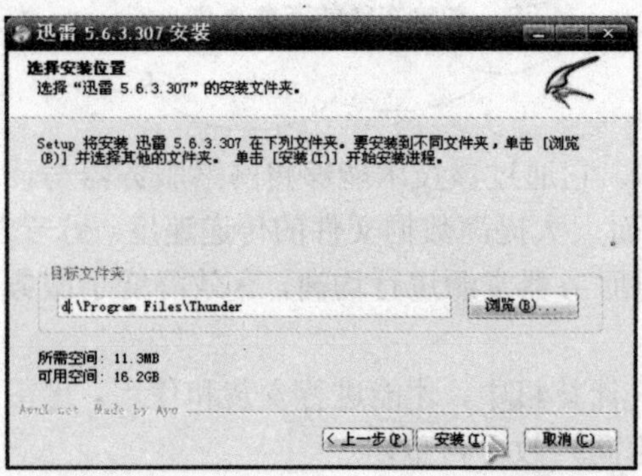
迅雷 5.6.3.307 安装
选择安装位置
选择“迅雷 5.6.3.307”的安装文件夹。
Setup 将安装 迅雷 5.6.3.307 在下列文件夹。要安装到不同文件夹，单击［浏览(B)］并选择其他的文件夹。单击［安装(I)］开始安装进程。
目标文件夹
d:\Program Files\Thunder
浏览(B)...
所需空间：11.3MB
可用空间：16.2GB
< 上一步(P)
安装(I)
取消(C)

6 单击“安装”按钮，即可进行安装。

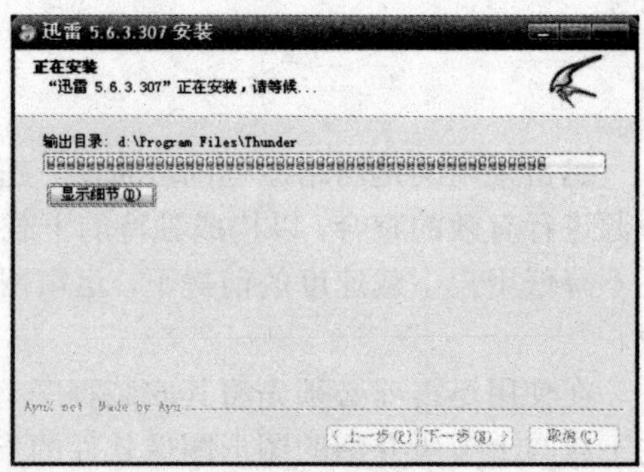
迅雷 5.6.3.307 安装
正在安装
“迅雷 5.6.3.307”正在安装，请等候...
输出目录：d:\Program Files\Thunder
显示细节(D)

大约几分钟后，会弹出如下图所示的对话框。

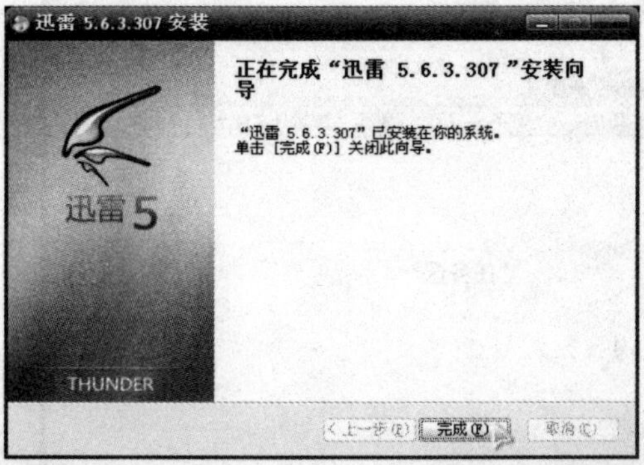

8 单击“完成”按钮后，会弹出“迅雷扩展设置”对话框，用户可根据需要在此对话框选择各个选项，最后单击“确定”按钮即可完成“迅雷”的安装。

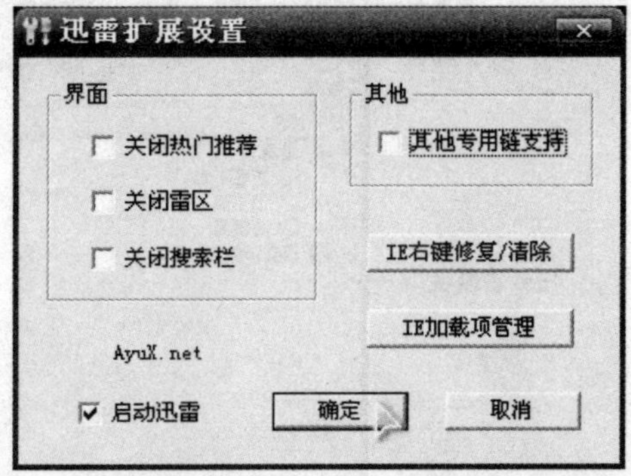

4.2.2 迅雷的主界面

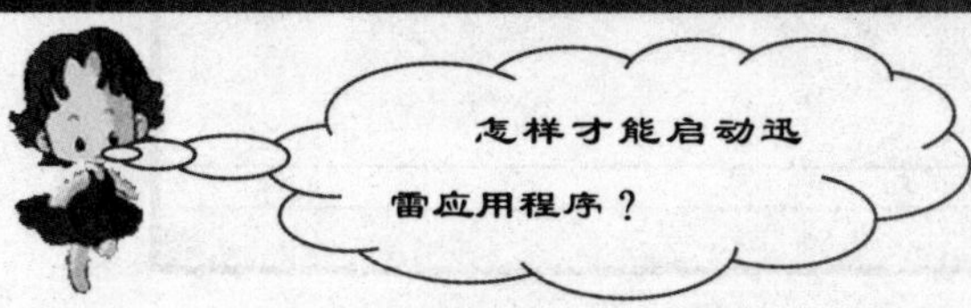

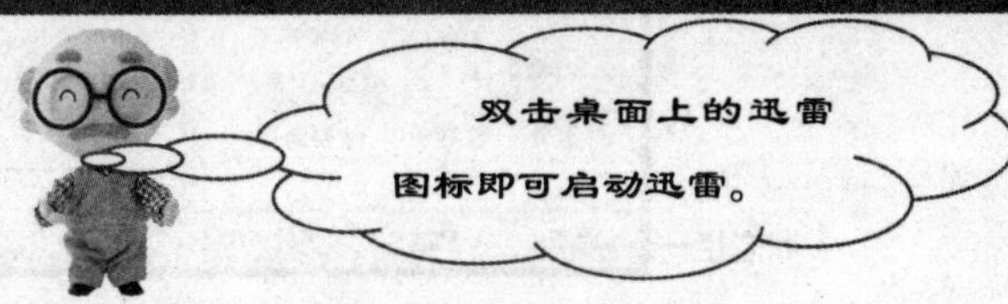

在计算机中安装迅雷应用程序后即可启动，启动的方法主要有以下几种：

（1）执行“开始/所有程序/迅雷/启动迅雷”命令。

（2）双击桌面上的迅雷快捷图标 。

启动迅雷后，即可进入迅雷主界面，迅雷界面主要包括标题栏、菜单栏、工具栏、任务管理窗口、任务区和状态栏。

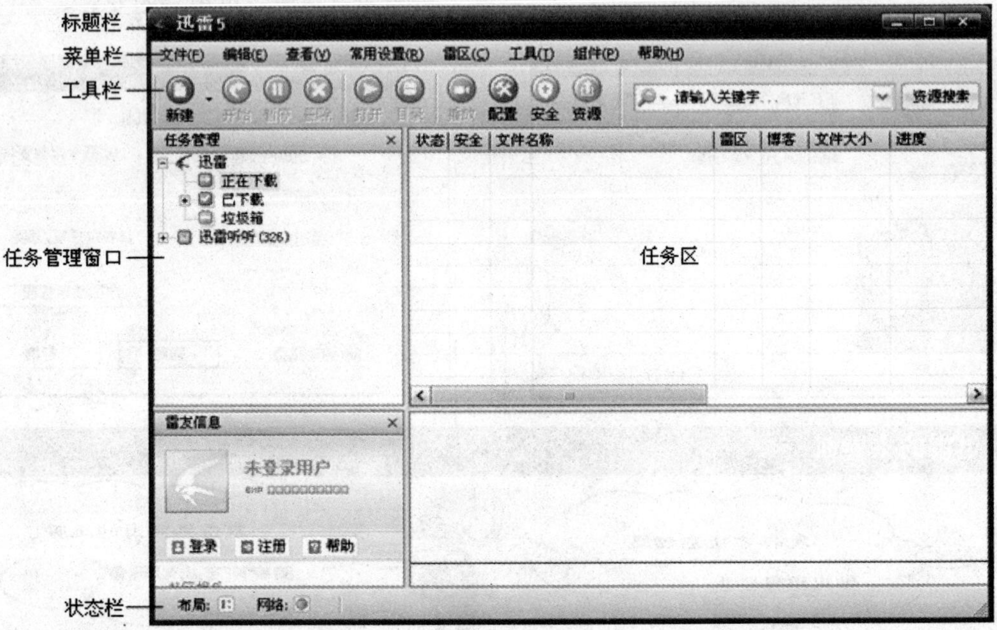

• 标题栏

标题栏可用于显示迅雷软件的名称，并可使用标题栏上的控制按钮，最大化、还原和最小化按钮变化窗口的大小及退出迅雷程序，如下图所示。

• 菜单栏

菜单栏用于提供各种命令，如打开、重命名、设置、帮助等。菜单栏共有 8 个下拉菜单，分别是文件、编辑、查看、常用设置、雷区、工具、组件和帮助，如下图所示。

文件(F) 编辑(E) 查看(V) 常用设置(R) 雷区(C) 工具(T) 组件(P) 帮助(H)

• 工具栏

工具栏用于存放一些工具按钮，如新建、删除、播放、配置等。

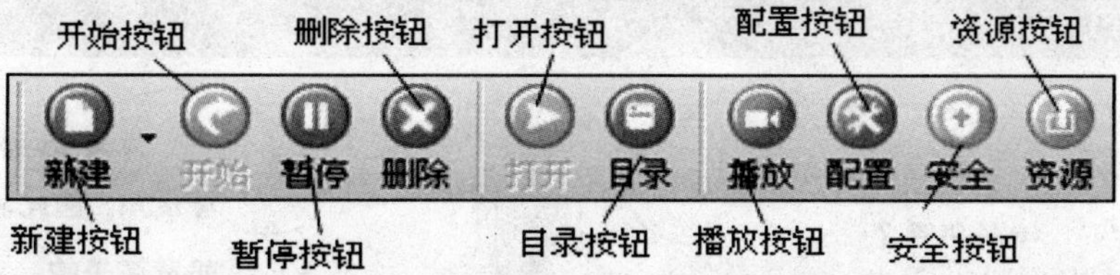

• 任务管理窗口

任务管理窗口是用来管理下载任务的，在此窗口中可查看迅雷的下载情况。如果单击右侧的加号可展开更多的子文件夹。

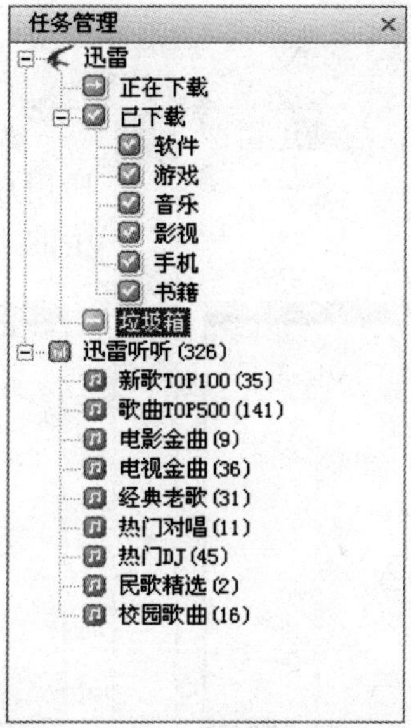

在任务管理窗口中单击“迅雷听听”文件夹下的子文件夹，可浏览新歌、电影金曲、热门歌曲等网页，通过这些网页即可找到下载资源下载自己喜欢的歌曲。

• 任务区

任务区用于显示当前下载的状态、文件名称、文件大小、下载进度等信息。

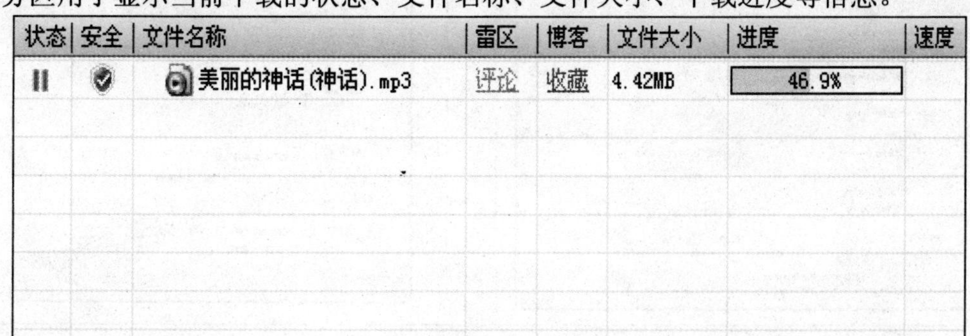

4.2.3 使用迅雷

迅雷的使用方法简单吗？

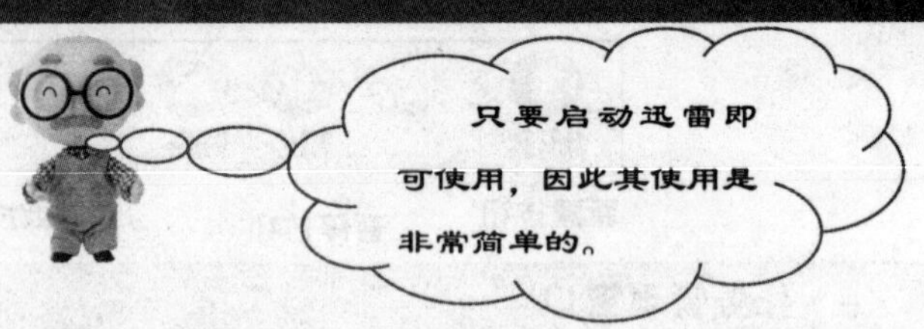
只要启动迅雷即可使用，因此其使用是非常简单的。

用户在启动迅雷后，即可使用它进行下载操作。使用迅雷下载有两种方式：一种是直接下载迅雷中的资源，另一种是使用迅雷下载其他网站中的资源，下面将对这两种方式进行简单的介绍。

• 下载迅雷自带资源

1 双击桌面上的迅雷图标，启动迅雷即可打开其主界面。

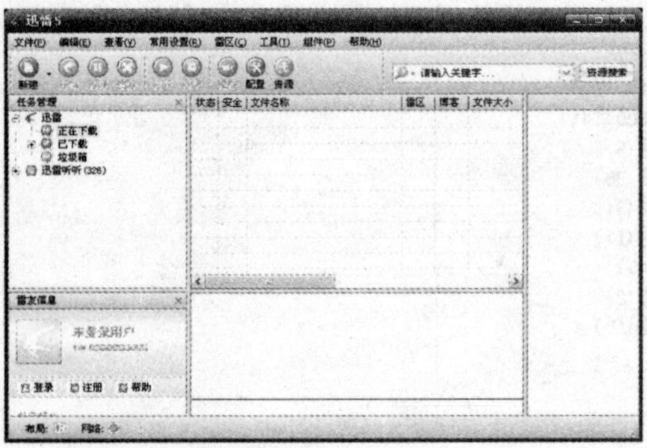

2 为了能够更有效地使用该软件可先注册用户，要注册只需单击“雷友信息”框中的“注册”按钮即可弹出注册网页。

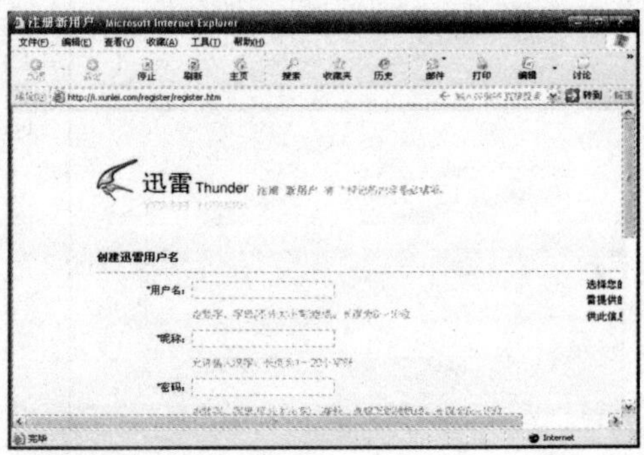

3 在注册页面中按要求输入各种信息。

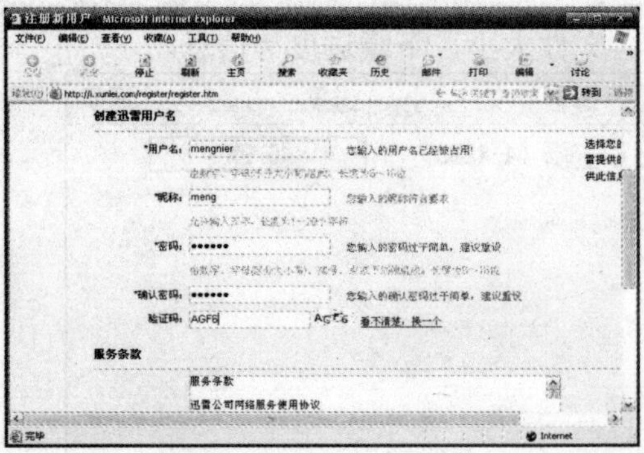

4 单击“完成”按钮后，即可打开一个注册成功的提示网页。

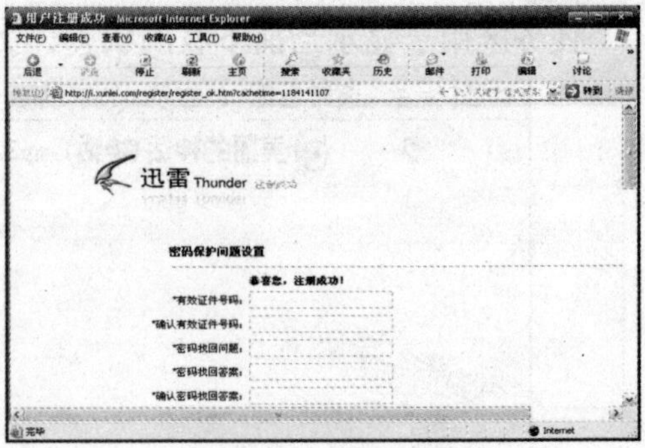

5 在此网页中输入信息，带“*”号的项必须填写。

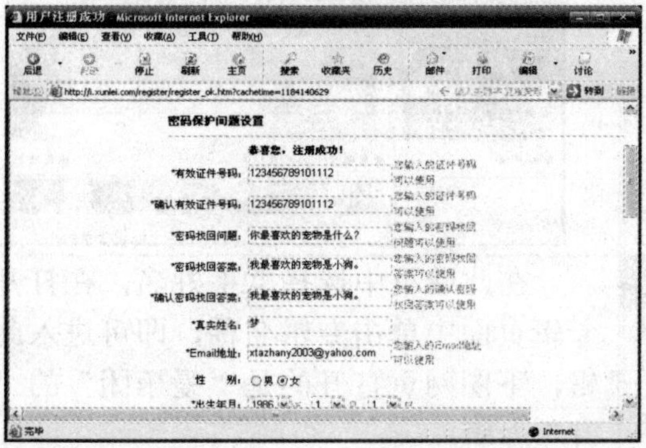

6 单击“完成”按钮后，即可弹出用户注册成功的网页。

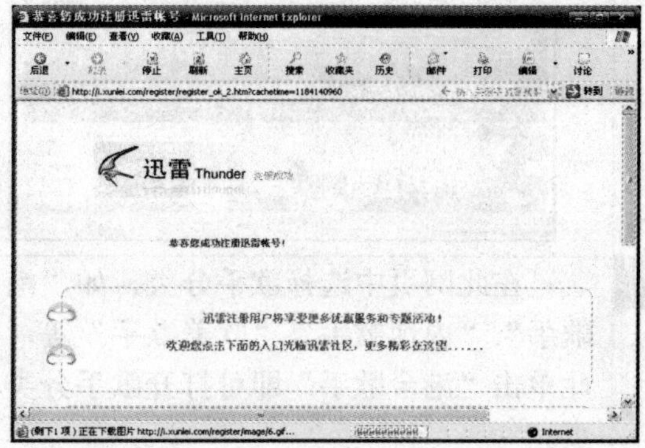

7 关闭网页后，在迅雷界面中单击“雷友信息”框中的“登录”按钮，此时会弹出“登录”对话框，在此对话框中分别输入用户名和密码。

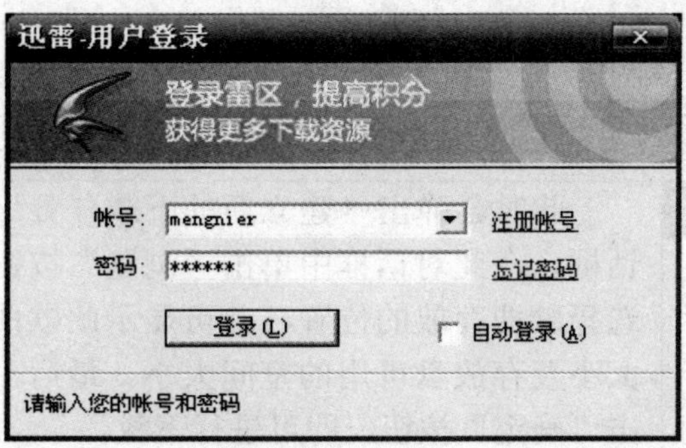

8 在此对话框中单击“登录”按钮后，在“雷友信息”框中将显示登录用户的信息。

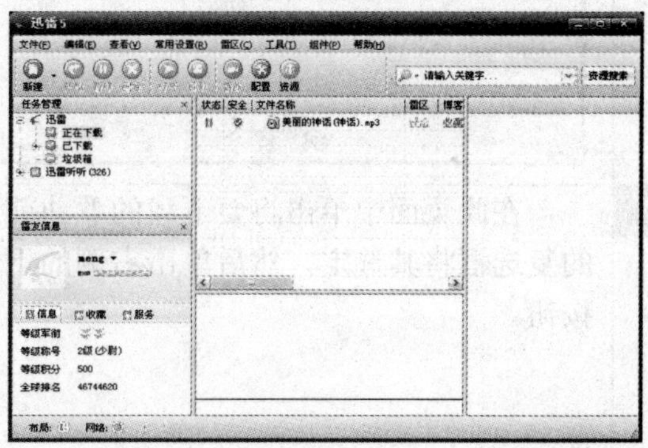

9 单击工具栏中的“资源”按钮，即可转到“迅雷在线”页面。用户可看到，在此页面中列出了各种资源的类别，包括“影视”、“音乐”、“游戏”、“软件”、“书籍”、“手机”和“宽频”等。用户如果不想通过这些分类目录查找资源，也可直接在搜索栏中输入要查找的关键词。

10 用户在此页面中单击所要下载的资源分类，如想要下载音乐，则直接单击“音乐”即可打开“音乐在线”网页。

11 在此网页中选择歌手分类，如“港台歌手”、“内地歌手”、“欧美歌手”等，在此单击“港台歌手”即可打开歌手分类网页。

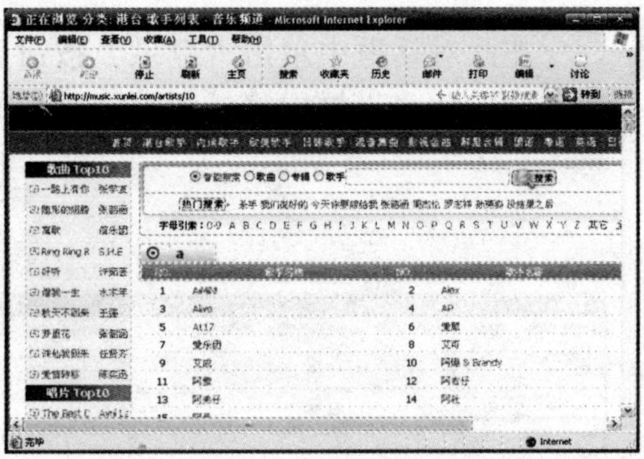

12 在此网页中选择歌手姓名，在打开的专辑页面中单击专辑名称，即可进入此专辑，下图网页打开的是“爱乐团”的“放开”专辑。

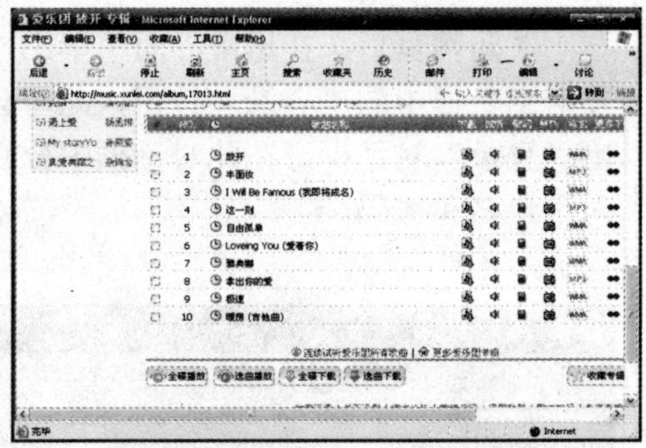

13 在此页面中单击将要下载的歌曲前面的复选框将其选定，然后单击右侧的下载按钮。

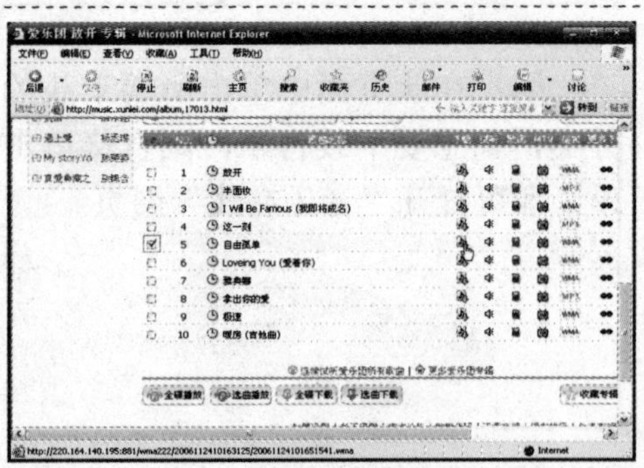

14 此时会弹出“建立新的下载任务”对话框，在此对话框中单击“浏览”按钮，选择歌曲存放的位置，并可显示此歌曲的大小及存放盘可用的空间大小。最后，单击“确定”按钮，即可进行下载。

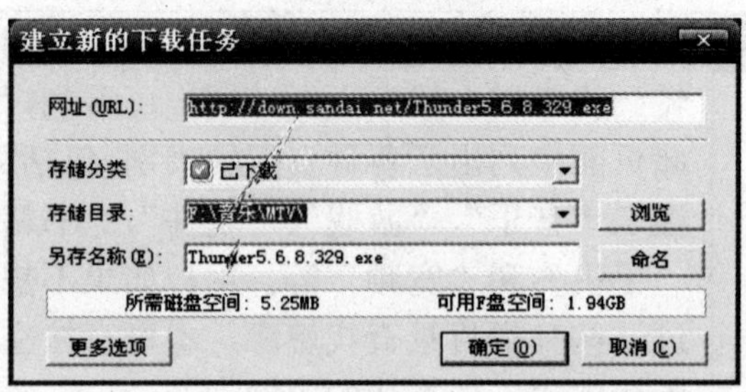

• 下载其他网站资源

下载其他网站资源是指使用迅雷在其他网页中下载所需资源。本小节以在“华军软件园”网站中下载“媒体工具”软件为例，简单介绍迅雷的使用方法。

1 打开“华军软件园”首页。

2 在此页面中单击“媒体工具”即可打开“媒体工具”分类页面，在下载软件时应注意哪些软件是免费下载的哪些是需要充值才能下载的。

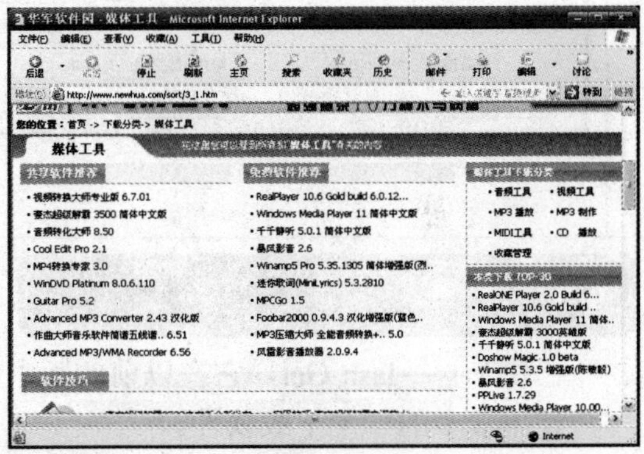

3 在此页面中选择“免费软件”中的“千千静听”媒体软件，即可进入此软件的下载页面，此时用户应仔细查看网页上的一些信息，有助于更好的使用此软件。

4 在此页面拖动垂直滚动条仔细查找其下载地址，找到之后用鼠标右键单击此下载地址，并在弹出的快捷菜单中选择“使用迅雷下载”命令。

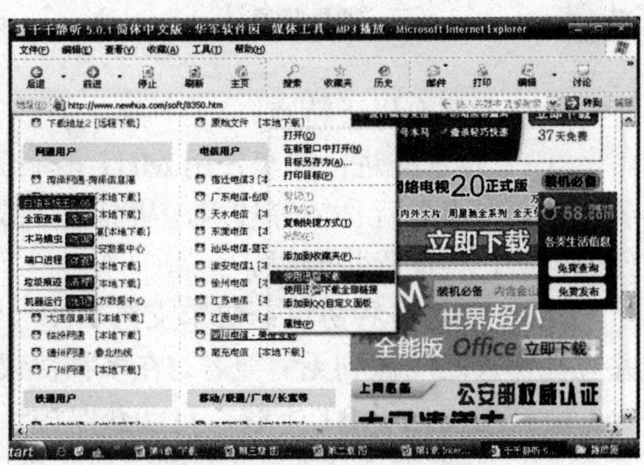

此时会自动地启动迅雷，从而弹出“建立新的下载任务”对话框，并在此对话框中选择此软件存放的位置。

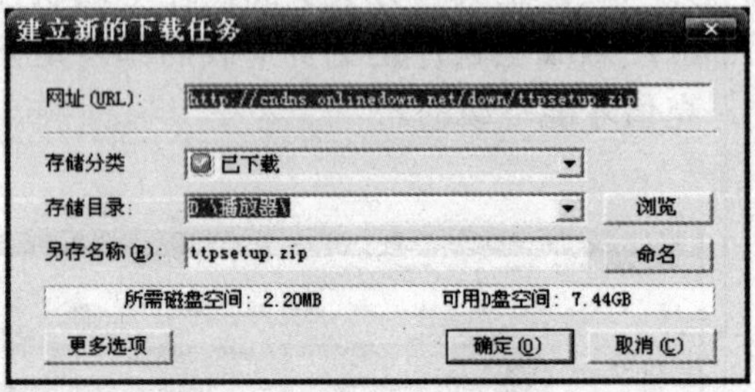

在此对话框中单击“确定”按钮后，即可打开迅雷主界面，并在任务区中显示其下载任务。

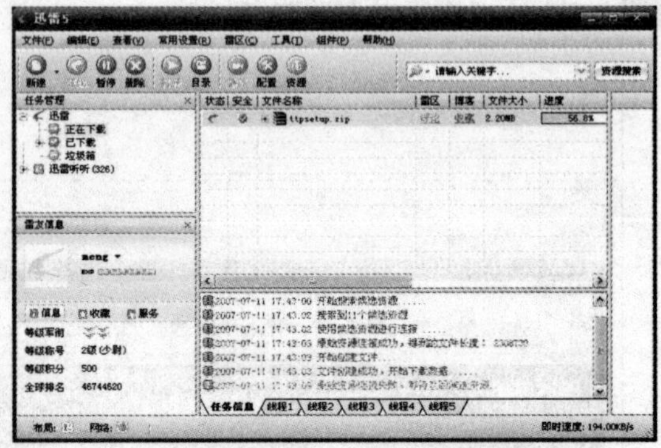

4.3 快 车

快车——lash Get，它在以前的版本中叫做“网际快车”。它是互联网上非常流行，用户使用较多的一个下载软件。

快车是一个免费软件，用户可自行到相关的网站去下载该软件。安装快车与安装其他一些软件相似，在此不作介绍。

4.3.1 快车的特点

快车主要有以下特点：

（1）技术先进：快车使用 MHT 多服务器超线程传输、最大限度优化算法、智能拆分下载文件、多点并行传输等技术，从而使下载更快更稳定；并且通过 UDCT 技术可以在下载文件的同时，全面保护硬盘。

（2）支持多种协议：快车支持 FTP 、 HTTP 、 BT 、 MMS 、 RTSP 等多种协议，并且在协议之间做到无缝兼容，在多种协议间不需要手动操作即可进行下载切换。 使用 One Touch 技术优化了 BT 下载，自动获取种子信息后并下载。

（3）文件管理功能强大：通过快车可以新建很多类别，将下载的文件直接存储在指定的目录文件夹中。并可以对下载的文件进行重命名、改变存放地址等操作。

4.3.2 快车界面介绍

执行“开始 / 所有程序 / 快车（FlasGet）”菜单命令，即可启动快车。快车的界面与迅雷界面相似，它是由标题栏、菜单栏、工具栏、任务区等组成。

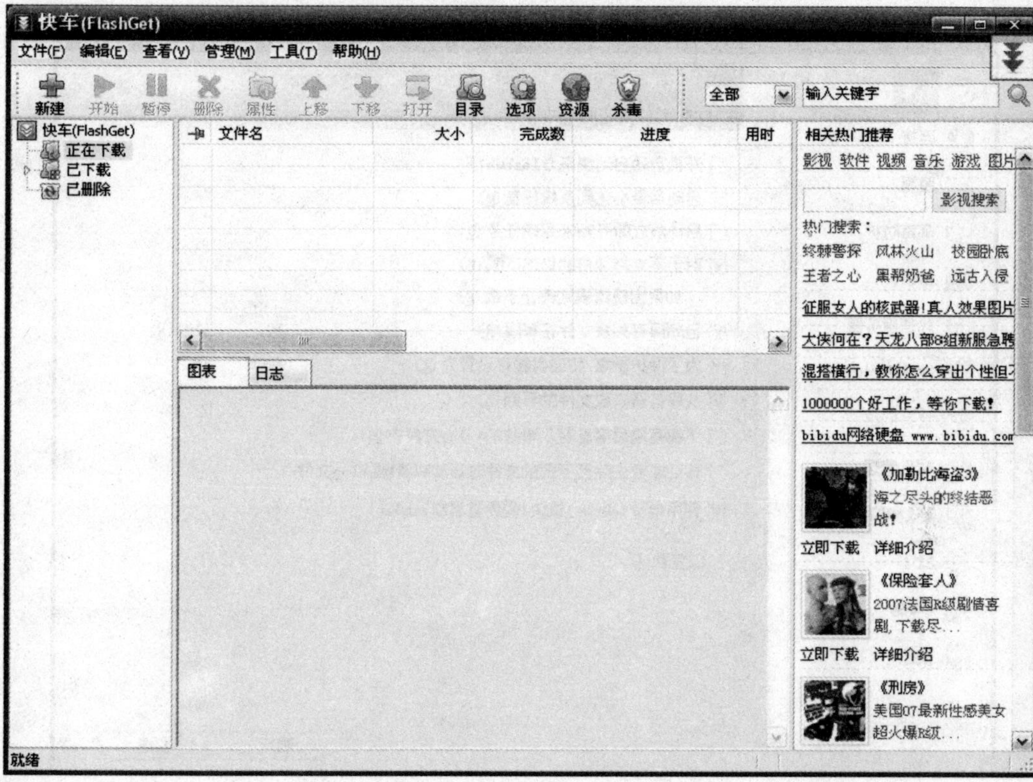

快车的操作界面比较简洁，其界面主要分为上、下两个部分。

上部分主要包括：标题栏，用于显示软件名称；标题栏下面是菜单栏，在菜单栏中有“文件”、“编辑”、“查看”、“管理”、“工具”和“帮助”菜单命令，执行这些菜单命令，能够实现该软件的所有功能；菜单栏下面是工具栏，用于放置常用工具。

下部分主要包括：左边部分为下载文件管理区；中间部分为下载文件信息区；右边为相关热门推荐。

4.3.3 快车选项设置

在使用快车之前，首先应该设置“选项”。单击“选项”按钮，会弹出“选项”对话框。该对话框分为两个部分，左边是“选项卡”按钮，单击这些按钮，在该对话框的右边部分即显示选定的选项卡的面板，用户在这些面板中即可进行各个选项的设置。

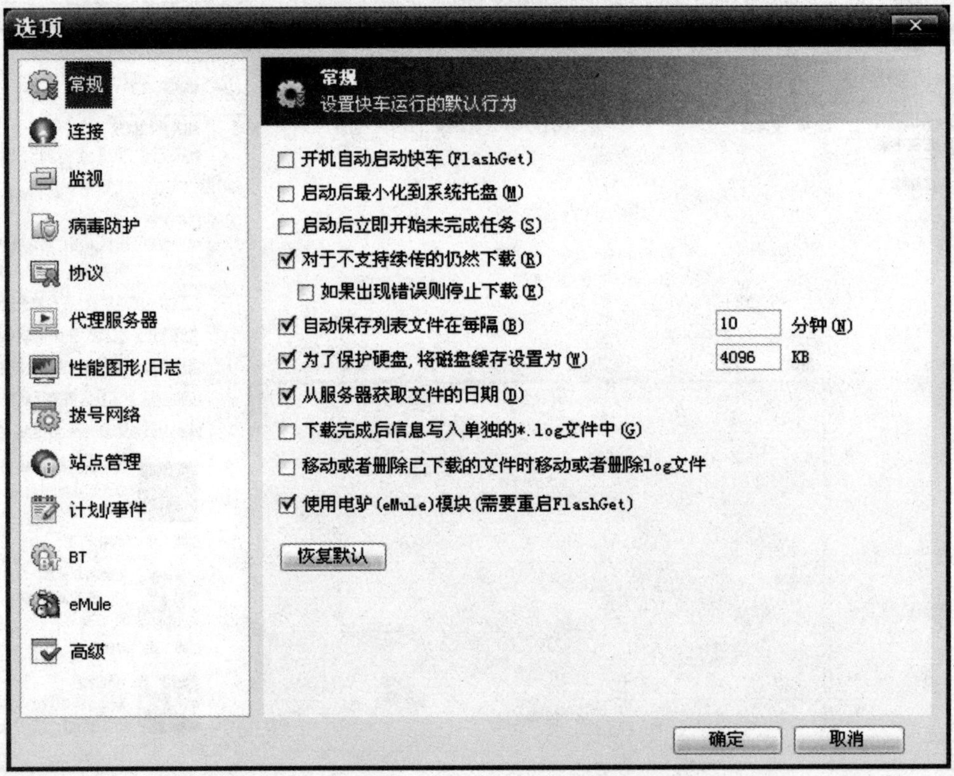

下面以“常规”、“链接”和“病毒防护”选项卡为例简单介绍快车选项设置的一些方法。

• 常规设置

由于开机时自动启动过多的程序会延长计算机的启动时间，因此在“常规”选项卡中可取消“开机自动启动快车（Flash Get）”选项。当下载的文件很大或较多时，往往一次不能下载完成，为了节省时间，就可以选择“启动后立即开始未完成任务”选项。有很多用户在删除下载文件时，往往不会删除下载时产生的 Log 文件。为了节约磁盘资源，可选择“移动或者删除已下载的文件时移动或者删除 Log 文件”选项。

• 链接设置

单击“选项”对话框中的“连接”选项卡，此时对话框会变得如下图所示。用户在此对话框右侧的链接面板中，可根据自己的需要进行设置。如果需要同时下载多个文件，可将“最多同时进行的任务数” 的值设置大一些。

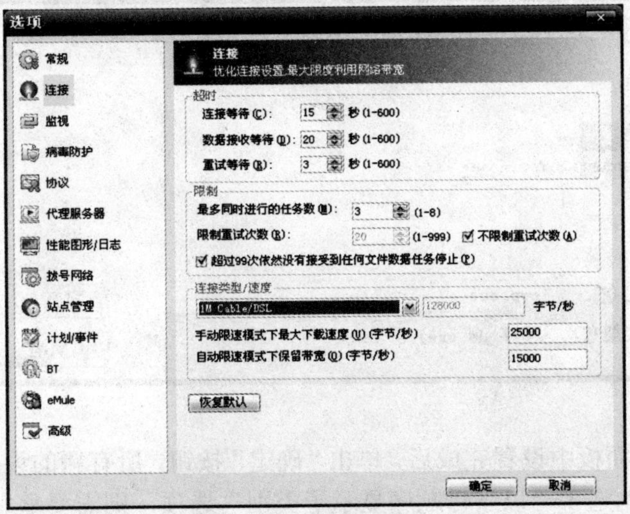

• 病毒防护设置

从互联网下载的文件有时会有一些恶意程序、病毒等，因此，进行病毒防护是很有必要的，其设置方法如下：

（1）单击“选项”对话框中的“病毒防护”选项卡，此时对话框变得如下图所示。勾选“下载完毕后进行病毒检查”选项。

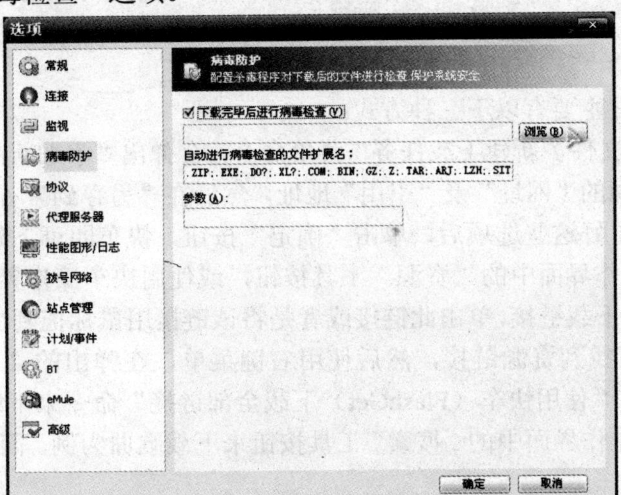

（2）在“病毒防护设置”选项框中单击“浏览”按钮，此时会弹出“打开”对话框，如下图所示。在此对话框中查找已安装的杀毒程序（如“卡巴斯基”），并单击“打开”按钮，即可将该程序设置为快车下载文件的病毒检查工具。

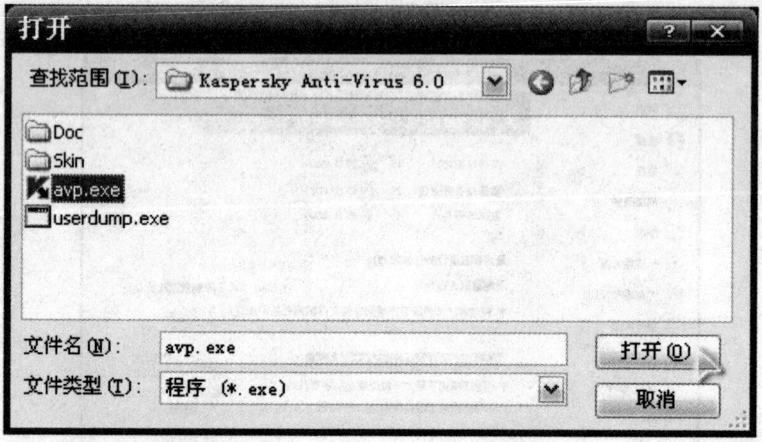

（3）在各个选项面板中设置完成后，单击“确定”按钮，所有新的设置即可生效。在“高级”选项面板中，如勾选了“以字母顺序显示子类别”选项，则需要重启机后才能生效。

4.3.4 快车的下载方式

使用快车下载文件主要有以下三种方式：

（1）通过执行“文件 / 新建下载任务”菜单命令，会弹出“添加新的下载任务”对话框，在此对话框中输入资源的“网址”及“引用”地址，然后在“另存到”右边的文本框中指定存储位置及重命名。设置好这些选项后，单击“确定”按钮，快车即可下载指定的资源。

（2）使用快车操作界面中的“资源”工具按钮，或使用快车操作界面中的“搜索”工具按钮来搜索文件，找到下载链接，单击此链接或者是将该链接用鼠标拖到快车界面中即可下载。

（3）进入互联网找到资源链接，然后使用右键菜单，在弹出的菜单中选择“使用快车（FlashGet）下载”或“使用快车（FlashGet）下载全部链接”命令来下载文件。

下面以使用快车操作界面中的“搜索”工具按钮来下载歌曲为例，简单介绍快车的使用方法。

启动快车程序后，单击分类目录列表右侧的下拉按钮，在弹出的分类列表中选择“音乐”类别，然后在搜索栏中输入歌曲名“如果你是我的传说”，再单击旁边的“搜索”按钮 。

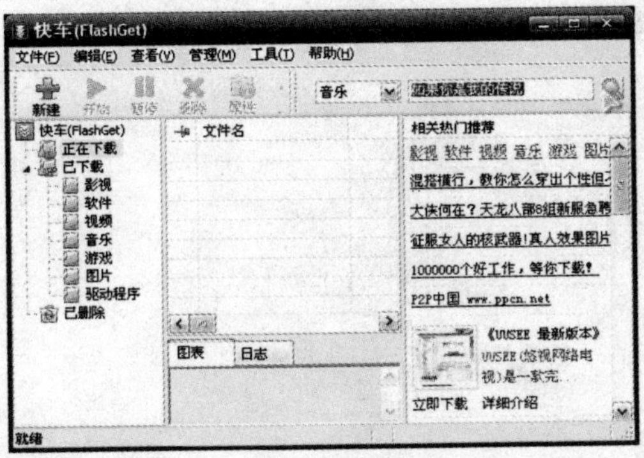

此时会弹出“快车资源搜索 ”网页，在此网页中查看并选择合适的资源，再单击右侧的“下载”链接。

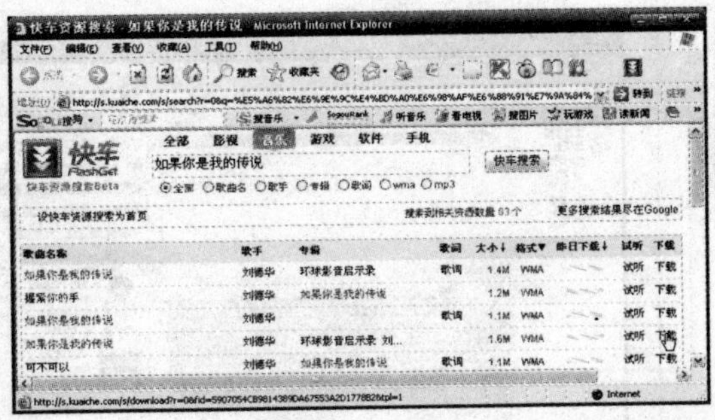

在搜索结果页面中单击歌曲名后，会弹出窗口，在此窗口中列出了可下载这首歌曲的文字链接。此时，用户可单击此文字链接。

单击此链接后，会弹出对话框，在此对话框中选择类别为“音乐”，如果需要将音乐下载到计算机中的其他位置，可单击“浏览”按钮。保持其他设置不变，然后单击“确定”按钮。

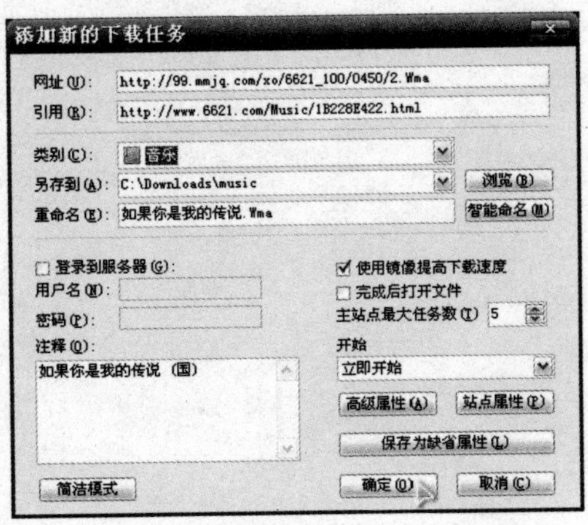

5 此时会返回到快车主界面，链接成功后，即开始下载文件。在“图表”选项面板中显示下载的进程，其中：蓝色圆点表示已下载部分；绿色圆点表示正在下载部分；灰色圆点表示未下载部分。

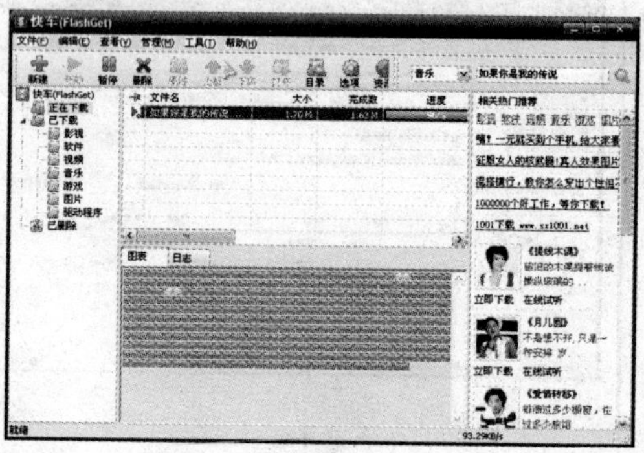

提示：

从快车资源或快车搜索资源中下载文件，可直接单击下载链接；而从互联网下载文件，若要使用快车。就必须通过快捷菜单中的“使用快车（Flash Get）下载”或“使用快车（Flash Get）下载全部链接”命令进行下载。

电脑即学即用

教你学电脑

第5章 聊天工具

本 章 要 点：

- 腾讯 QQ
- 下载和安装 QQ 程序
- QQ 的使用方法
- MSN 的使用方法

电脑博士，在 Internet 网中可进行聊天吗？

小丽，当然可以，使用本章将要介绍的腾讯 QQ 和 MSN 聊天工具即可进行聊天。本章将主要介绍 QQ 聊天工具和 MSN 聊天工具的下载、安装及使用方法。

5.1 腾讯 QQ 的下载和安装

腾讯 QQ 是由深圳腾讯计算机系统有限公司开发的一种基于 Internet 的通信软件。最初的腾讯 QQ 只是一种文字交流工具，如文字聊天、传输文件等。发展到现在，腾讯 QQ 已集文字交流、语言交流、视频交流、文件传输、游戏娱乐于一身，成为了最受欢迎的网络工具之一。

5.1.1 下载 QQ 软件

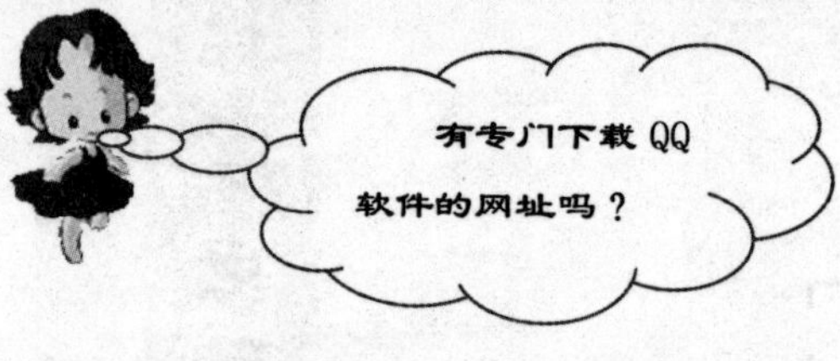
有专门下载 QQ
软件的网址吗？

当然有呀，在地址栏中
输入：www.qq.com，即可进
入腾讯 QQ 的首页。

下载 QQ2007 软件的网址很多，最快的方法是在腾讯首页中下载，其方法是：在 IE 浏览器地址栏中输入 www.qq.com，单击“转到”按钮，或按“Enter”键转到 QQ 主页，然后在 QQ 主页中寻找该软件；此外，也可在搜索引擎中输入“QQ2007 下载”，再单击“转到”按钮，并在打开的网页中查询资源，并下载 QQ2007，具体操作方法如下：

打开“百度（baidu）”搜索引擎，并在输入栏中输入“QQ2007 下载”关键词，然后单击输入框右侧的“百度一下”按钮。

此时会弹出网页，并在网页中显示搜索到的信息，然后拖动窗口中的垂直滚动条查找合适的链接。

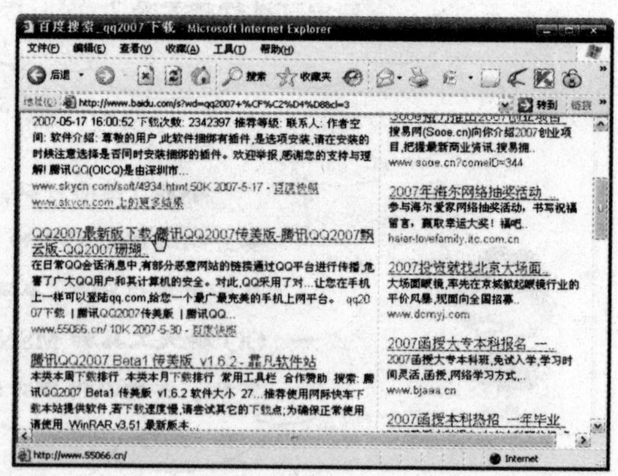

单击此链接后，会打开如下图所示的链接页面。

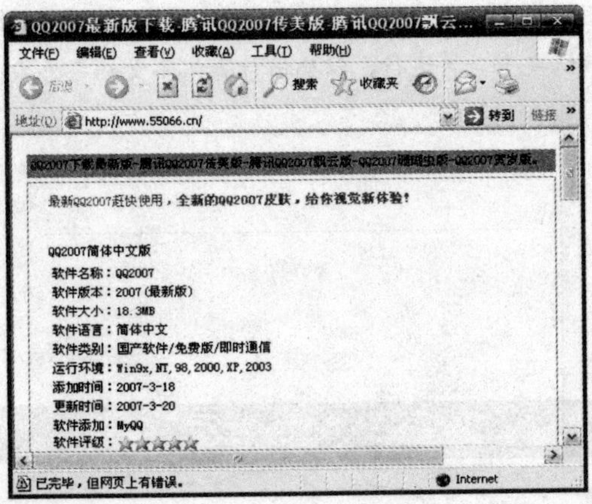

滚动鼠标中键，在网页中找到其下载地址，然后单击其中的一个链接，如“下载一”。

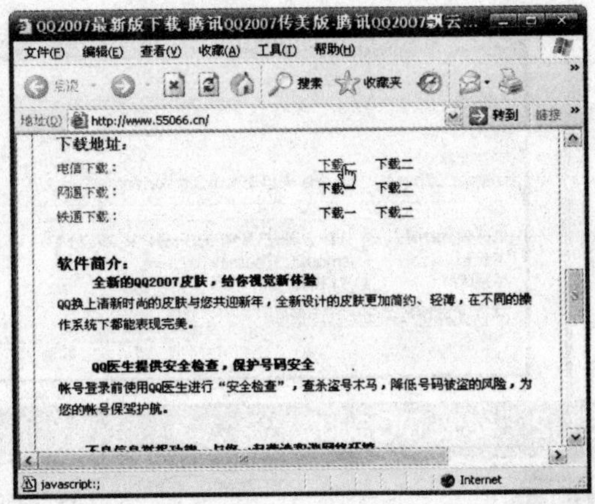

此时会弹出如下图所示的“文件下载”对话框。

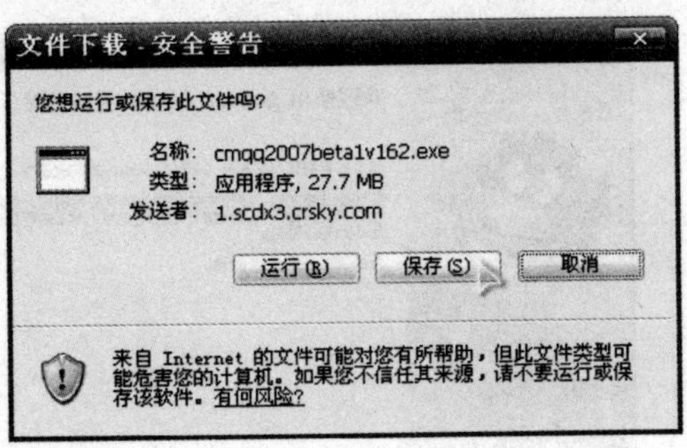

在此对话框中单击“保存”按钮，并在弹出的“另存为”对话框中指定文件保存路径及文件名，然后单击“保存”按钮，即可将文件保存在计算机中指定的位置。

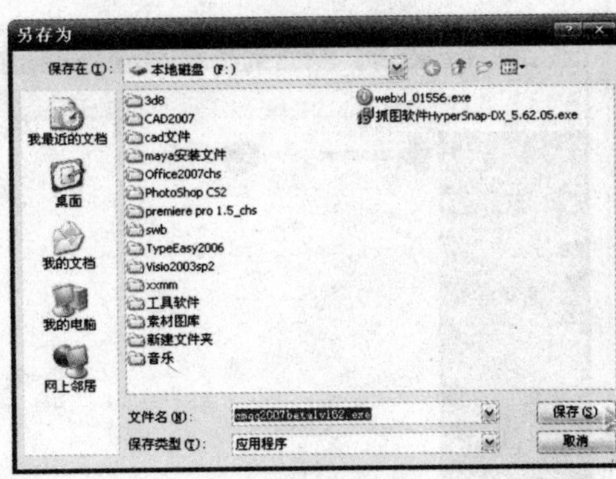

7 单击“保存”按钮后，会弹出如下图所示的下载对话框，在该对话框中显示下载文件的进度，然后勾选“下载完毕后关闭该对话框”复选框即可使文件下载完毕后，自动关闭此对话框。

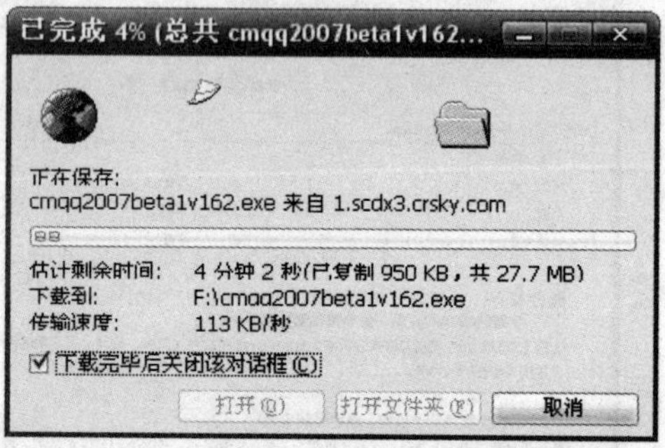

提示：

要下载此软件，最好是在腾讯官方网站去下载。通常在“文件下载”对话框中不单击“运行”按钮，而是单击“保存”按钮。先将下载的文件保存在本地磁盘上，然后使用杀毒工具检测下载的文件是否安全，确认安全后再运行，以确保计算机不受病毒感染。

5.1.2 安装 QQ2007

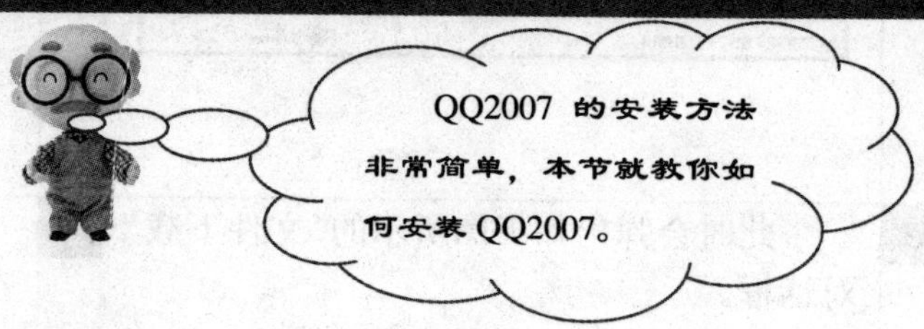

QQ2007 的安装方法如下：

1 用户在个人计算机中找到下载的 QQ2007 文件，然后双击该安装程序。

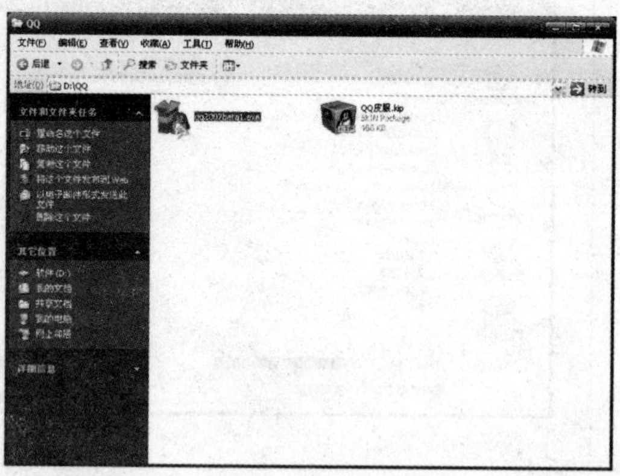

2 此时会弹出如下图所示的“QQ2007 安装”对话框，然后在对话框中单击“下一步”按钮。

3 此时会弹出如下图所示的对话框，在此对话框中可阅读安装协议，也可不阅读直接单击“我同意”按钮。

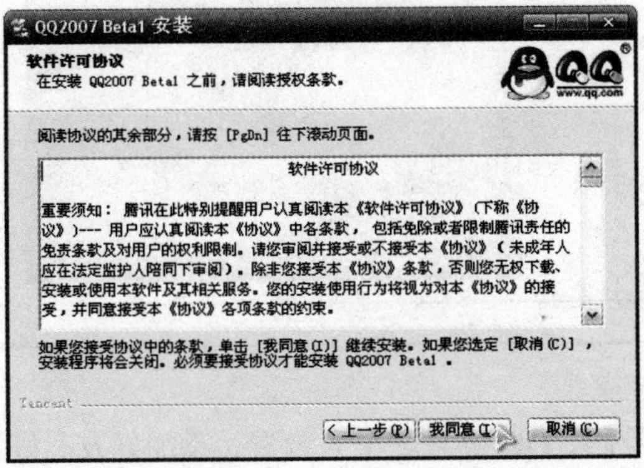
QQ2007 Beta1 安装
软件许可协议
在安装 QQ2007 Beta1 之前，请阅读授权条款。
阅读协议的其余部分，请按 [PgDn] 往下滚动页面。
软件许可协议
重要须知：腾讯在此特别提醒用户认真阅读本《软件许可协议》(下称《协议》)--- 用户应认真阅读本《协议》中各条款，包括免除或者限制腾讯责任的免责条款及对用户的权利限制。请您审阅并接受或不接受本《协议》(未成年人应在法定监护人陪同下审阅)。除非您接受本《协议》条款，否则您无权下载、安装或使用本软件及其相关服务。您的安装使用行为将视为对本《协议》的接受，并同意接受本《协议》各项条款的约束。
如果您接受协议中的条款，单击 [我同意(I)] 继续安装。如果您选定 [取消(C)]，安装程序将会关闭。必须要接受协议才能安装 QQ2007 Beta1 。
Tencent
< 上一步(P)
我同意(I)
取消(C)

4 此时对话框将变得如下图所示，在此对话框中直接输入安装位置，或单击路径栏右侧的“浏览”按钮，在弹出的对话框中指定位置。选定“安装位置”后，单击“下一步”按钮。

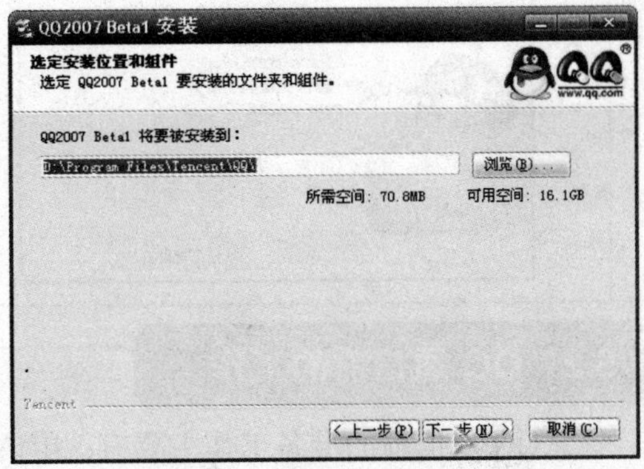
QQ2007 Beta1 安装
选定安装位置和组件
选定 QQ2007 Beta1 要安装的文件夹和组件。
QQ2007 Beta1 将要被安装到：
D:\Program Files\Tencent\QQ\
浏览(B)...
所需空间: 70.8MB
可用空间: 16.1GB
Tencent
< 上一步(P)
下一步(N) >
取消(C)

5 在弹出的如下图所示的对话框中，用户根据个人需要可选择或不选择这两个组件中的一个或全部，在此处不选择安装组件，单击“安装”按钮，系统即可安装该软件。

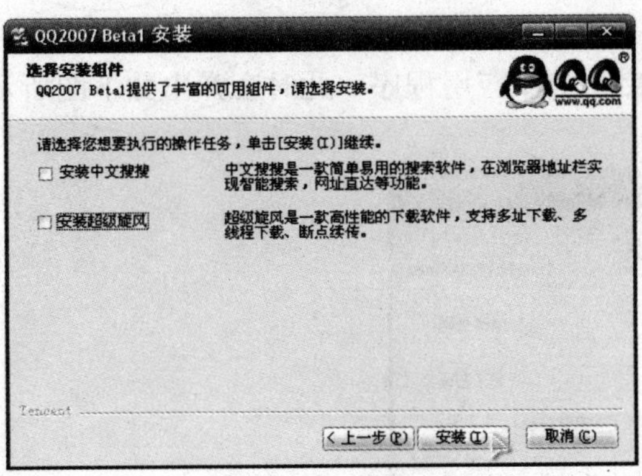
QQ2007 Beta1 安装
选择安装组件
QQ2007 Beta1提供了丰富的可用组件，请选择安装。
请选择您想要执行的操作任务，单击[安装(I)]继续。
安装中文搜搜
中文搜搜是一款简单易用的搜索软件，在浏览器地址栏实现智能搜索，网址直达等功能。
安装超级旋风
超级旋风是一款高性能的下载软件，支持多址下载、多线程下载、断点续传。
Tencent
< 上一步(P)
安装(I)
取消(C)

6 此时会弹出如下图所示的对话框，在该对话框中显示了程序的安装进程。

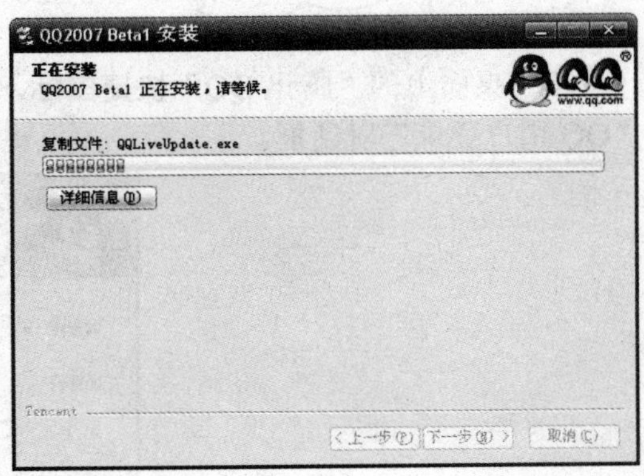
QQ2007 Beta1 安装
正在安装
QQ2007 Beta1 正在安装，请等候。
复制文件: QQLiveUpdate.exe
详细信息(D)
Tencent
< 上一步(P)
下一步(N) >
取消(C)

7 该软件的主程序安装完成后，会弹出如下图所示的对话框，在该对话框中根据需要选择各选项，单击“完成”按钮即可完成该软件的安装。

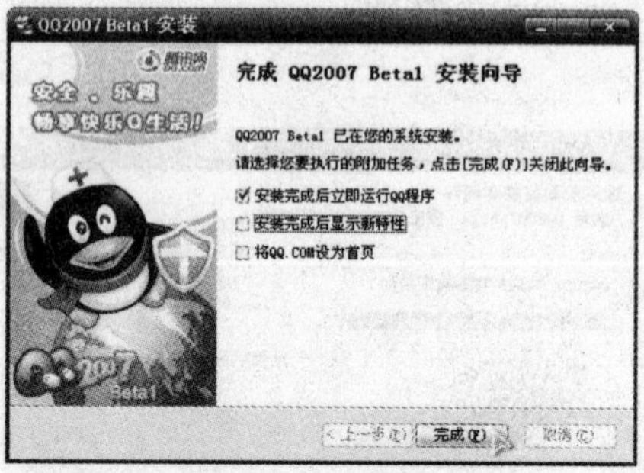
QQ2007 Beta1 安装
完成 QQ2007 Beta1 安装向导
QQ2007 Beta1 已在您的系统安装。
请选择您要执行的附加任务，点击[完成(F)]关闭此向导。
安装完成后立即运行QQ程序
安装完成后显示新特性
将QQ.COM设为首页
完成(F)
取消(C)

8 安装完成后，其快捷图标会自动出现在桌面上，如下图所示。

5.2 QQ 通信前的工作

QQ 通信前的准备工作主要有：申请 QQ 号码、QQ 登录、个人设置、添加好友、好友管理等。

5.2.1 申请 QQ 号

是否启动QQ2007就可使用此程序进行聊天？

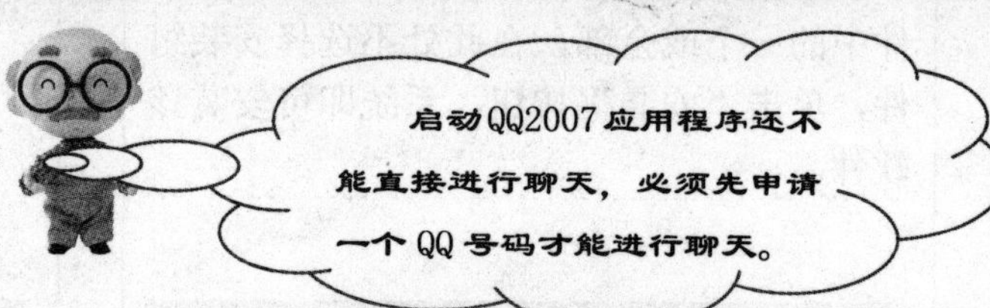
启动QQ2007应用程序还不能直接进行聊天，必须先申请一个QQ号码才能进行聊天。

双击桌面上的“腾讯 QQ”快捷图标，即可启动 QQ 应用程序，此时会弹出如下图所示的“QQ 用户登录”对话框。

QQ用户登录
快乐开道，安全护航！
QQ号码
申请号码
QQ密码
忘了密码？
自动登录
隐身登录
安全检查
设置
登录

“QQ 用户登录”对话框

如果用户是第一次使用QQ，则必须先申请QQ号，在申请QQ号的同时会为此号设置一个密码，若要启动QQ只需在“QQ用户登录”对话框中输入QQ号及密码即可进行登录。

1 启动QQ，在弹出的“QQ用户登录”框中单击“申请号码”文字链接，如下图所示。

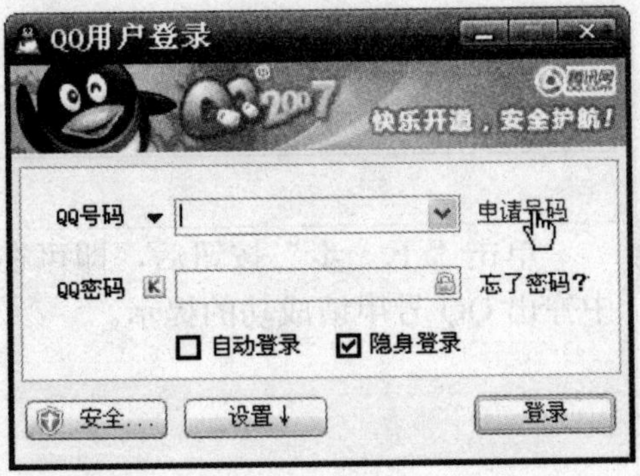

2 此时会弹出“QQ号码申请”网页，在该网页中列出了“普通QQ号码”、“QQ靓号”和“QQ行号码”的申请链接。在此选择使用最普遍的“网页免费申请”，如下图所示。

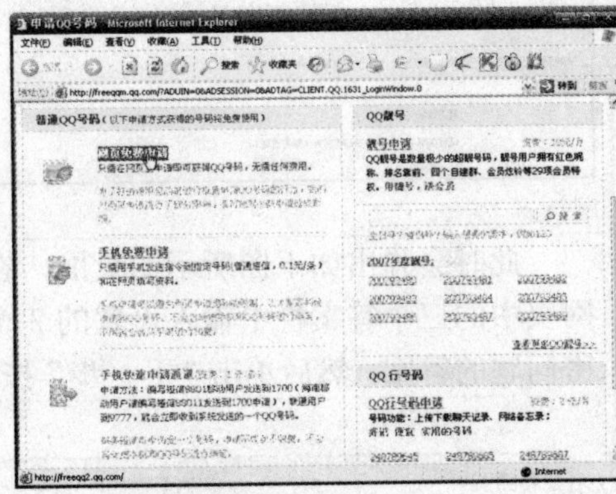

3 单击“网页免费申请”链接，弹出如下图所示的“申请免费QQ号码”网页。在该网页中按要求输入各种信息。

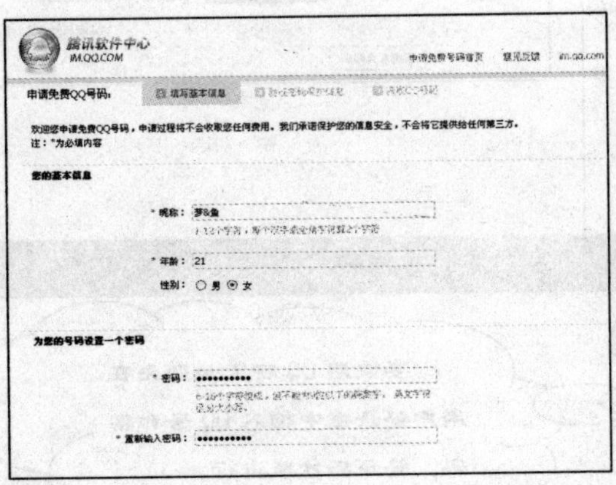

4 拖动网页窗口中的垂直滚动条，在地区和机密问题栏中按要求输入各种信息，如下图所示。

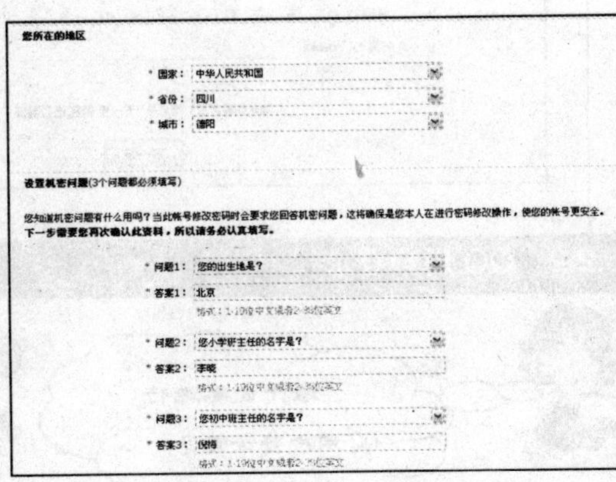

5 拖动滚动条到如下图所示的设置安全邮件地址栏时，由于在这些信息栏前没有加“*”号，因此，这些信息可填也可不填。

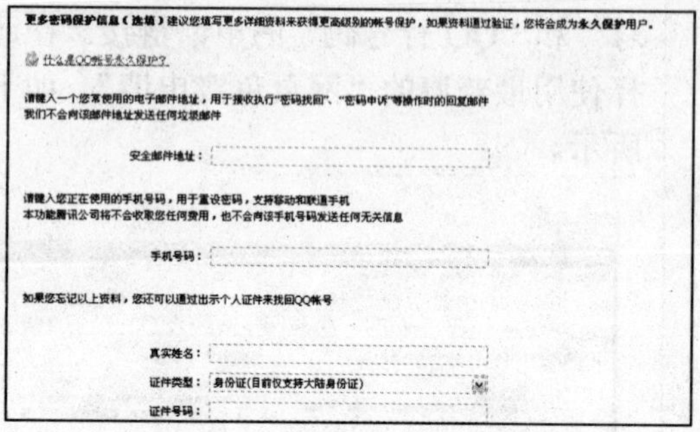

6 在“验证码”栏中输入上面“验证图片”中的数字和字母，然后单击“下一步”。

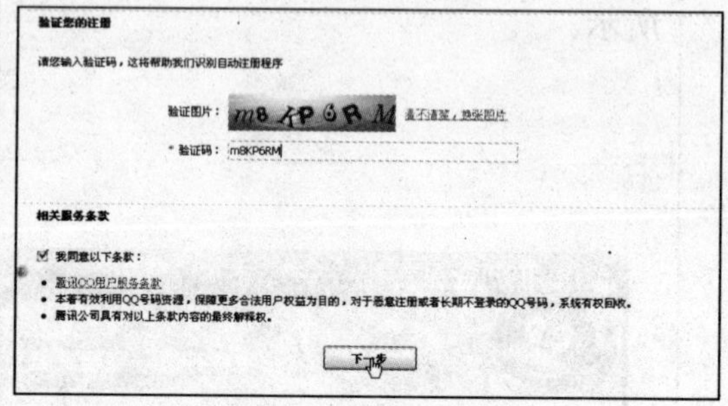

7 此时会弹出如下图所示的页面，在此网页中的三个答案栏中输入设置的3个机密问题的答案，然后单击“下一步”按钮。

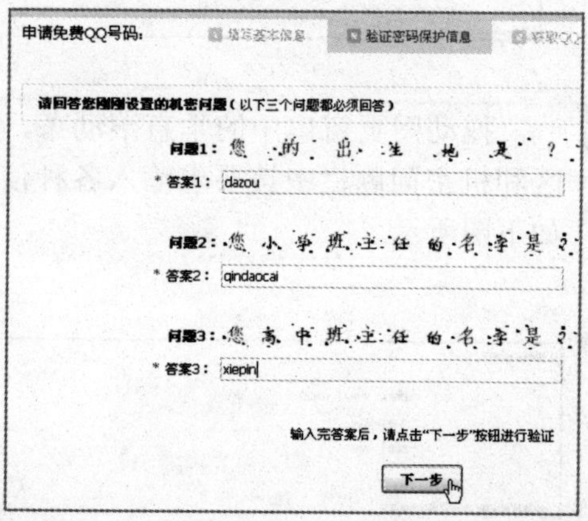

8 单击“下一步”按钮后，即可在网页中弹出QQ号申请成功的提示。

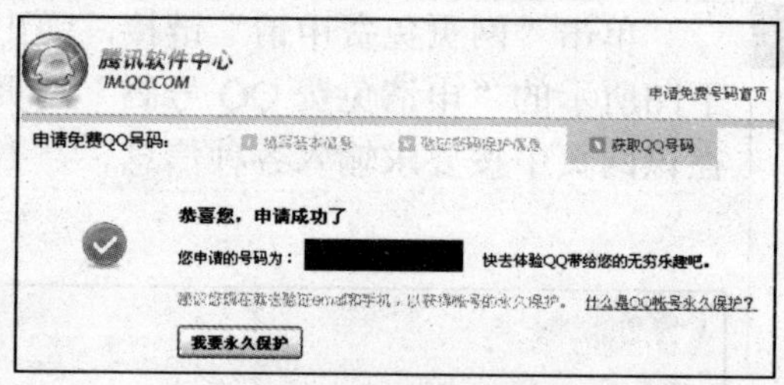

5.2.2 QQ用户登录

下面具体介绍登录QQ的方法。

1 双击桌面上的QQ快捷图标，启动QQ后会弹出如下图所示的“QQ 用户登录”框。

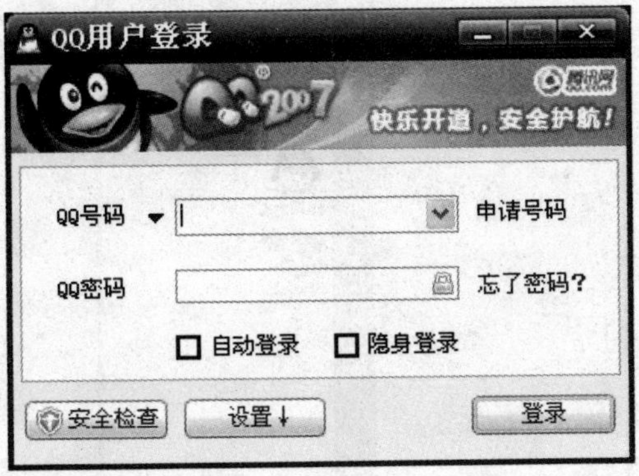

2 在“QQ号码用户登录”框中输入QQ号码和QQ密码。

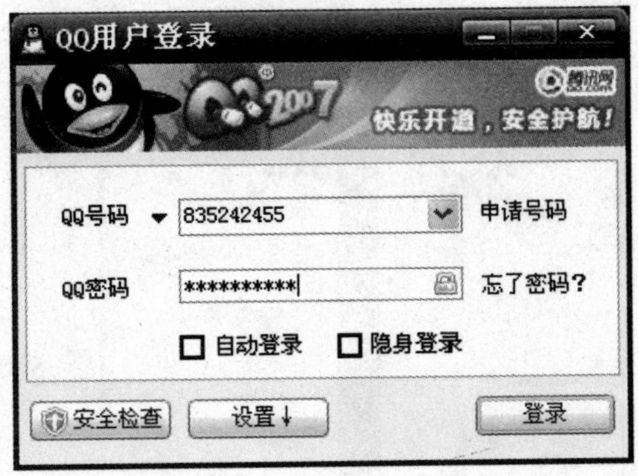

3 在对话框中单击“登录”按钮后，会弹出如下图所示的“请选择上网环境”对话框，并在此对话框中选择合适的登录模式。

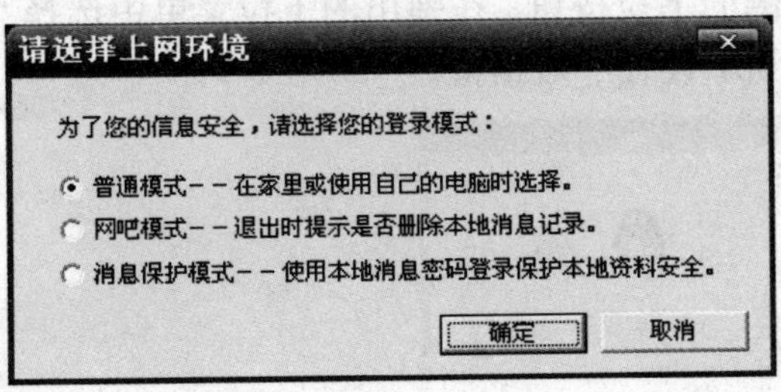

4 在“请选择上网环境”对话框中单击“确定”按钮后，会弹出如下图所示的“正在登录”窗口，提示正在登录此QQ号码。

QQ 登录成功后，其界面如下图所示。

6 在“QQ 好友”栏中，单击“我的好友”前的三角形符号，即可展开好友栏，如下图所示。

5.2.3　QQ 设置

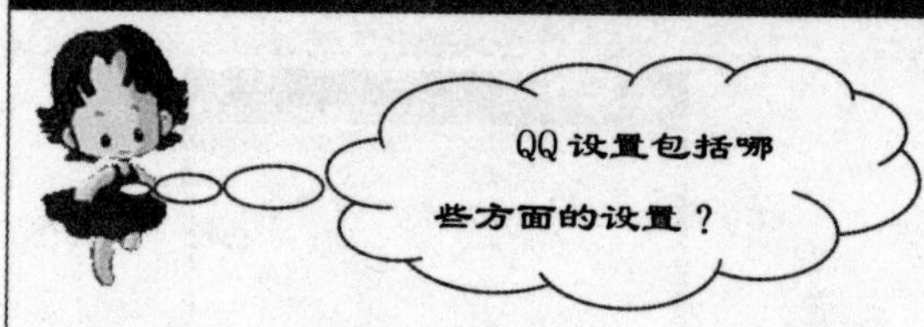

登录 QQ 后，用鼠标单击窗口上 QQ 图标右侧的下拉按钮，在弹出的下拉菜单中选择“个人设置”命令，此时会弹出如下图所示的“QQ2007 设置”对话框。

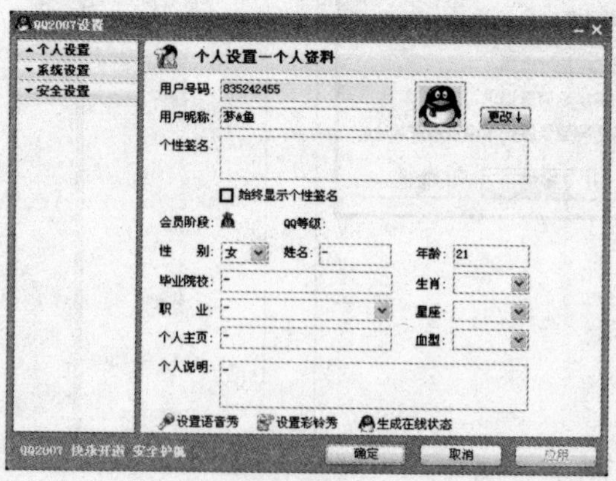

在此对话框中用户可对QQ进行个人、系统和安全三个方面的设置。

• 个人设置

个人设置是指设置用户的个人信息，如可更改用户的昵称、联系方式和头像，还可添加个性签名、个人说明等。

打开“QQ2007 设置”对话框，然后单击对话框左侧的“个人设置”选项，在此选项中可设置用户的个人资料、联系方式、网络资料、身份验证和状态显示等信息。用户只需单击左侧框中的选项，即可在右侧框中进行设置。

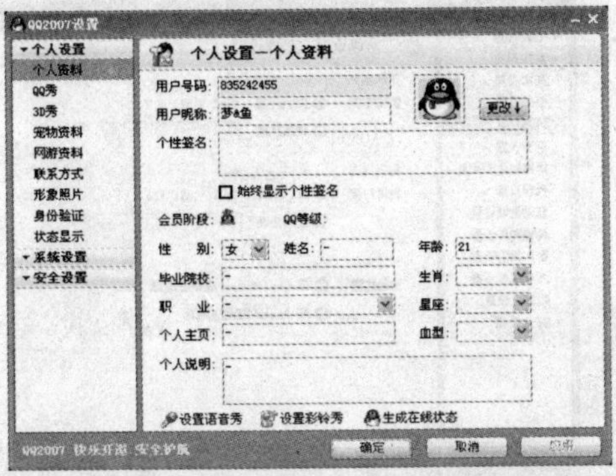

在上图QQ图标右侧框中单击“更改”按钮，此时会弹出如下图所示的“选择头像”对话框。

在此对话框中共有7类头像，用户可根据自己的性别进行选择，拖动对话框中的垂直滚动条，查看并选择头像。

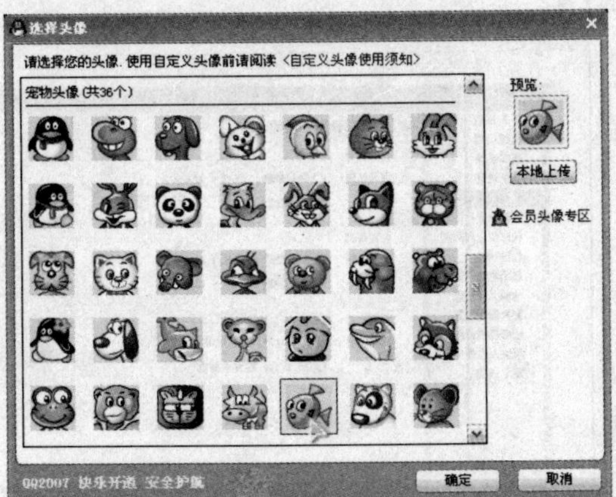

单击“确定”按钮后，会弹出“更新成功”的提示框，在此框中单击“确定”按钮即可返回“QQ2007 设置”对话框。

• 系统设置

系统设置是指设置系统中的一些信息，如 QQ 窗口设置、热键设置、视频设置、声音设置等。

打开如下图所示的“QQ2007 设置”对话框，然后单击对话框左侧的“系统设置”选项，在此选项中可进行基本设置、登录设置、热键设置、声音设置、状态转化和回复、代理设置、自动更新设置、传输文件设置和陌生人设置等。

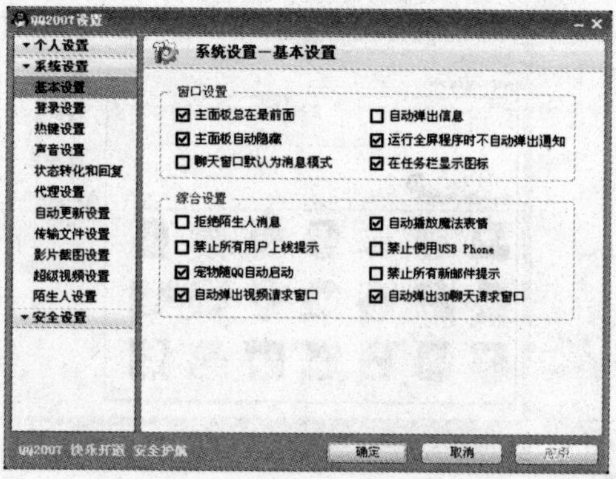

在此对话框中单击左侧框中的“热键”选项，此时对话框变得如下图所示。

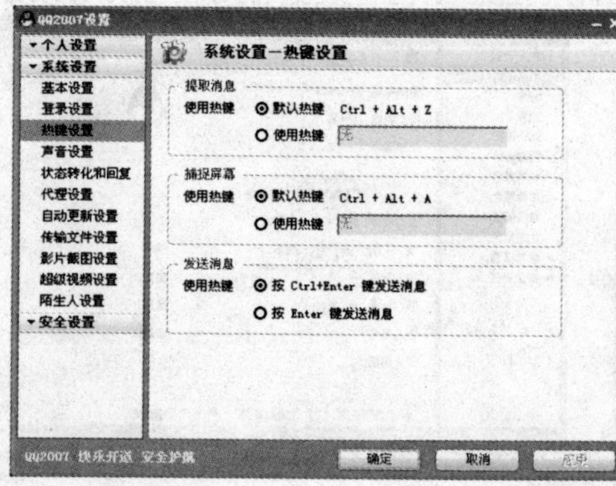

在“提取消息”选项中选择“使用热键”单选项，然后在右侧的文框中输入新的热键。

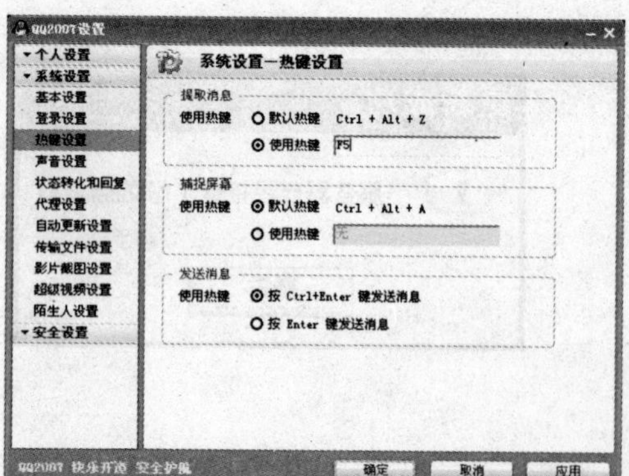

然后使用相同的方法，设置“捕捉屏幕”的热键。设置完成后单击“应用”按钮即可使所有的设置生效。

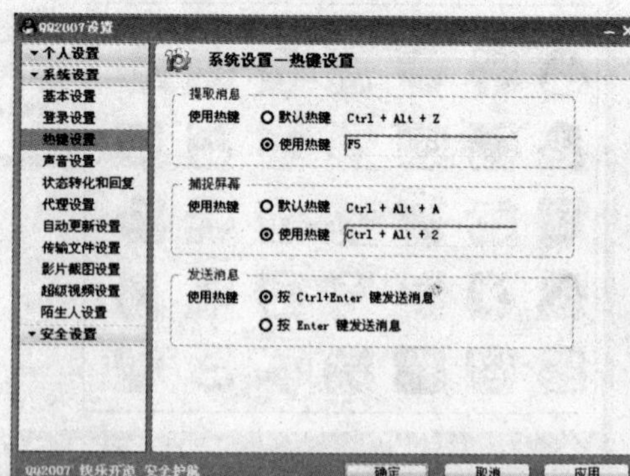

• 安全设置

安全设置主要包括 QQ 密码安全、本地信息安全和网络信息安全的设置。此小节以设置 QQ 密码安全为例，简单介绍安全设置的方法。

打开“QQ2007 设置”对话框，然后单击对话框左侧的“安全设置”选项，在此选项中可进行 QQ 密码安全的设置、本地信息安全的设置和网络信息安全的设置。

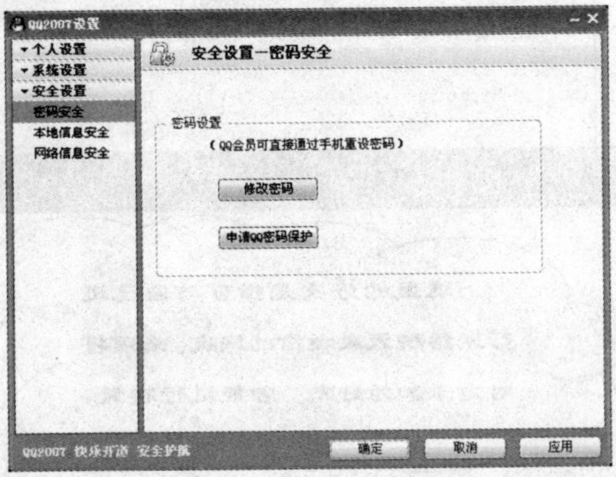

在“密码安全”对话框中单击“修改密码”按钮，此时会弹出“QQ 账号服务中心”页面。

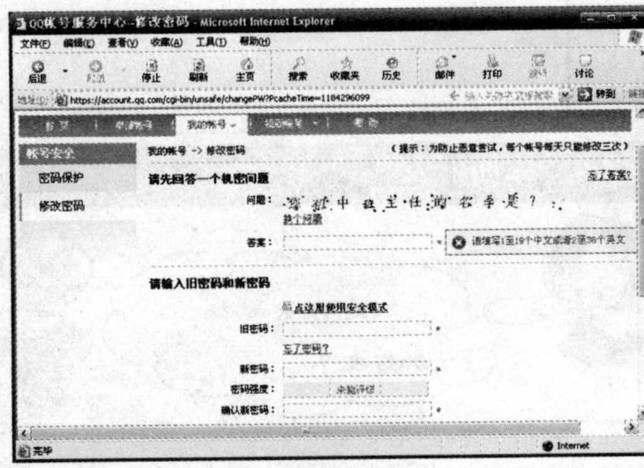

在此页面中的“答案”栏中输入问题的答案，此答案必须与在注册此账号时所填的答案一致。

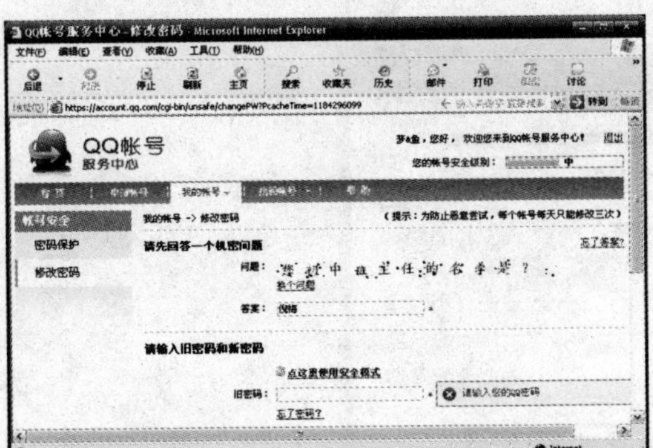

拖动页面的滚动条，输入 QQ 号的旧密码和新密码，最后再输入验证字符。

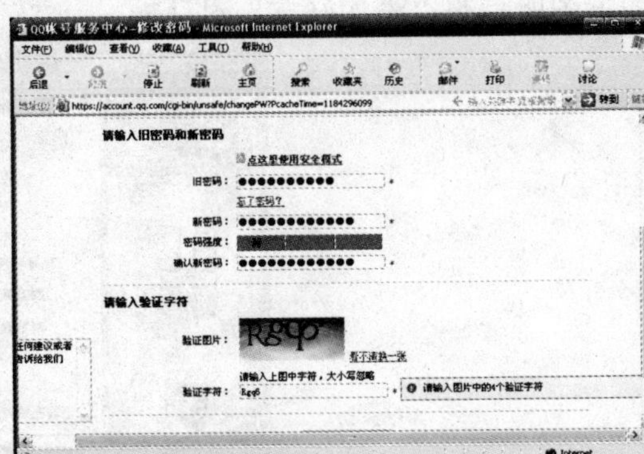

5 在此页面中单击“确定”按钮后，会弹出提示密码修改成功的页面。

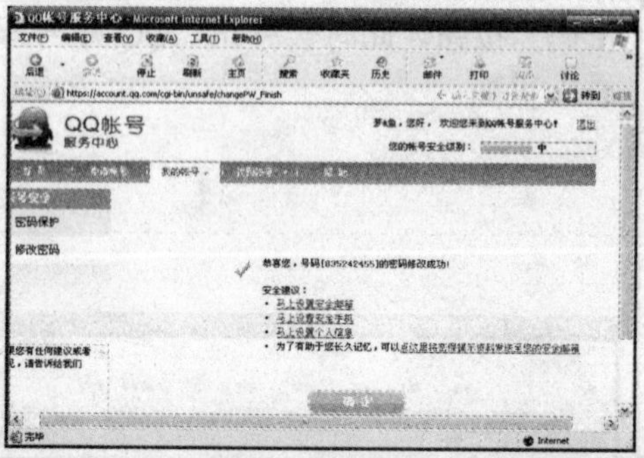

6 此时单击“确定”按钮后，会弹出“系统消息”提示框，单击“确定”按钮后，刚才登录的 QQ 会自动下线，用户需重新登录，但这次登录需输入修改后的密码。

5.2.4 添加好友

添加好友实际上是指在 QQ 里面通过查找添加自己已经知道 QQ 号或不知道 QQ 号的网友。通过查找和添加将这些好友放在自己的 QQ 中，如果对方登录用户所加的这个 QQ 号码即可与对方进行通信。

查找好友分为高级查找和普通查找两种方法，单击 QQ 窗口底部的“查找”按钮，会弹出如下图所示的“添加好友”对话框。

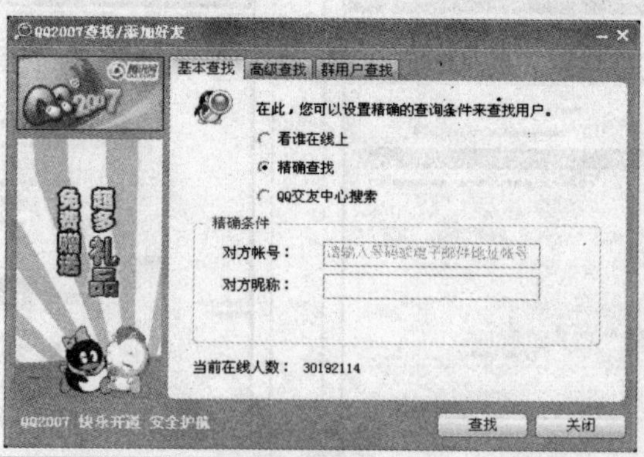

• 基本查找和添加

基本查找用户可在知道对方 QQ 号或昵称和不知道 QQ 号的情况下进行查找，其具体查找方法如下：

打开“添加好友”对话框，如果知道对方 QQ 号，则在对话框中选择“精确查找”选项，然后在“对方账号”栏中输入其 QQ 号码，如下图所示。

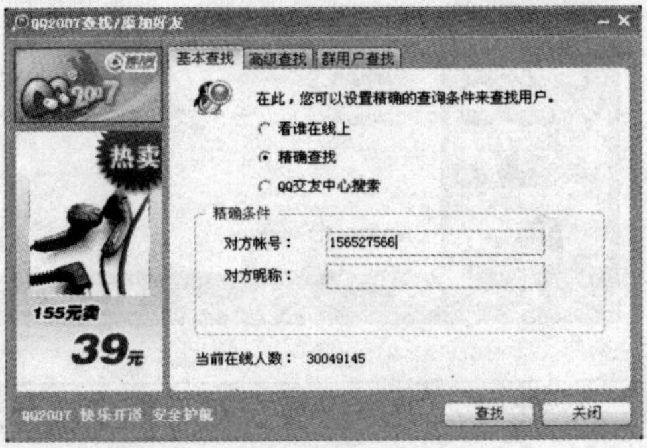

单击“查找”按钮后，即可在对话框中显示对方的 QQ 号码、昵称、来自何处，如下图所示。

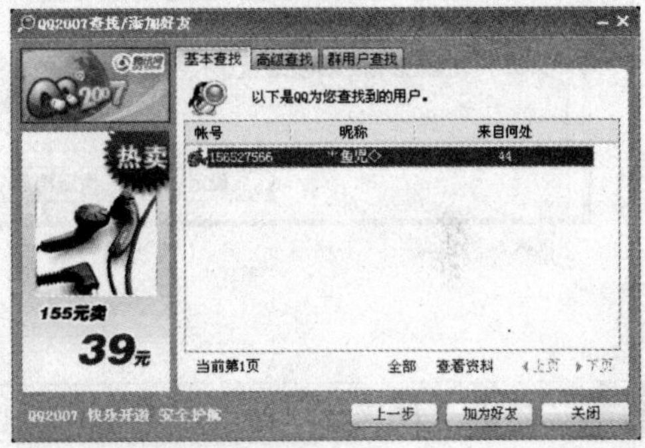

如果用户此时不能确定这是否就是要添加的好友，可单击“查看资料”按钮。此时会弹出“查看资料”对话框，如下图所示。

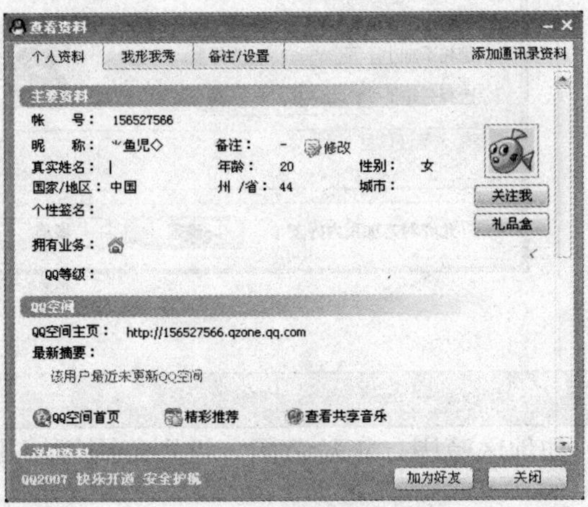

在此对话框中单击“加为好友”按钮，此时会弹出如下图所示的“添加好友”对话框。

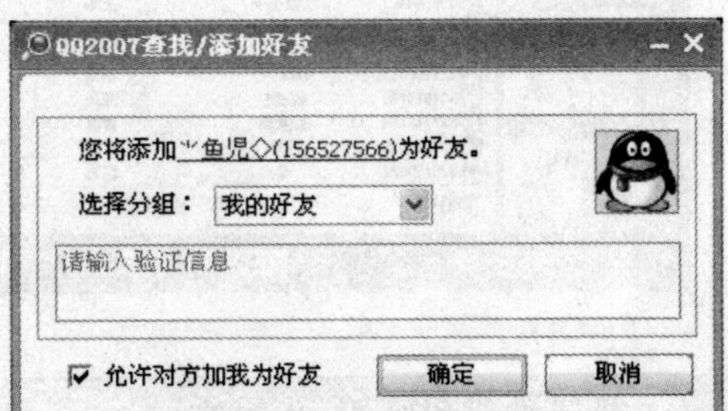

在此对话框中的“请输入验证信息”框中输入验证信息，如输入“你好”然后单击“确定”按钮。等待对方验证后，会弹出消息框。在此提示框中单击“确定”按钮后，即可添加成功。

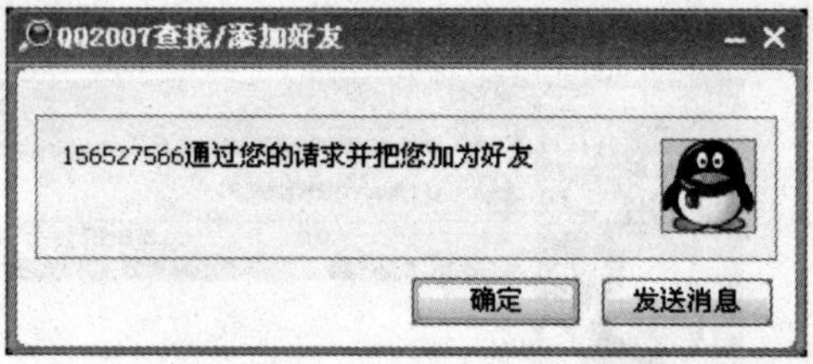

如果用户不知道对方的任何信息，则在“添加好友”对话框中选择“看谁在线上”单选项。

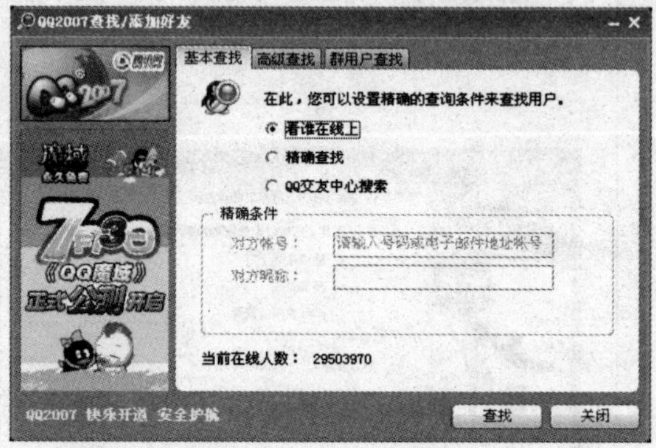

单击“查找”按钮，此时会在对话框中显示来自五湖四海的QQ在线用户。

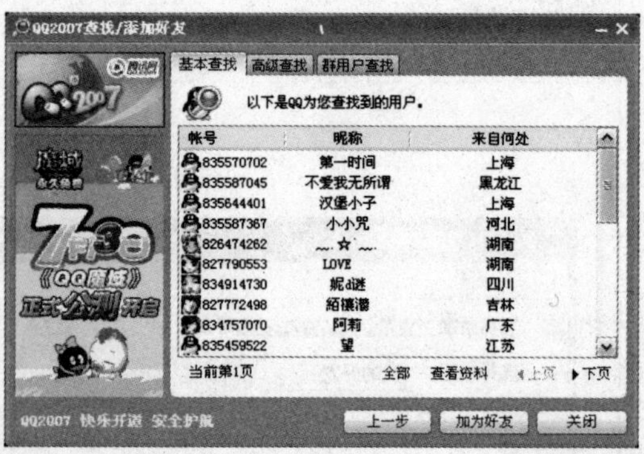

此时，用户需要在对话框中选择想要添加的用户，再单击“加为好友”按钮，即可弹出“添加好友”对话框，后面的验证方法前面已经介绍过，故不再重述。

• 高级查找和添加

高级查找是指在查找用户的同时设置范围，如地区范围、年龄范围、性别范围等，其具体查找和添加方法如下：

打开“添加好友”对话框，并在对话框中选择“高级查找”选项卡，此时对话框将变得。

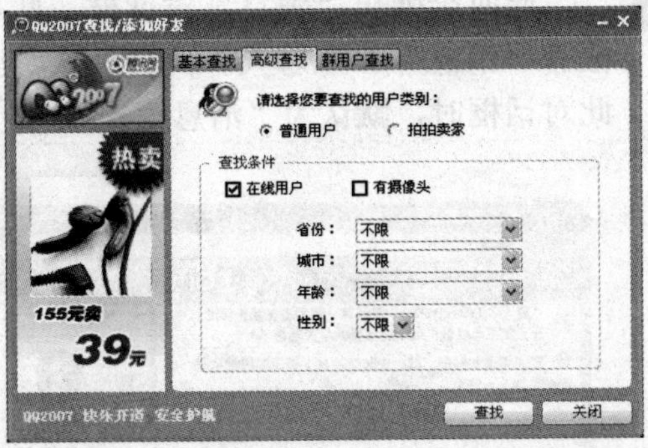

在此对话框中选择将要添加的用户的类别并选择查找条件，其设置如下图所示。

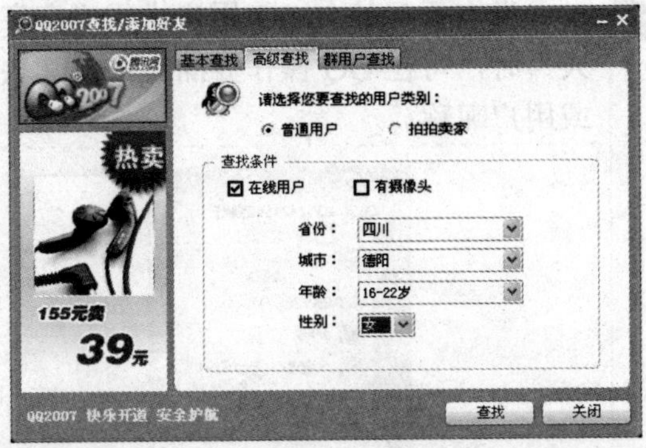

在此对话框中单击“查找”按钮，即可显示所有符合条件的用户。

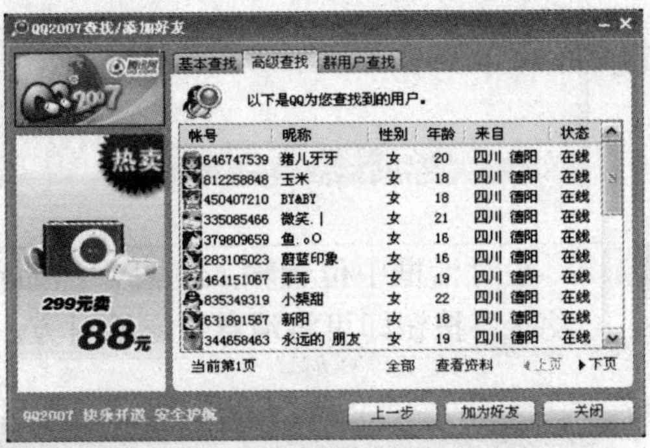

提示：

用户在向对方发出请求加为好友信息后，对方回复的信息可能是“同意”，也有可能是“拒绝”，因此用户应注意看提示框中的消息再进行操作。

5.3 QQ 通信

QQ 通信主要包括文字聊天、语音聊天、视频聊天和文件传送等。

5.3.1 文字聊天

文字聊天主要包括发送消息和接收消息两个过程，用户用自己的QQ给对方发送消息，对方收到消息后会回复自己一个消息，这个过程就叫做文字聊天。

• 发送消息

当需要与某个QQ用户进行“文字聊天”时，可在QQ操作界面中双击其头像或用户昵称。

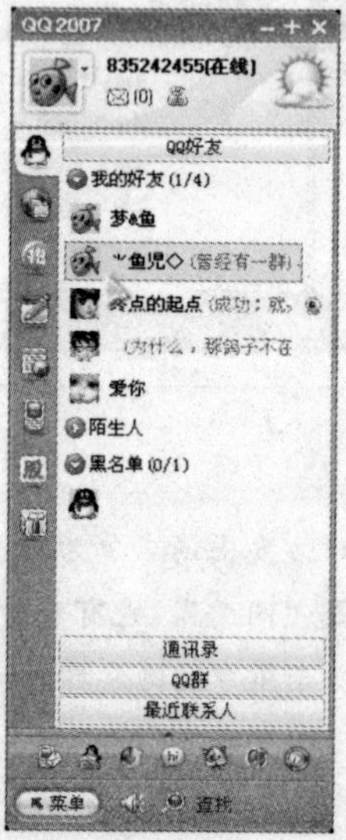

此时会弹出“消息”对话框，此对话框有“消息”和“聊天”两种模式，弹出此对话框时，默认为“消息模式”。

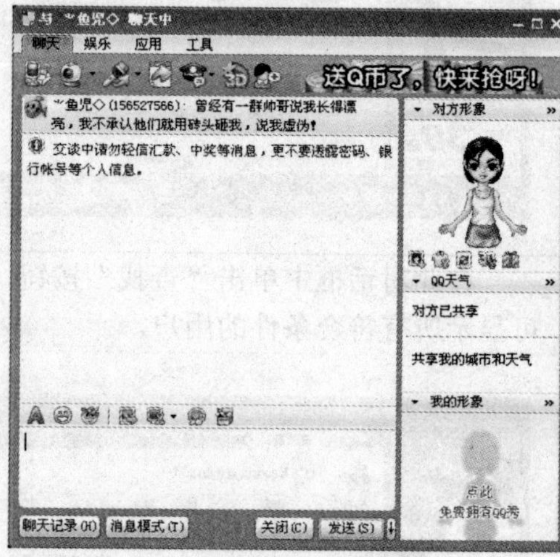

单击该对话框底部的“消息模式”按钮，即可切换到“消息模式”。

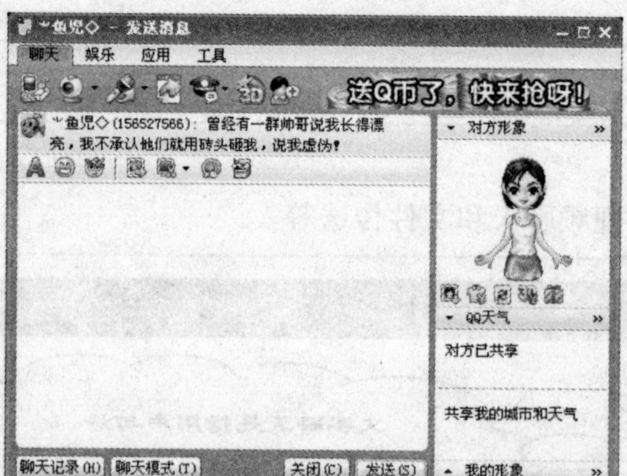

在对话框中位置输入消息，然后单击“发送”按钮即可将消息发送给对方。

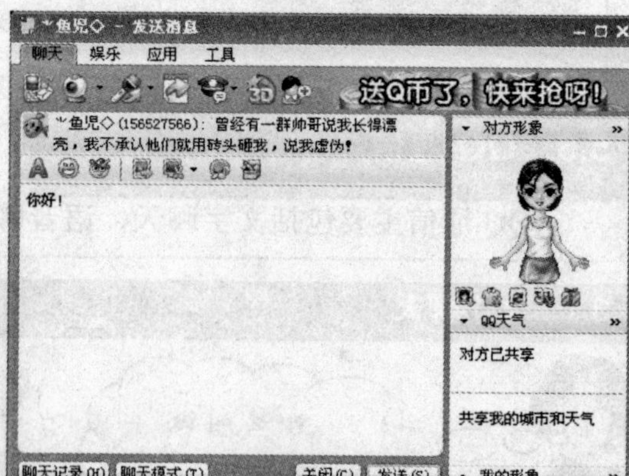

在发送消息时，可将文字通过字体、字号、字体颜色等设置使其变得美观。选择将要发送的消息，单击“设置字体颜色和格式”按钮 A ，会在对话框中弹出工具栏。

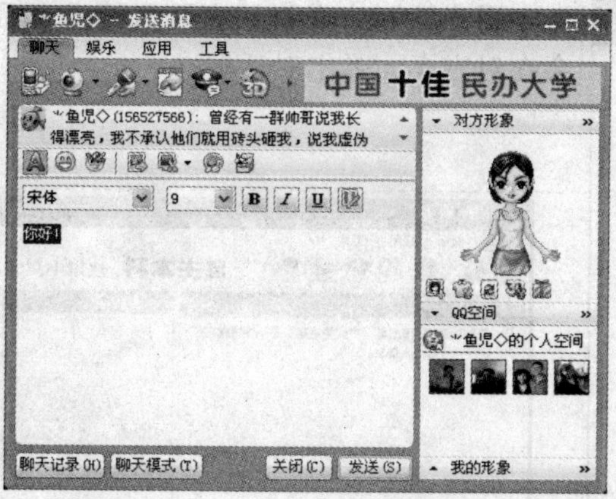

在工具栏中进行相应的设置，即可更改字体格式。

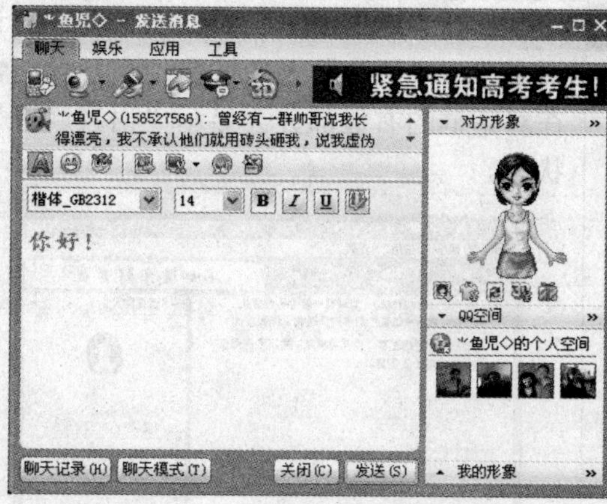

• 接收消息

当对方给自己发出消息后，其头像会在界面中的“QQ 好友”栏上不停地跳动。

此时单击对方头像，会弹出接收消息框，接收到对方发送过来的消息。

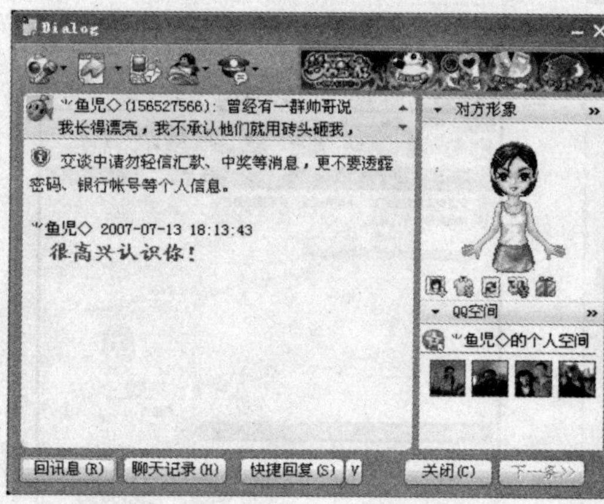

5.3.2 语音聊天

进行语音聊天的方法是：

打开“发送消息”对话框，并在对话框中单击“语音聊天”按钮，此时，在对话框的右边部分会显示“语音聊天”状态。

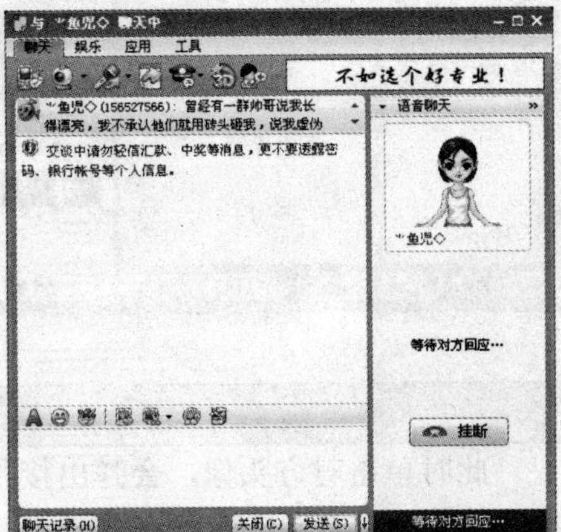

用户给对方发送语音聊天请求之后，会在对方桌面弹出对话框。

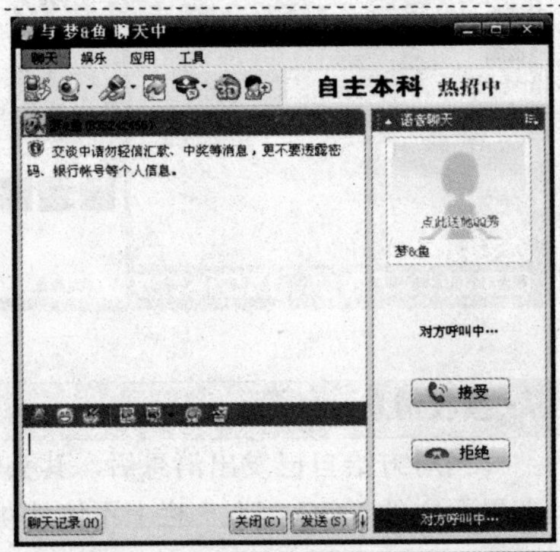

此时对方用户单击“接受”按钮即可进行连接。

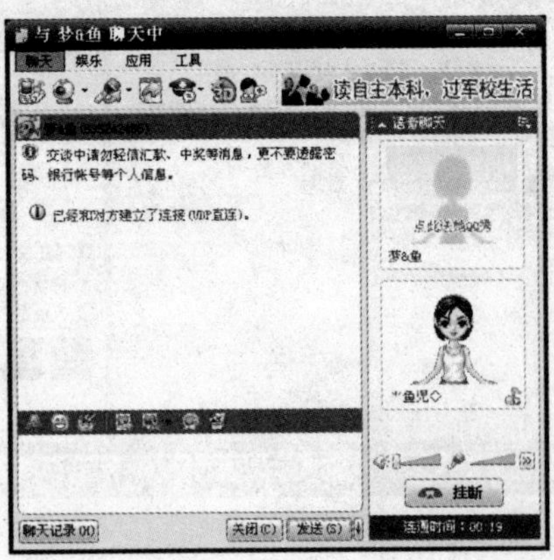

提示：

在进行语音聊天时，必须保证计算机中装有语音传送设备（音箱和麦克风，或者耳麦）才能进行语音聊天。

5.3.3 视频聊天

视频聊天的具体方法如下：

打开“发送消息”对话框，单击“视频聊天”按钮 ，此时会在窗口的右边部分显示“视频聊天”的状态。

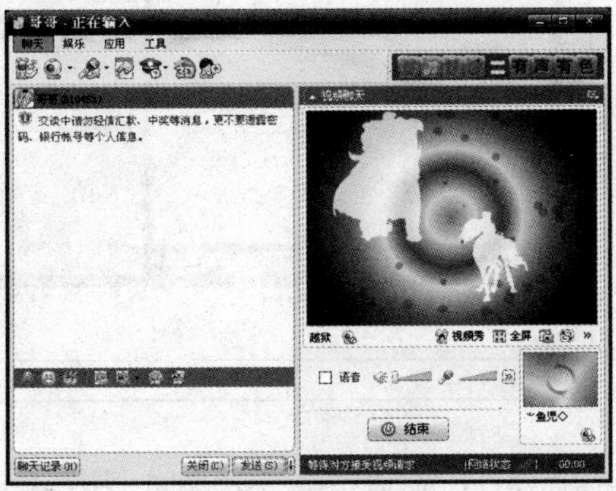

如果对方收到发的视频请求并接受后，即可建立视频连接，然后出现对方的视频。

提示：

在进行视频聊天时，对方必须装有摄像头设备；同样要让对方看到自己，自己也必须装有摄像头才能进行视频聊天。

5.3.4 传送文件

传送文件的具体方法如下：

打开“发送消息”对话框，单击“传送文件”按钮 ，此时会弹出“打开”对话框，在此对话框中选择将要传送的文件的位置。

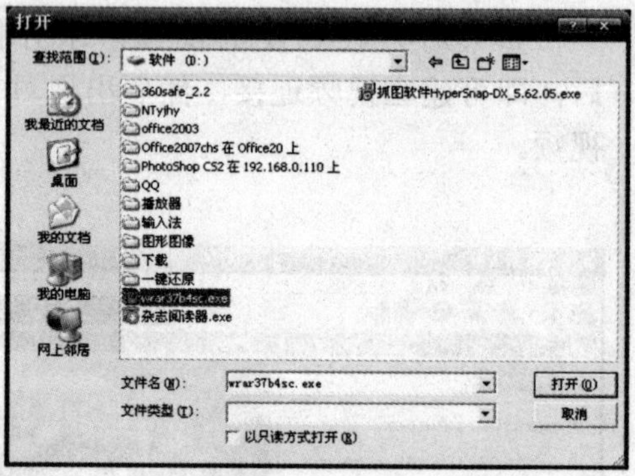

在“打开”对话框中单击“打开”按钮，如果对方接受文件，即可在“发送消息”对话框的右侧显示该文件的传输速度及大小。

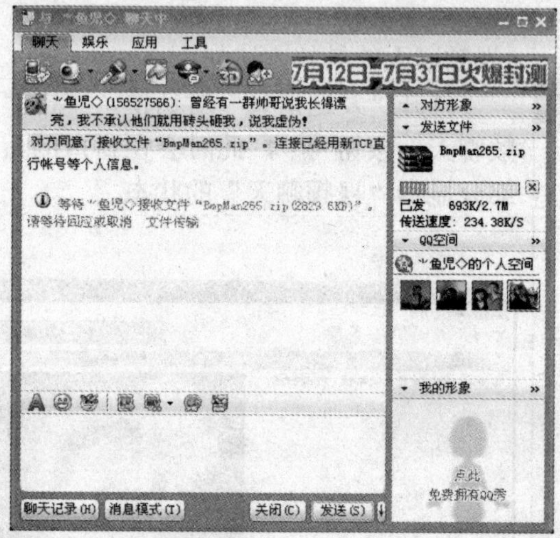

5.4 使用 QQ 资源

QQ 资源是指腾讯 QQ 自带的一些资源，如拍拍用户、股票行情、QQ 游戏、QQ 音乐、QQ 直播等资源。

5.4.1 QQ 资源简介

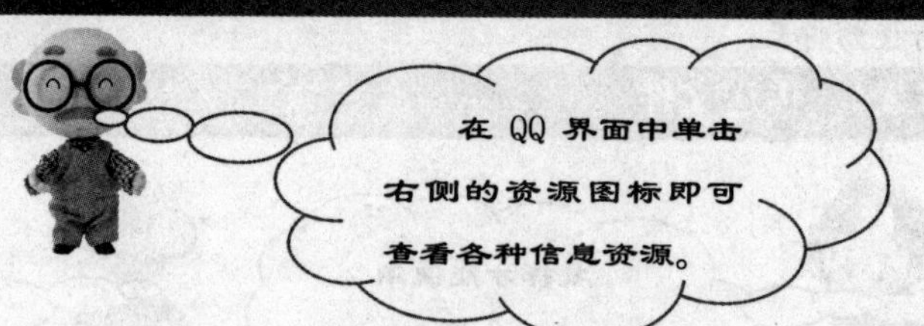

需要使用 QQ 资源时，只需用鼠标单击 QQ 界面中相应的图标即可，QQ 资源图标如下图所示。QQ 资源的这些图标可根据用户的需要显示在界面中，其设置方法是：单击界面右侧的“面板管理器”按钮 ，此时会弹出“面板管理器”对话框。在此对话框中选择需要显示的图标复选框，则可将此图标显示在界面中。

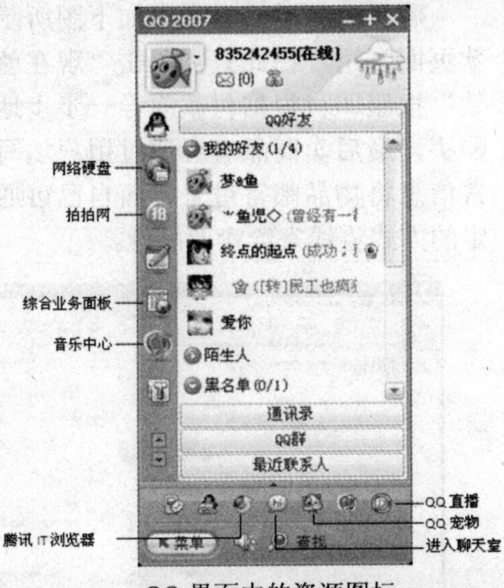

QQ 界面中的资源图标

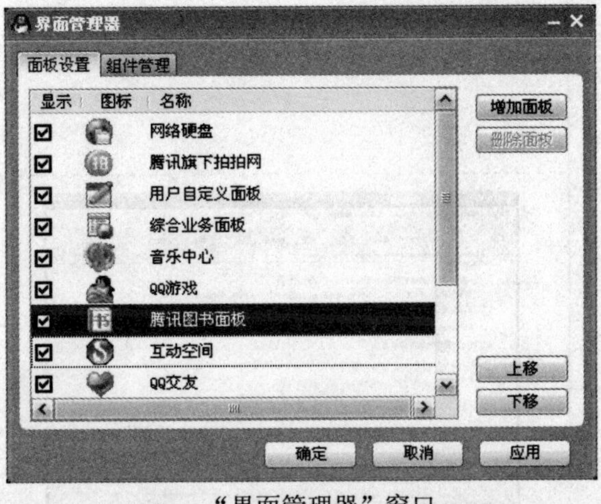

“界面管理器”窗口

5.4.2 拍拍网资源

拍拍网主要涉及一些物品的拍卖，许多人将自己收藏到的东西，如生活用品、化妆品、衣服等通过 Internet 网进行拍卖，且这些东西的价格非常便宜。

单击拍拍网图标，此时界面如下图所示。

在 QQ 界面中选择需要的商品后，单击相应的文字链接，会弹出购买页面。

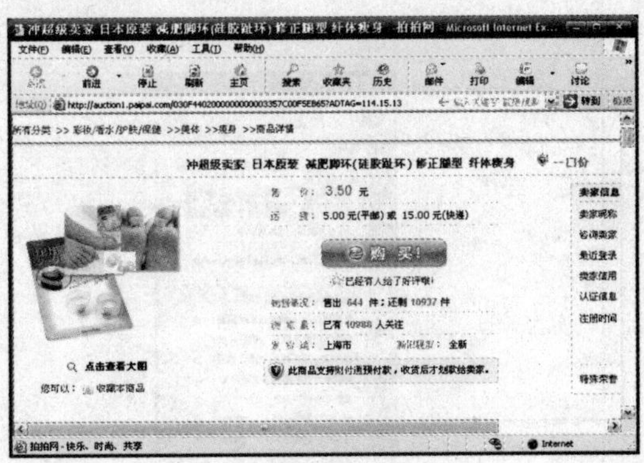

在购买页面中单击“购买”按钮，会弹出如下图所示的填写邮寄信息页面，用户在填写此信息时应仔细检查其地址是否正确。

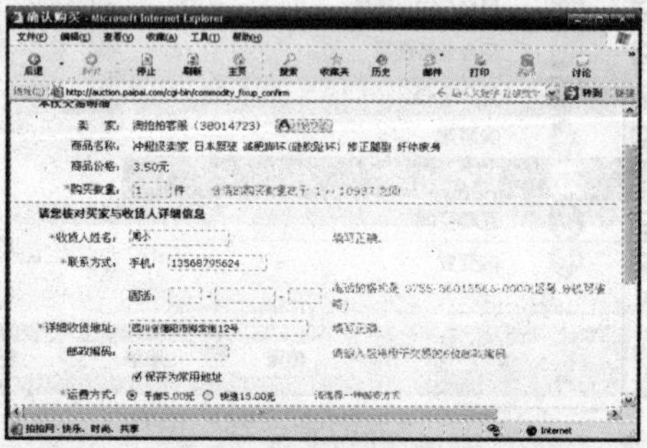

购买商品后，会弹出如下图所示的付款页面，用户在此只需单击“现在就去付款”按钮即可根据付款向导一步步地完成购买，最后卖商品者会通过用户填写的邮寄信息将物品邮寄过来，而自己可通过指定的方式将钱寄给卖商品者。

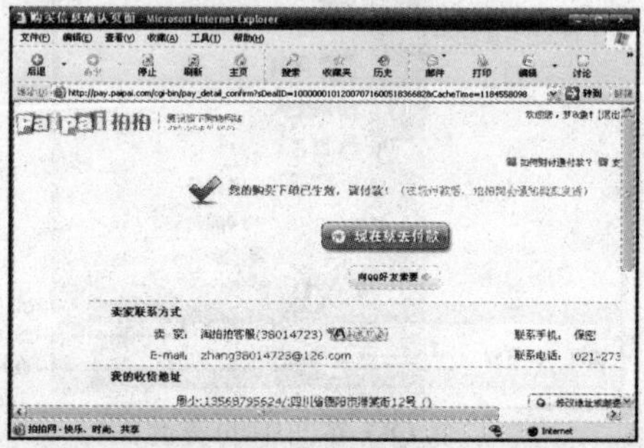

5.4.3 QQ 音乐

QQ 音乐提供有
哪些资源？

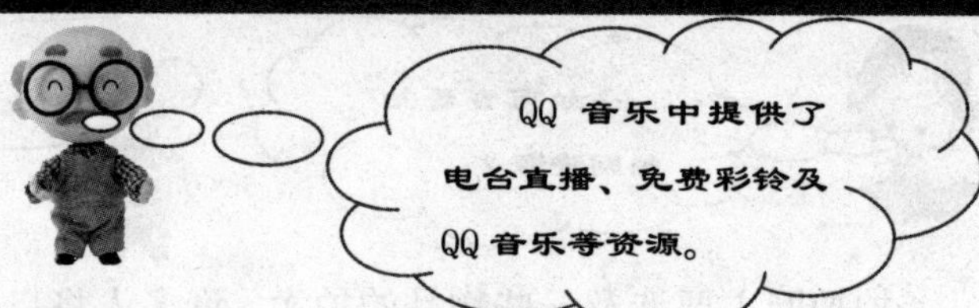
QQ 音乐中提供了
电台直播、免费彩铃及
QQ 音乐等资源。

使用 QQ 音乐可观看电台直播、下载免费彩铃和自己喜欢的歌曲。

在 QQ 界面中单击右侧的 QQ 音乐图标，此时会弹出 QQ 音乐资源网。

在此页面中将其资源分为电台直播、下载免费彩铃和 QQ 音乐三个类别，用户在此只需单击自己需要的类别即可获取资源，如选择“QQ 音乐”。

5.4.4 QQ 游戏

QQ 游戏作为一种网络游戏，已成为许多办公室人员的一大休闲娱乐。这不仅是因为它贴近于生活，更多的是因为它提供了许多种类的游戏，且能多人联合起来玩，如玩打麻将游戏，用户可在现实中招集 3 个人在网上一起游戏，也可与不认识的人一起游戏。

1 单击 QQ 界面中的 QQ 游戏图标，此时会弹出“QQ 游戏登录”框。

2 待游戏登录成功后，其游戏大厅如下图所示，此时单击“提示信息”框中的“确定”按钮，取消提示。

3 在游戏大厅的左侧列表框中有各类游戏，如麻将类、棋类等，单击这些类型右侧的加号展开游戏子目录即可选择游戏。

4 如果是第一次玩这类游戏，会弹出如下图所示的安装提示信息。

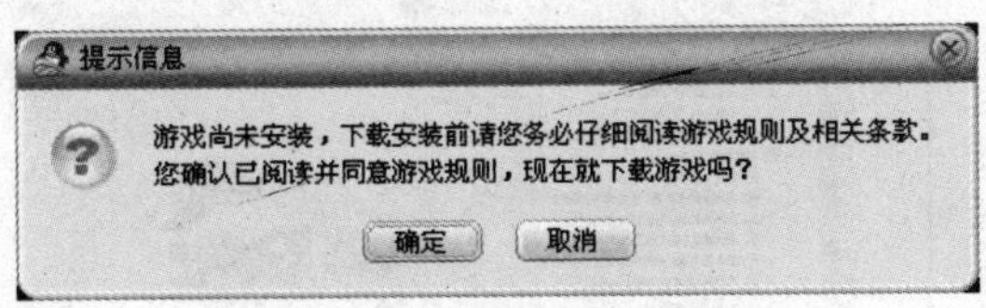

在此提示框中单击“确定”按钮，即可开始下载游戏。

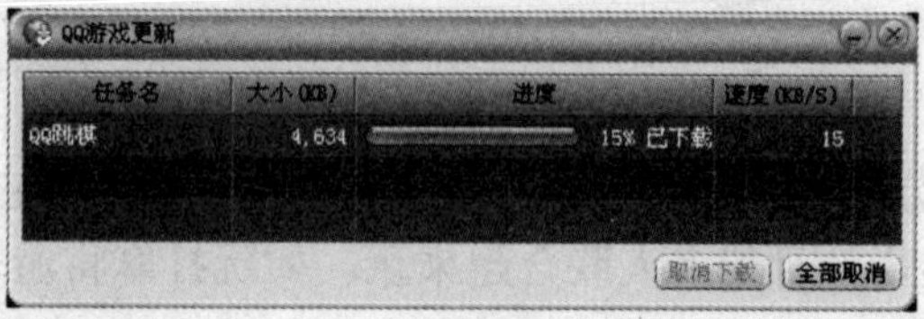

游戏下载完毕后，弹出“用户协议”对话框。

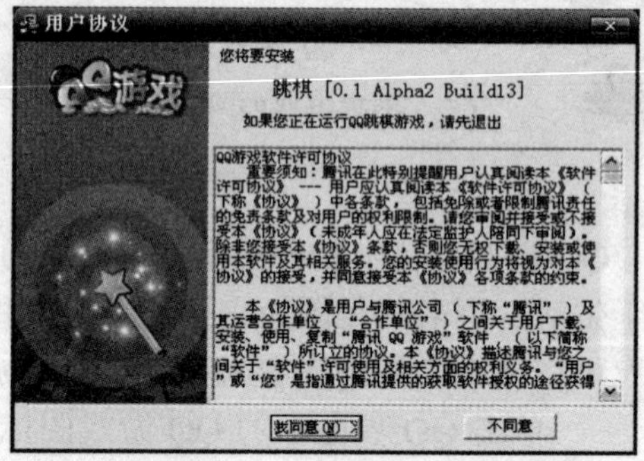

在“用户协议”对话框中单击“我同意”按钮，会弹出“正在安装”对话框。

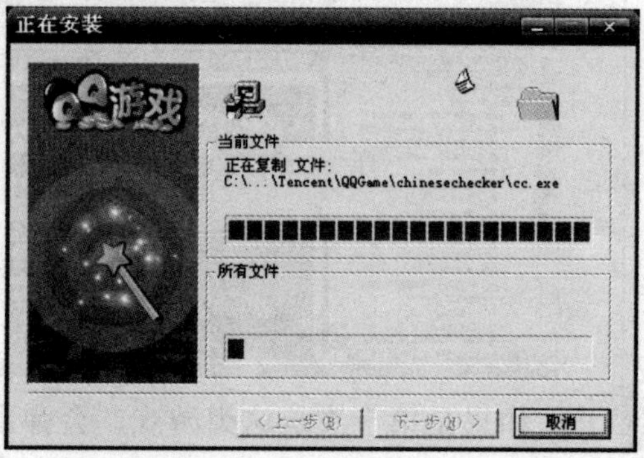

安装完成后，即可弹出页面。

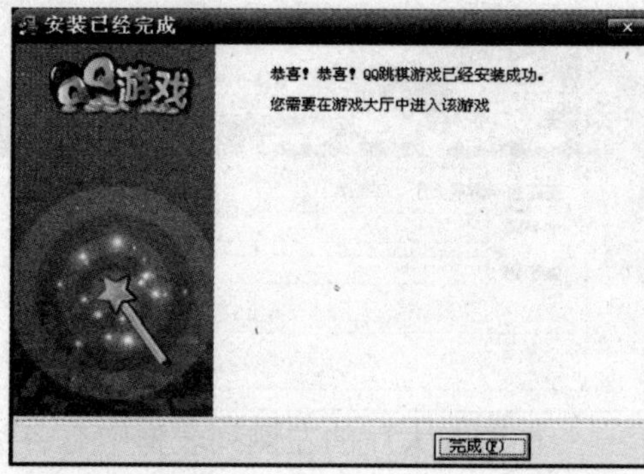

单击“完成”按钮后，再回到游戏大厅选择跳棋游戏即可登录游戏。

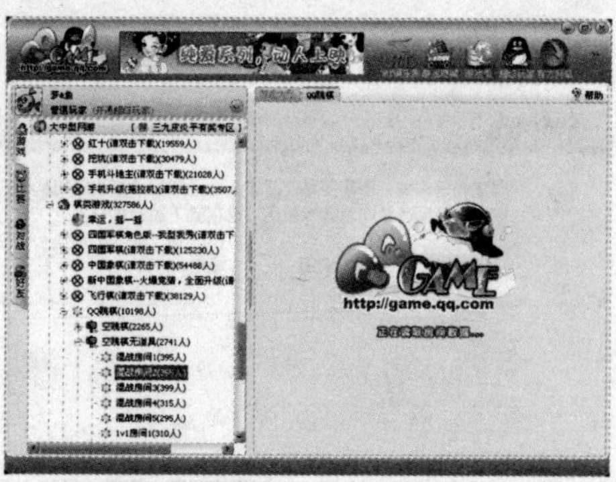

登录游戏后即可进入游戏房间。

在游戏房间中单击“加入”按钮，会自动地通过查找加入到游戏桌中。

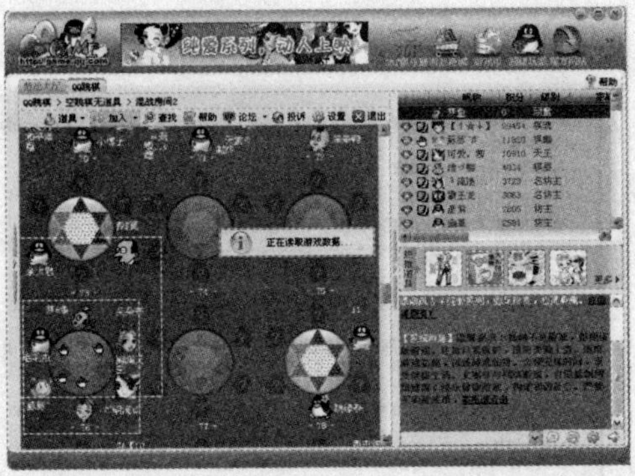

12 进入游戏桌后，其界面如下图所示。在此单击“开始”按钮即可进入游戏。

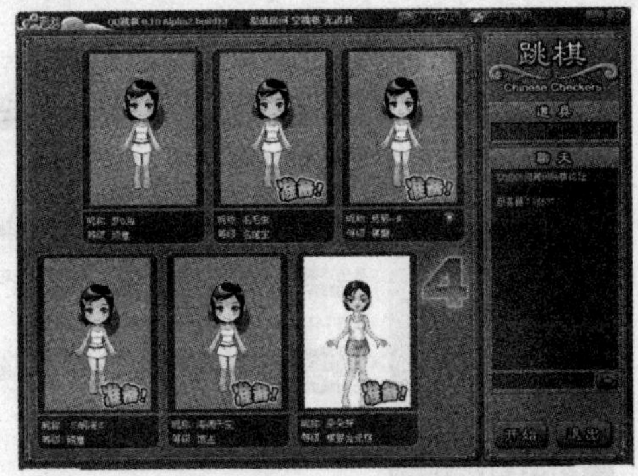
跳棋
Chinese Checkers

5.4.5 QQ 直播

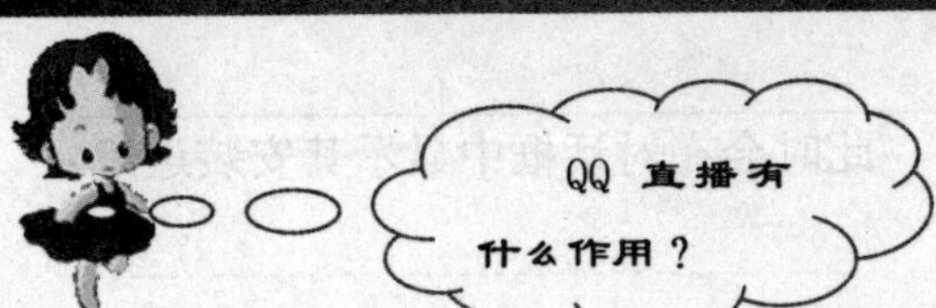
QQ 直播有
什么作用？

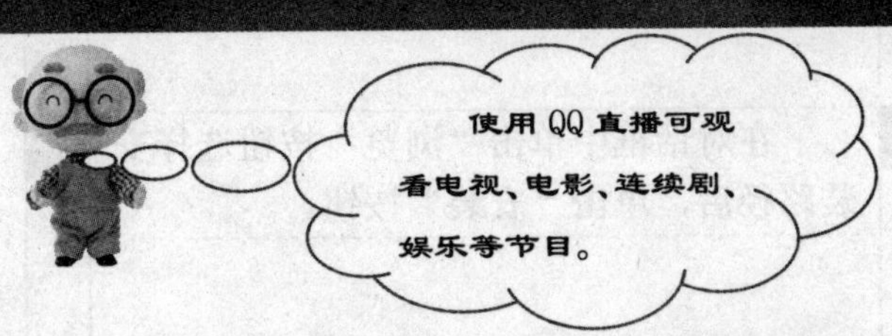
使用 QQ 直播可观
看电视、电影、连续剧、
娱乐等节目。

QQ 直播是目前比较受欢迎的网络电视之一，使用它可观看电视、电影、连续剧、休闲娱乐、体育等节目。

单击 QQ 界面上的 QQ 直播图标，此时会弹出 QQ 在线安装的提示。

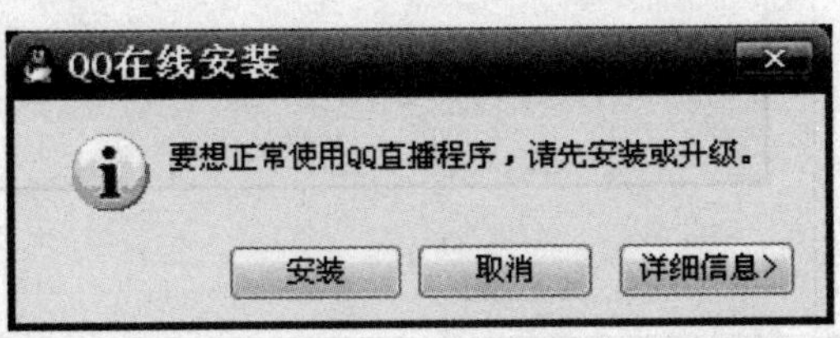
QQ在线安装
要想正常使用QQ直播程序，请先安装或升级。
安装
取消
详细信息>

2 在提示框中单击“安装”按钮后，即可下载 QQ 直播的安装程序。

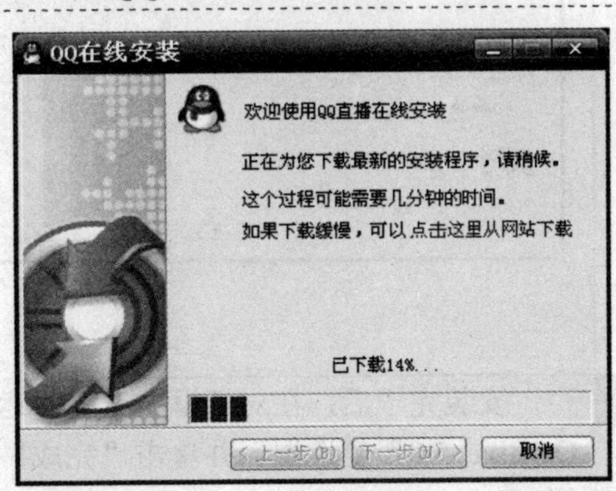
QQ在线安装
欢迎使用QQ直播在线安装
正在为您下载最新的安装程序，请稍候。
这个过程可能需要几分钟的时间。
如果下载缓慢，可以点击这里从网站下载
已下载14%...
取消

下载完毕后，会自动运行其安装程序进行安装，在“安装程序”对话框中单击“下一步”按钮。

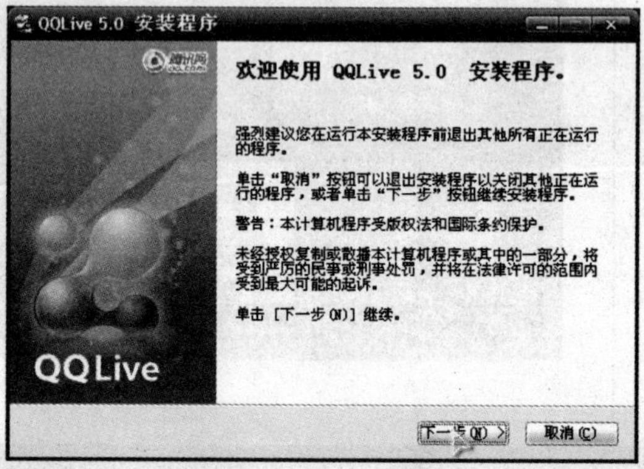
QQLive 5.0 安装程序
欢迎使用 QQLive 5.0 安装程序。
强烈建议您在运行本安装程序前退出其他所有正在运行的程序。
单击“取消”按钮可以退出安装程序以关闭其他正在运行的程序，或者单击“下一步”按钮继续安装程序。
警告：本计算机程序受版权法和国际条约保护。
未经授权复制或散播本计算机程序或其中的一部分，将受到严厉的民事或刑事处罚，并将在法律许可的范围内受到最大可能的起诉。
单击 [下一步(N)] 继续。
QQLive
下一步(N) >
取消(C)

此时对话框会询问是否接受安装QQLive的授权条款，在此单击“我接受”按钮。

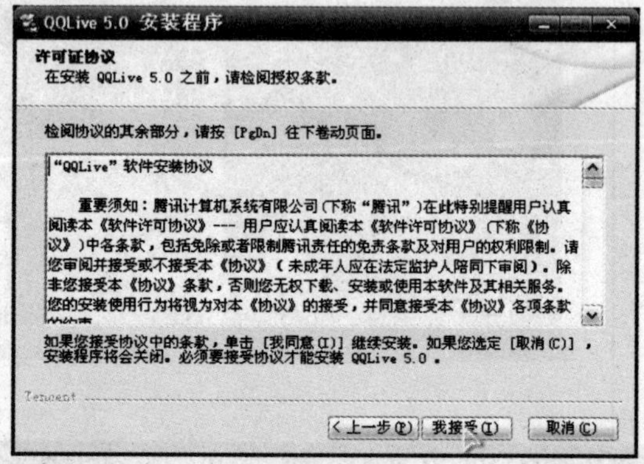
QQLive 5.0 安装程序
许可证协议
在安装 QQLive 5.0 之前，请检阅授权条款。
检阅协议的其余部分，请按 [PgDn] 往下卷动页面。
“QQLive”软件安装协议
如果您接受协议中的条款，单击 [我同意(I)] 继续安装。如果您选定 [取消(C)]，安装程序将会关闭。必须要接受协议才能安装 QQLive 5.0 。
Tencent
< 上一步(P)
我接受(I)
取消(C)

在对话框中单击“浏览”按钮选择安装路径后，单击“安装”按钮。

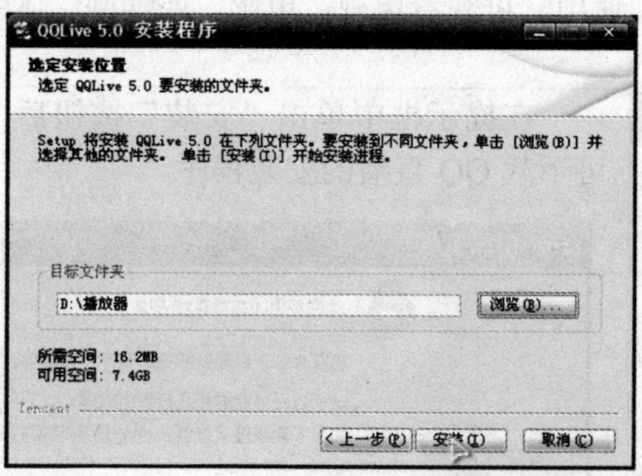
QQLive 5.0 安装程序
选定安装位置
选定 QQLive 5.0 要安装的文件夹。
Setup 将安装 QQLive 5.0 在下列文件夹。要安装到不同文件夹，单击 [浏览(B)] 并选择其他的文件夹。 单击 [安装(I)] 开始安装进程。
目标文件夹
D:\播放器
浏览(B)...
所需空间: 16.2MB
可用空间: 7.4GB
Tencent
< 上一步(P)
安装(I)
取消(C)

此时会在对话框中显示其安装进度。

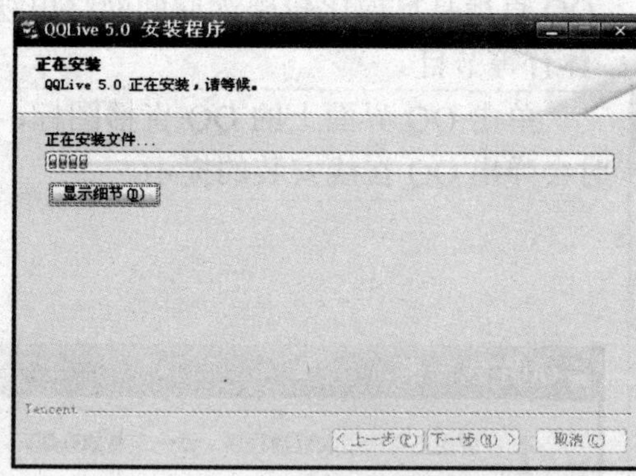
QQLive 5.0 安装程序
正在安装
QQLive 5.0 正在安装，请等候。
正在安装文件...
显示细节(D)
Tencent
< 上一步(P)
下一步(N) >
取消(C)

安装完毕后，在对话框中选择“运行QQLive 5.0”复选框，并单击“完成”按钮。

此时会弹出登录框，在此框中输入QQ账号和密码，然后单击“登录”按钮。

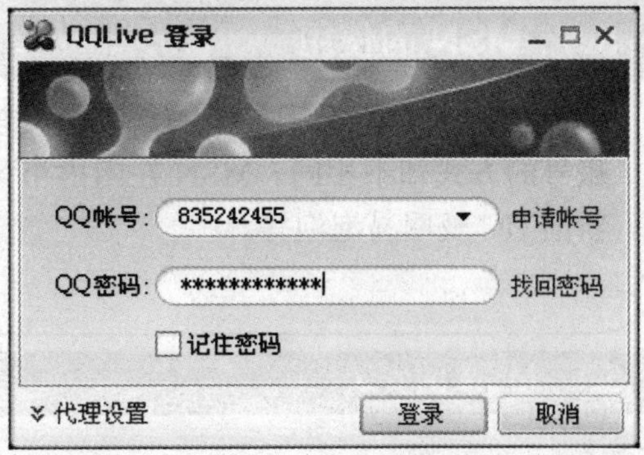

登录 QQLive 5.0 后，其界面如下图所示。

在此界面右侧的播放列表中选择喜欢看的电视、电影、连续剧或各种娱乐节目后，即可转到此节目进行播放。

在观看节目时，用户还可通过右侧的消息框进行聊天。

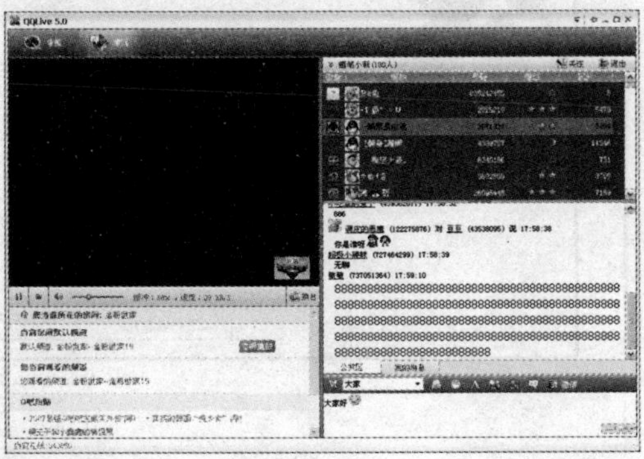

在左侧的消息输入框中输入消息，按“Ctrl+Enter”键即可发送消息。

5.5 MSN 的使用

MSN 是微软公司推出的一款聊天软件，其功能与腾讯 QQ 相似，但它们的安装与申请账号的方式却不相同。MSN 在国内市场上是仅次于 QQ 的 IM 软件，且大大领先于雅虎、新浪 UC 及网易泡泡等。

5.5.1 MSN 的安装

如何安装 MSN 呢？

MSN 的安装与 QQ 的安装方法类似，在安装时都会有提示向导，因此比较容易安装。

在使用 MSN 前必须先进行安装，其安装方法与腾讯 QQ 的安装方法相似，其具体安装方法如下：

1 在计算机中打开 MSN 程序，如下图所示。

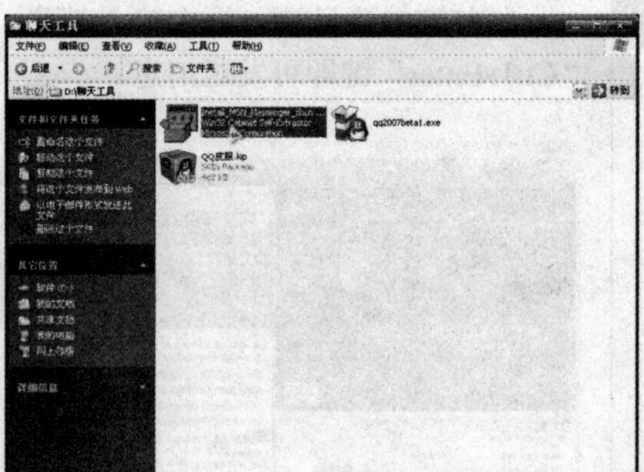

2 启动 MSN 安装程序后，弹出“安装向导”对话框。

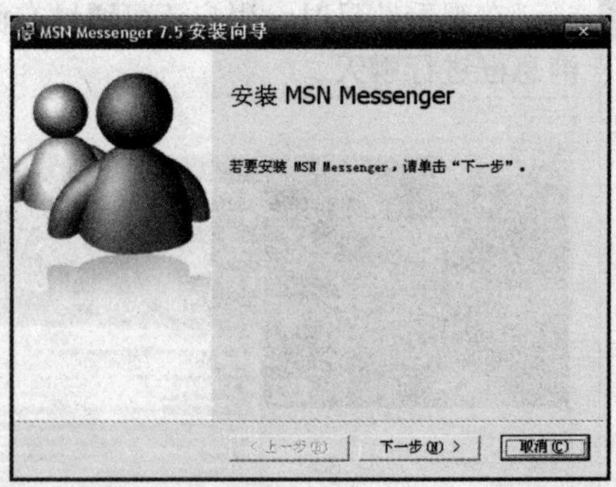
MSN Messenger 7.5 安装向导
安装 MSN Messenger
若要安装 MSN Messenger，请单击“下一步”。
下一步(N) >
取消(C)

在此向导中单击“下一步”按钮，跳转到“使用条款”向导，在此选择接受协议。

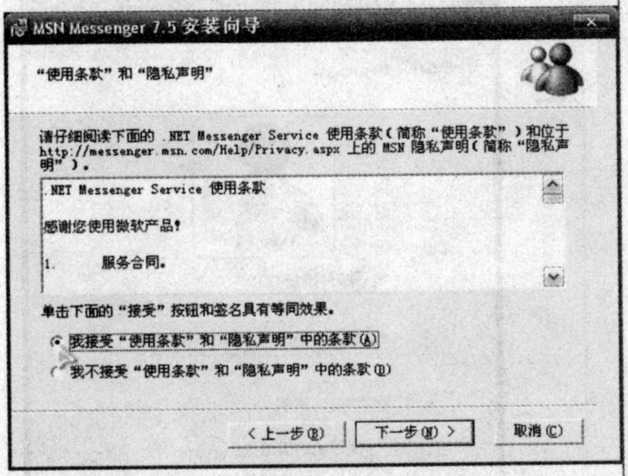

4 单击“下一步”按钮后，跳转到“选择其他的功能和设置”向导，选择所有项后，单击“下一步”按钮。

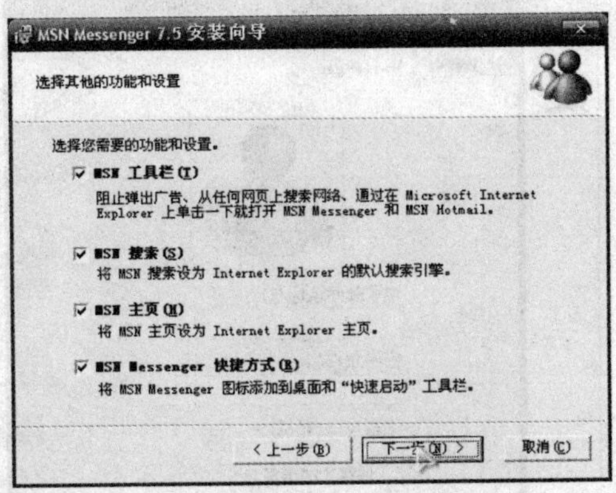

此时会弹出“正在安装”向导对话框。

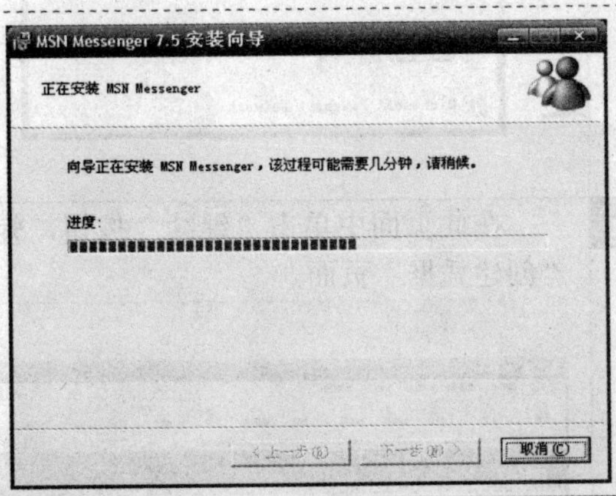

6 用户等待安装向导提示已安装成功，此时单击“完成”按钮，即可完成 MSN 的安装。

5.5.2 注册 MSN 账号

注册 MSN 账号的方法如下：

1 双击桌面上 MSN 的快捷图标，启动 MSN 并弹出其界面。

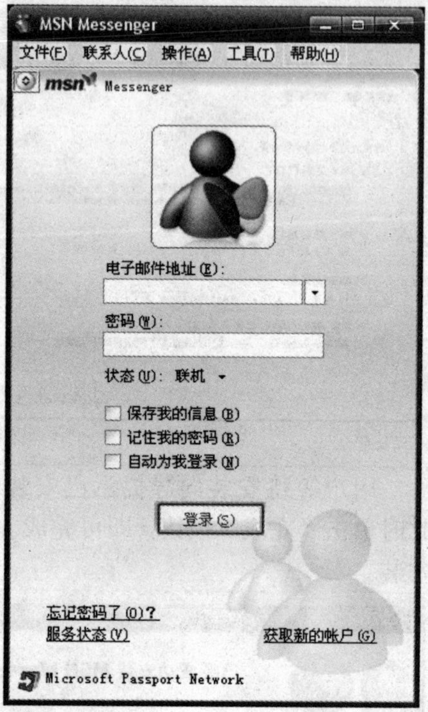

2 在此界面中单击“获取新的账户”文字链接。

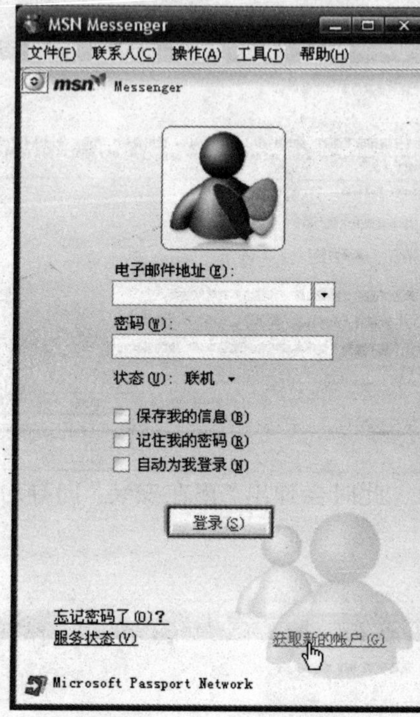

3 此时会弹出注册账号页面。

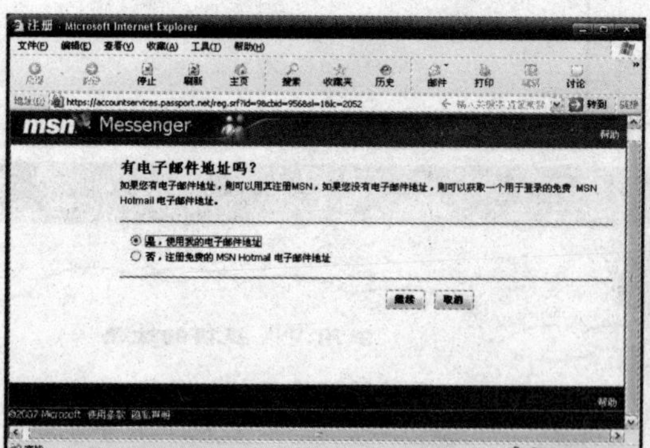

4 在此页面中单击“继续”按钮，弹出“创建凭据”页面。

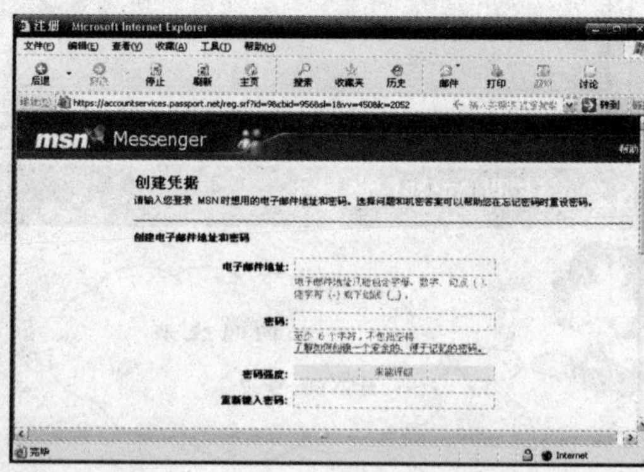

5 在此页面中输入相应的信息

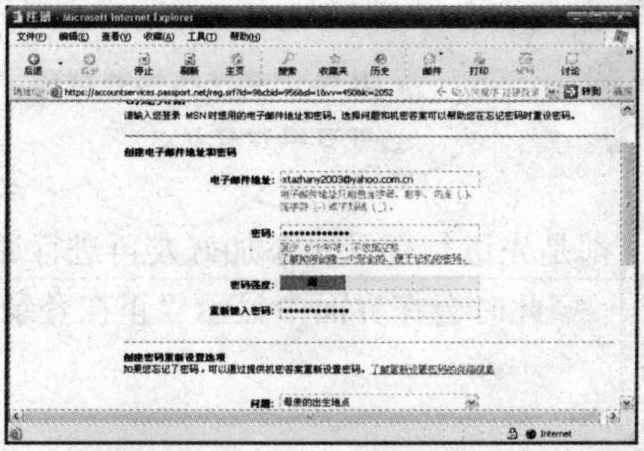

6 在此网页中单击“继续”按钮，此时会弹出“创建 MSN 账户”页面。

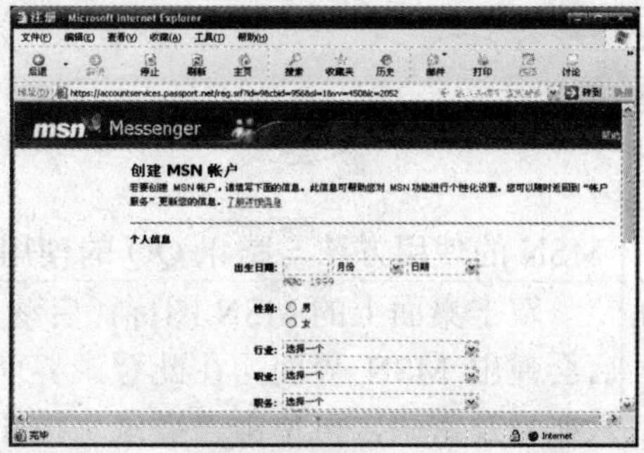

7 在此页面中填入各个相应的信息。

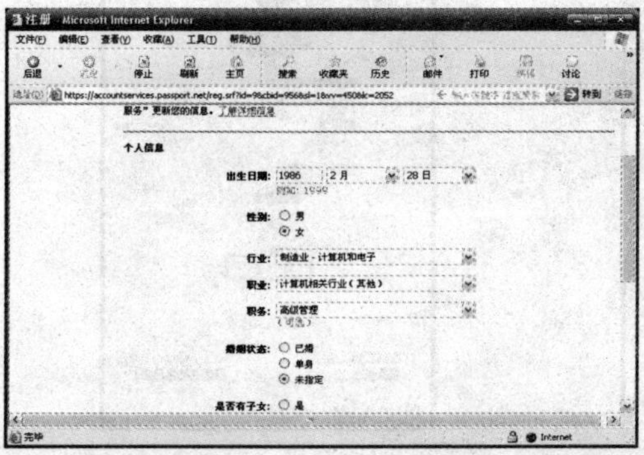

8 单击“继续”按钮，此时会弹出“查看并签署协议”页面。

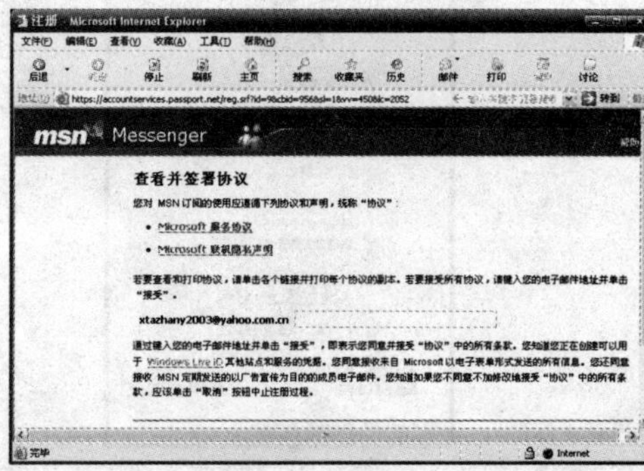

9 在此页面的输入栏中输入邮件地址。

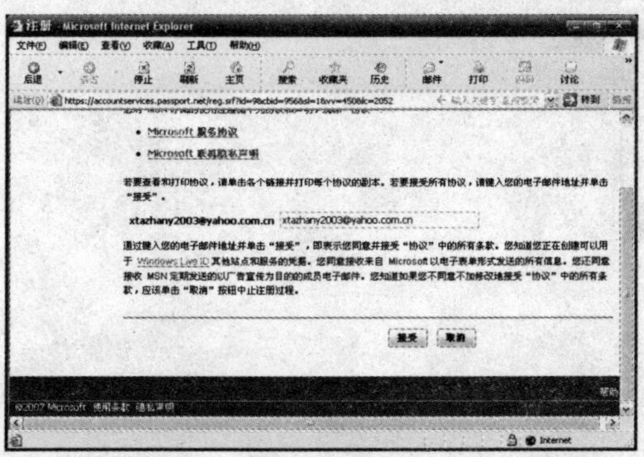

10 单击“继续”按钮后，弹出一个提示此账户已创建的提示网页，此时单击“继续”按钮即可注册成功。

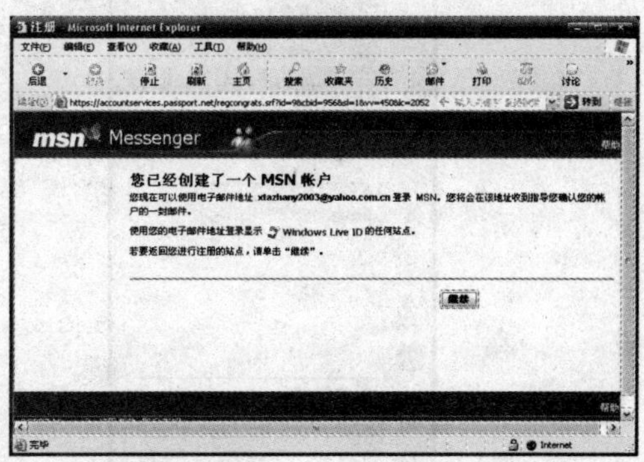

5.5.3 登录 MSN

怎样登录
MSN 呢？

启动 MSN 后，输入
其电子邮件地址和密码
即可进行登录。

MSN 的使用方法与腾讯 QQ 的使用方法相似，都是先进行登录再添加好友再进行通讯。

1 双击桌面上的 MSN 图标，启动 MSN 后会弹出 MSN 界面，在此登录界面中输入账号及密码，再单击“登录”按钮。

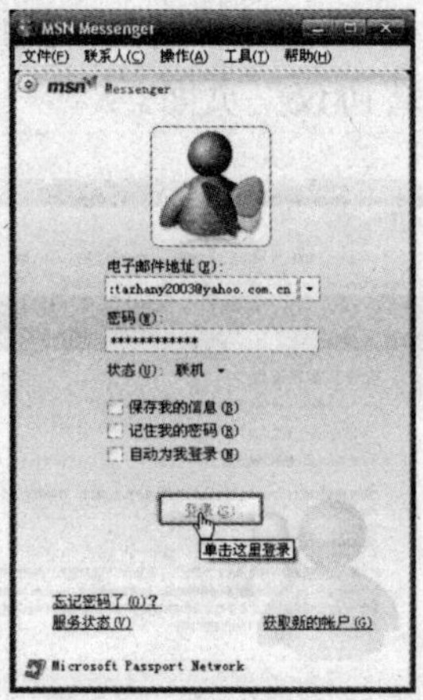
MSN Messenger
单击这里登录

2 此时会在界面中显示“正在登录”。

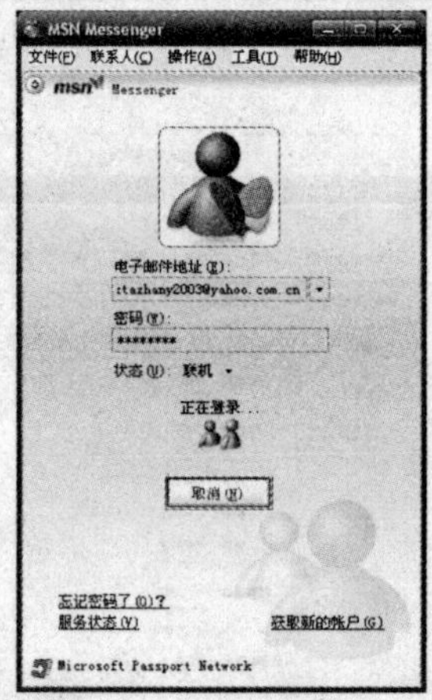
MSN Messenger
正在登录...

3 登录成功后，在其界面中会提示单击此处添加联系人。

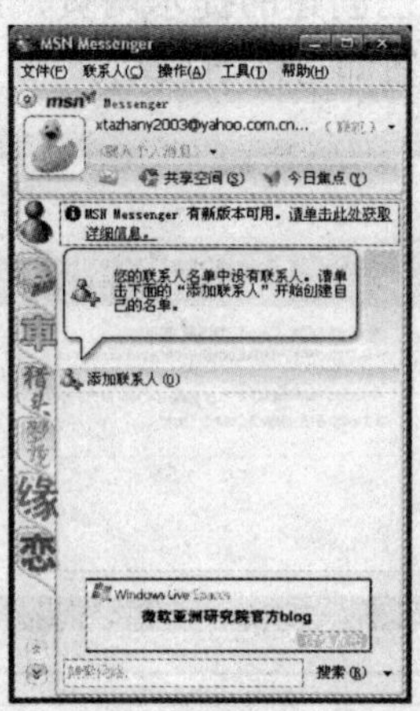
MSN Messenger
添加联系人

提示：

用户在登录 MSN 时，选择界面中的“保存我的信息”复选框，以后在启动 MSN 时会保存此次登录的邮件地址。

5.5.4 使用 MSN 进行通信

MSN 是个
什么程序？
MSN 是可用于语言、视
频和文字来交流的程序。

使用 MSN 进行通讯前必须先添加联系人，然后再进行语音、视频等通讯。使用 MSN 添加联系人与 QQ 中的添加好友是一个意思，但方法却不相同。

1 打开 MSN 界面后，单击“添加联系人”文字链接。

MSN Messenger
文件(F) 联系人(C) 操作(A) 工具(T) 帮助(H)
xtazhany2003@yahoo.com.cn...
您的联系人名单中没有联系人。请单击下面的“添加联系人”开始创建自己的名单。
添加联系人(D)
msn Messenger .net

2 此时会弹出“添加联系人”对话框。

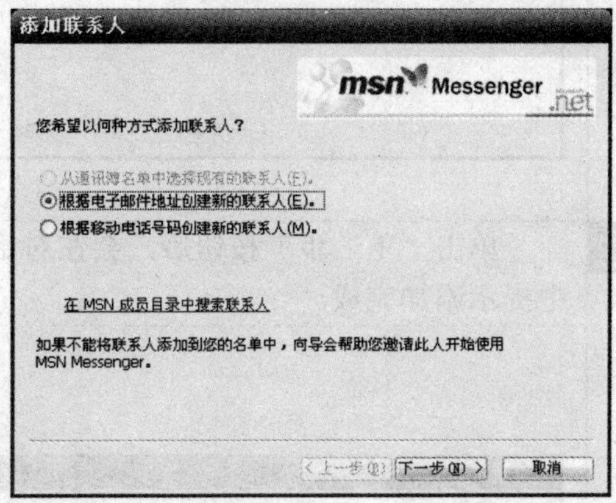
添加联系人
msn Messenger .net
您希望以何种方式添加联系人？
从通讯簿名单中选择现有的联系人(F)。
根据电子邮件地址创建新的联系人(E)。
根据移动电话号码创建新的联系人(M)。
在 MSN 成员目录中搜索联系人
如果不能将联系人添加到您的名单中，向导会帮助您邀请此人开始使用 MSN Messenger。
< 上一步(B) 下一步(N) > 取消

3 在此对话框中选择“根据电子邮件地址创建新的联系人”单选项，再单击“下一步”按钮。

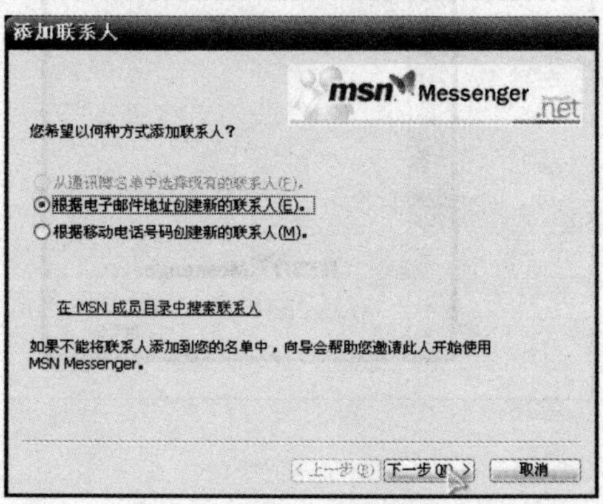
添加联系人
msn Messenger .net
您希望以何种方式添加联系人？
从通讯簿名单中选择现有的联系人(F)。
根据电子邮件地址创建新的联系人(E)。
根据移动电话号码创建新的联系人(M)。
在 MSN 成员目录中搜索联系人
如果不能将联系人添加到您的名单中，向导会帮助您邀请此人开始使用 MSN Messenger。
< 上一步(B) 下一步(N) > 取消

4 此时，对话框会变成如下图所示。

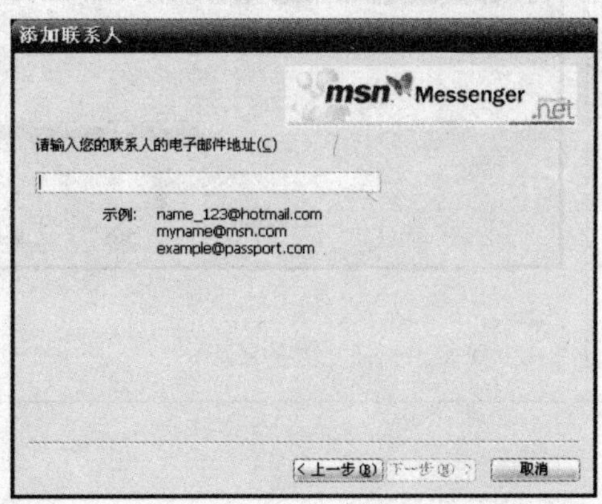
添加联系人
msn Messenger .net
请输入您的联系人的电子邮件地址(C)
示例: name_123@hotmail.com
myname@msn.com
example@passport.com
< 上一步(B) 下一步(N) > 取消

在此对话框的输入框中输入将要添加的联系人的邮件地址，再单击“下一步”按钮。

此时在对话框中会提示添加成功的信息。

单击“下一步”按钮后，会在对话框中提示添加完成。

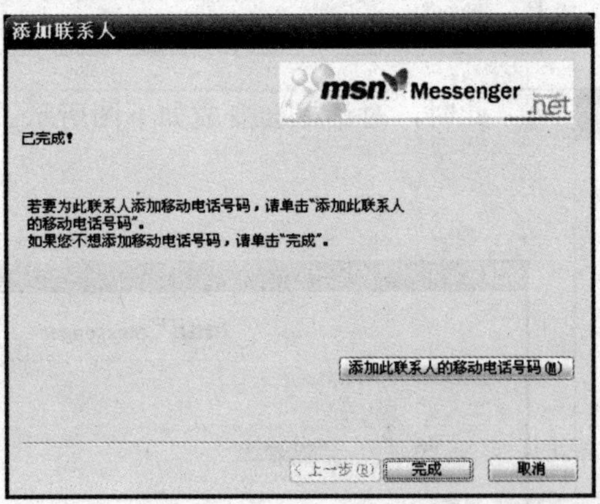

单击“完成”按钮后，即可将用户添加到联系人名单中。

电脑即学即用

教你学电脑

第6章 网上会议

本 章 要 点:

- NetMeeting 的安装
- NetMeeting 初始化
- NetMeeting 的操作界面
- NetMeeting 的使用

电脑博士，听说使用 NetMeeting 可在网上主持会议和进行聊天，这是真的吗？

小丽，这当然是真的。本章就教你 NetMeeting 的初始化设置、操作界面、呼叫对方的方式和主持会议的方法等。

6.1 NetMeeting 的安装

NetMeeting 又叫做网络会议，它可使人们通过网络连接其他人一起开会或聚会。NetMeeting 依赖于网络通信，因此要使用 NetMeeting 进行网上会议必须保证其网络连接正常。

能介绍一下
NetMeeting 的安装
方法吗？
当然可以呀，本节
就教你 NetMeeting 的
安装方法吧。

在使用 NetMeeting 前必须先将此程序下载到计算机上，再进行安装。其安装程序可在 Microsoft 公司的主页中进行下载，也可直接到各软件网站搜索，如“天空软件”、“华军软件园”等。

使用 NetMeeting 时，只要用户登录目录服务器按指定的地址呼叫对方，对方响应呼叫后，就能进行信息交流。网络会议可以由两人或多人参加，除了最基本的文字信息传递方式外，还可以借助音频和视频等功能在网上进行多媒体信息的传输。

NetMeeting 的具体安装方法如下：

1 先在网上下载一个 NetMeeting 安装程序。然后在计算机中找到此安装程序并双击此程序。

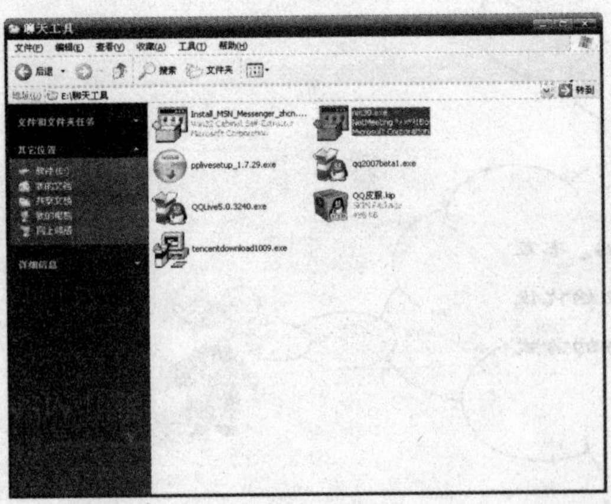

2 启动 NetMeeting 安装程序后，在打开的安装协议对话框中单击“是”按钮。

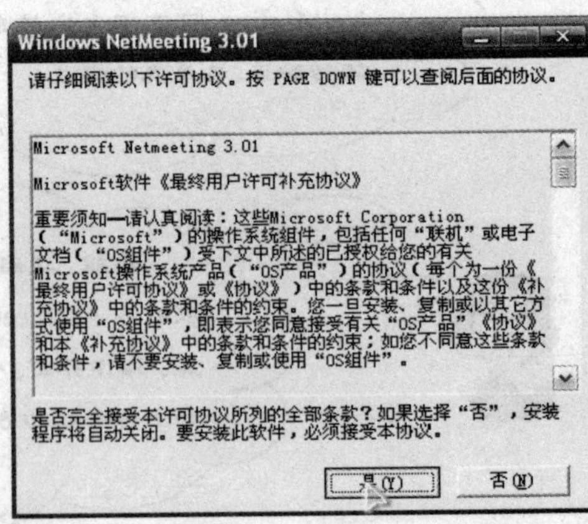
Windows NetMeeting 3.01
请仔细阅读以下许可协议。按 PAGE DOWN 键可以查阅后面的协议。
Microsoft Netmeeting 3.01
Microsoft软件《最终用户许可补充协议》
是否完全接受本许可协议所列的全部条款？如果选择“否”，安装程序将自动关闭。要安装此软件，必须接受本协议。
是(Y)
否(N)

此时，会弹出设置程序安装路径对话框。如果要更改程序的默认安装路径，可单击“浏览”按钮。

单击“浏览”按钮后，会弹出“浏览文件夹”对话框，在此对话框中选择程序的安装路径后，单击“确定”按钮。

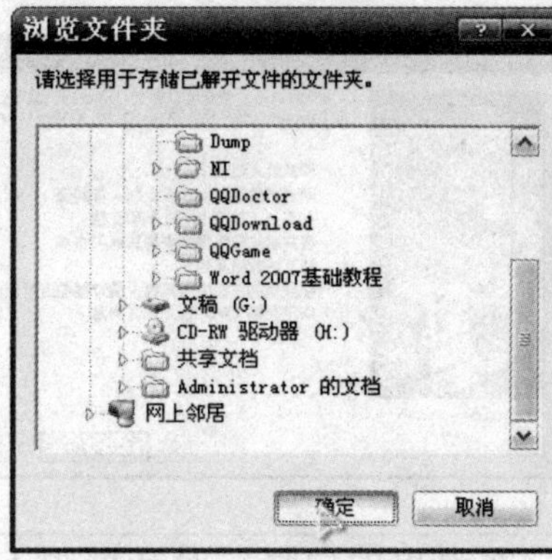

返回设置路径对话框，然后单击“确定”按钮。

6 等待文件复制完成，即可弹出安装已完成的系统提示，然后单击“确定”按钮，即可完成安装。

6.2 NetMeeting 初始化

NetMeeting 初始化是指设置桌面快捷方式、个人信息（如姓名、个人电子邮件地址等等）。

在第一次运行 NetMeeting 时，系统都将自动启动 NetMeeting 向导进行初始化设置，便于为主持会议或进行其他工作做好准备。其初始化设置的具体步骤是：

启动 NetMeeting 程序后，会弹出设置向导，在此向导中列出了 NetMeeting 的主要功能，单击“下一步”按钮。

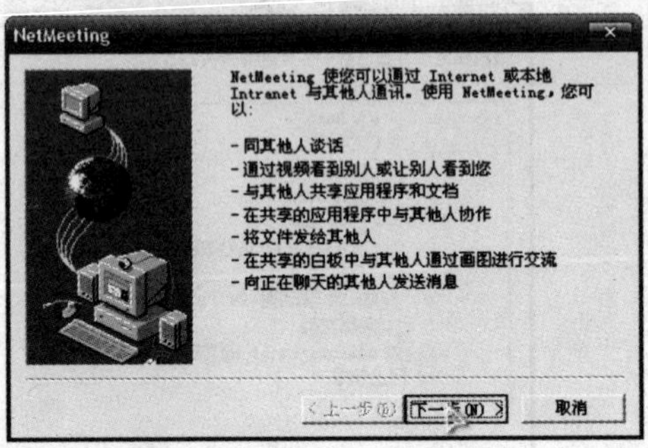
NetMeeting
NetMeeting 使您可以通过 Internet 或本地 Intranet 与其他人通讯。使用 NetMeeting，您可以：
- 同其他人谈话
- 通过视频看到别人或让别人看到您
- 与其他人共享应用程序和文档
- 在共享的应用程序中与其他人协作
- 将文件发给其他人
- 在共享的白板中与其他人通过画图进行交流
- 向正在聊天的其他人发送消息
取消

此时，弹出向导二，要求用户在此输入个人信息，然后单击“下一步”按钮。

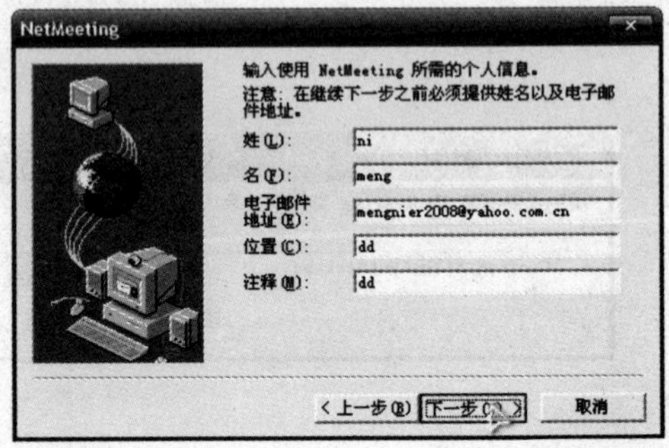
NetMeeting
输入使用 NetMeeting 所需的个人信息。
注意：在继续下一步之前必须提供姓名以及电子邮件地址。
姓(L):
ni
名(F):
meng
电子邮件地址(E):
mengnier2008@yahoo.com.cn
位置(C):
dd
注释(M):
dd
< 上一步(B)
取消

在弹出的向导三对话框中不进行设置，直接单击“下一步”按钮。

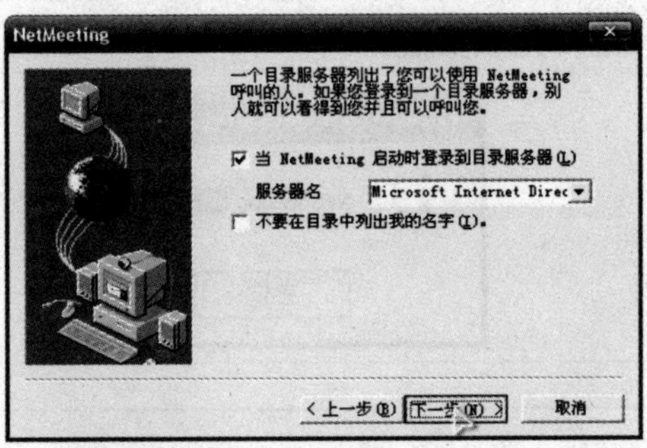
NetMeeting
一个目录服务器列出了您可以使用 NetMeeting 呼叫的人。如果您登录到一个目录服务器，别人就可以看得到您并且可以呼叫您。
当 NetMeeting 启动时登录到目录服务器(L)
服务器名
Microsoft Internet Direc
不要在目录中列出我的名字(I)。
< 上一步(B)
取消

在弹出的向导四对话框中选择网速，然后单击“下一步”按钮。

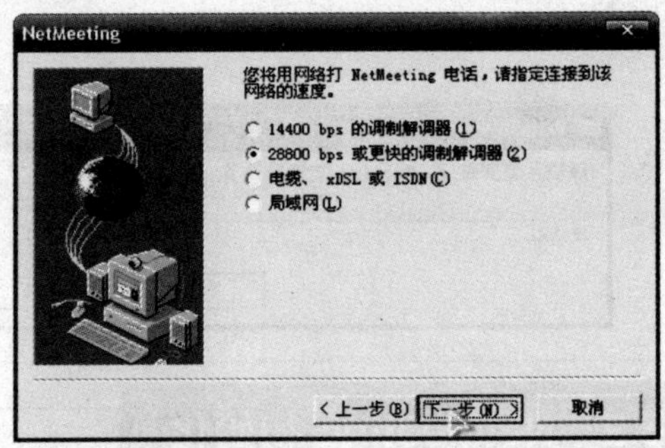
NetMeeting
您将用网络打 NetMeeting 电话，请指定连接到该网络的速度。
14400 bps 的调制解调器(1)
28800 bps 或更快的调制解调器(2)
电缆、 xDSL 或 ISDN(C)
局域网(L)
< 上一步(B)
取消

此时弹出向导五，在此对话框中根据需要选择复选框。

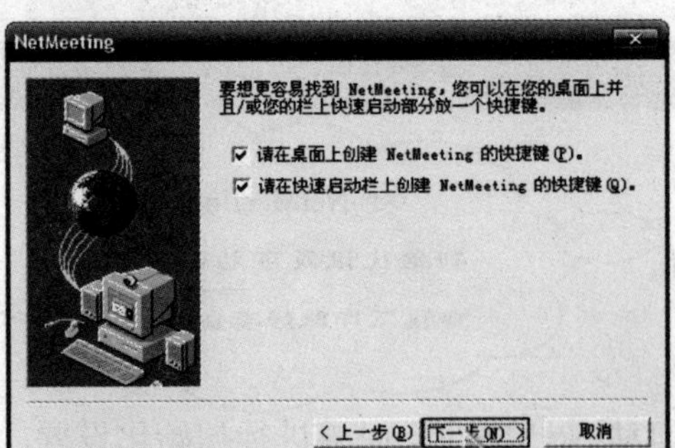
NetMeeting
要想更容易找到 NetMeeting，您可以在您的桌面上并且/或您的栏上快速启动部分放一个快捷键。
请在桌面上创建 NetMeeting 的快捷键(P)。
请在快速启动栏上创建 NetMeeting 的快捷键(Q)。
< 上一步(B)
取消

此时弹出向导六，单击“下一步”按钮可设置音频。

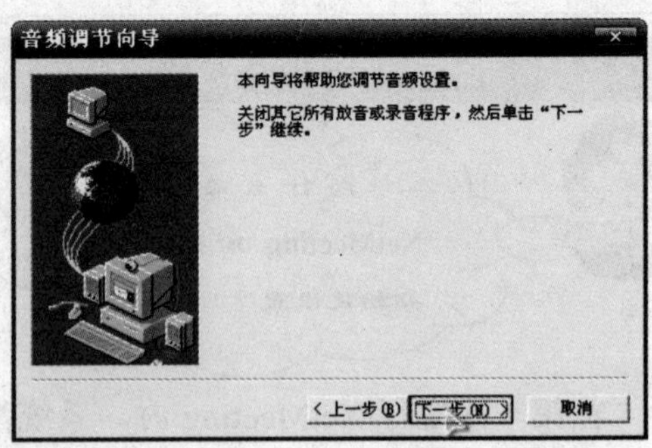
音频调节向导
本向导将帮助您调节音频设置。
关闭其它所有放音或录音程序，然后单击“下一步”继续。
< 上一步(B)
取消

在弹出的“向导七”对话框中用鼠标拖动滑块设置其音量。

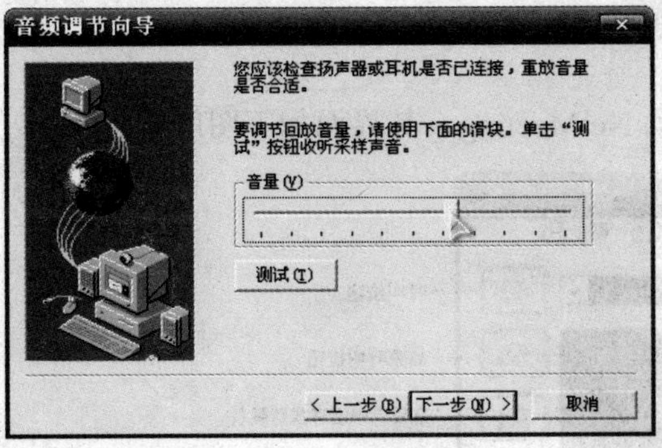
音频调节向导
您应该检查扬声器或耳机是否已连接，重放音量是否合适。
要调节回放音量，请使用下面的滑块。单击“测试”按钮收听采样声音。
音量(V)
测试(T)
< 上一步(B)
下一步(N) >
取消

在向导七中单击“下一步”按钮，会弹出向导八对话框，在此对话框中也可拖动滑块设置其录音音量。

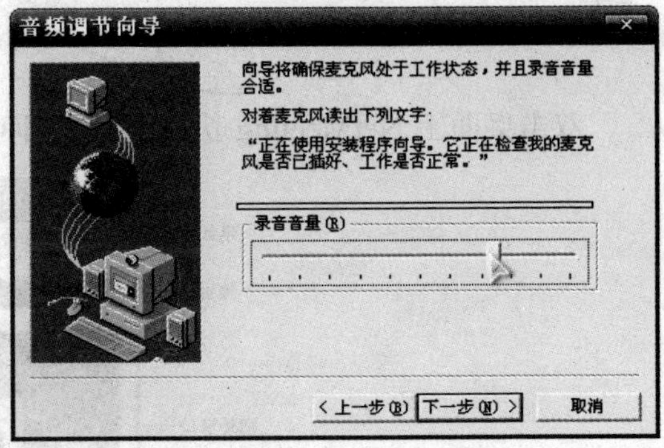
音频调节向导
向导将确保麦克风处于工作状态，并且录音音量合适。
对着麦克风读出下列文字：
“正在使用安装程序向导。它正在检查我的麦克风是否已插好、工作是否正常。”
录音音量(R)
< 上一步(B)
下一步(N) >
取消

设置完成后，单击“下一步”按钮。

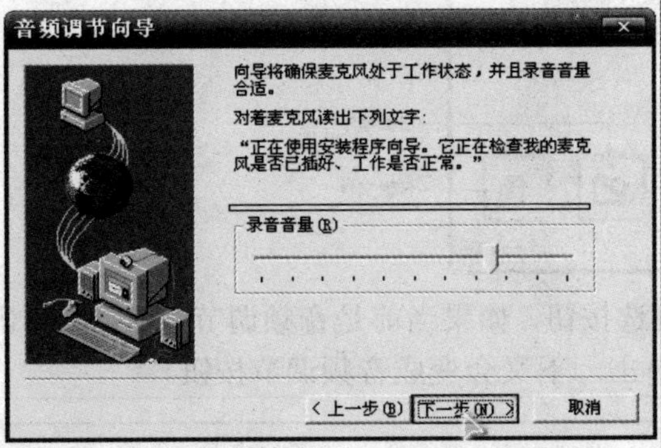
音频调节向导
向导将确保麦克风处于工作状态，并且录音音量合适。
对着麦克风读出下列文字：
“正在使用安装程序向导。它正在检查我的麦克风是否已插好、工作是否正常。”
录音音量(R)
< 上一步(B)
下一步(N) >
取消

10 最后弹出“向导十”，在其对话框中单击“完成”按钮，即可完成初始化设置。

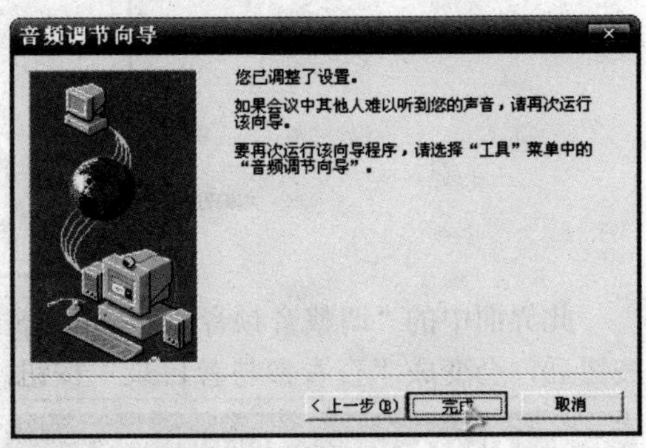
音频调节向导
您已调整了设置。
如果会议中其他人难以听到您的声音，请再次运行该向导。
要再次运行该向导程序，请选择“工具”菜单中的“音频调节向导”。
< 上一步(B)
完成
取消

6.3 NetMeeting 界面介绍

NetMeeting 界面呈长方形，包括菜单栏、地址栏、视频窗口和音频调节按钮、视频调节按钮、呼叫按钮、聊天按钮、传送文件按钮等各种按钮，它们分布于 NetMeeting 界面的四周。

双击桌面上 NetMeeting 快捷图标，即可启动 NetMeeting，其界面如下图所示。

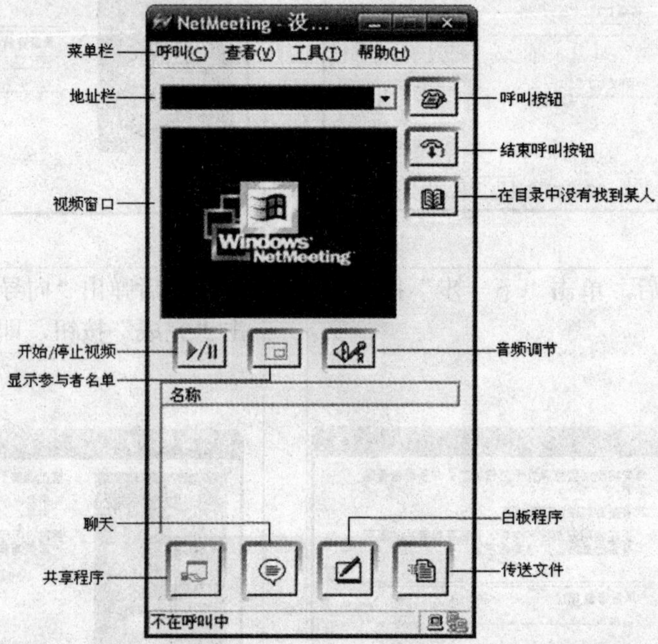

此界面中的“调整音频音量”按钮是一个复选按钮，如果当前是音频调节按钮，则单击此按钮后，会变成“查看参与者目录”按钮，再单击一下又会变成音频调节按钮。

6.4 NetMeeting 的使用

NetMeeting 的功能比较多，除可进行网上视频会议外，还可进行聊天、发送文件、共享一些程序等一系列活动。

在使用 NetMeeting 时一定要注意，如果在初始化设置完成后，弹出一个系统提示为：没有登录服务器，此时应执行“工具”/“选项”命令，在弹出的“选项”对话框中将“Microsoft Internet 目录”改为“iIs.299.net”进行登录。这个设置也可在第一次启动 NetMeeting 进行初始化时进行更改。

6.4.1 进行呼叫

当用户拨号连接登录到目录中即可向别人发起呼叫，邀请对方参加会议。此时，被呼叫的人可以不一定正在使用 NetMeeting。进行呼叫的方法很多，归纳起来主要有以下三种：

• 通过目录进行呼叫

通过目录进行呼叫，是一种最常用的呼叫方法。在进行呼叫时，应先确认 NetMeeting 的设置是否正常，其方法是：单击菜单栏中的“工具”菜单下的“选项”命令，此时会打开如下图所示的“选项”对话框。

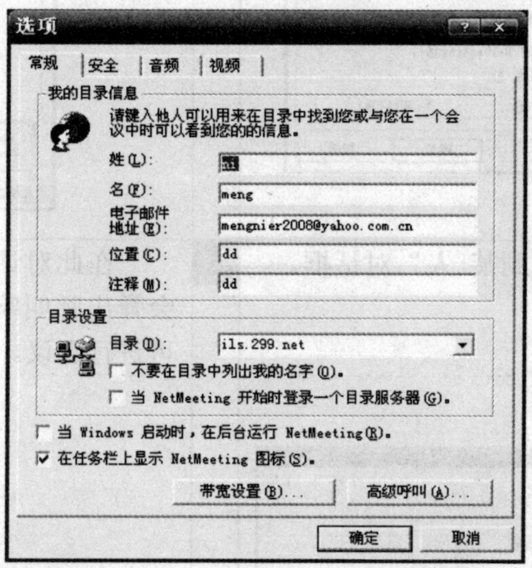

在此对话框中将“目录”中的内容改为“ils.bta.net.cn”，如果不想在目录中列出我的名字，可选择“不要在目录中列出的我名字”复选框，然后单击“确定”按钮即可。

注意：

1. 列表窗口右上角有一排水平的按钮（共四个），第三个是“刷新”按钮。列表中的信息是不会自动刷新的（这跟一般的聊天室是不同的），用户必须自己隔一段时间后点击刷新按钮。或者按键盘的“F5”键刷新一次。

2. 备注信息是“局域网”的人，只能呼叫别人而不能被人呼叫的。所以，可以不进行呼叫。

3. 在使用 NetMeeting 时，如果想离开一会，又不想关掉 NetMeeting，则可单击“呼叫”菜单中的“从 ils.bta.net.cn 注销”命令。再回来时，单击 “呼叫”菜单中的“登录到 ils.bta.net.cn”即可。

启动 NetMeeting，并执行“工具”/“选项”命令，在弹出的“选项”对话框中将目录更改为“ils.bta.net.cn”。

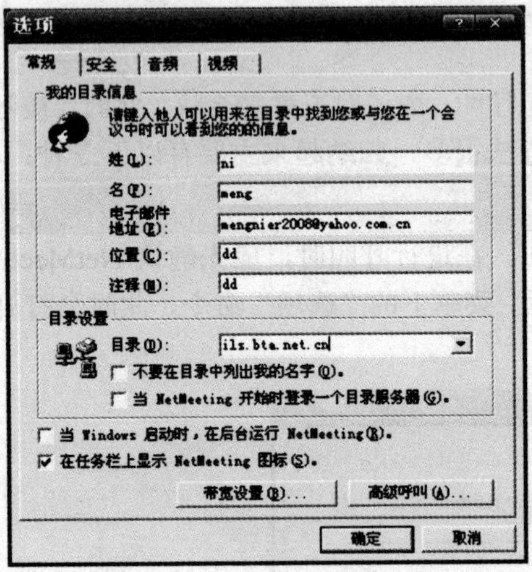

单击“确定”按钮后，再回到NetMeeting界面，单击“在目录中找到某人”按钮。

此时会弹出“找到某 人”对话框。

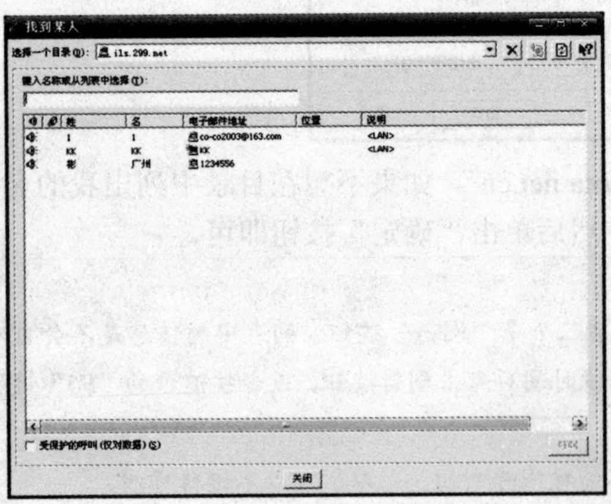

在此对话框中双击要呼叫的人，此时会弹出呼叫响应框，等待对方接受呼叫即可进行会议。

• 输入对方的 E-mail 地址进行呼叫

在 NetMeeting 界面上方有一个黑色的横条输入框，用户只需在此输入想要呼叫的人的 E-mail 地址，然后点击旁边的“呼叫”按钮，即可呼叫对方。但前提是：对方已经正确地启动了 NetMeeting，且他在个人信息中填写的 E-mail 地址必须和刚才在地址栏中输入的 E-mail 地址是一样的。

启动 NetMeeting 后，在其界面的地址栏中输入对方的 E-mail 地址。

在此界面中单击“呼叫”按钮后，即可等待对方接受响应，并弹出等待响应框。当对方接受呼叫后，即可进行会议。

注意：

如果在登录 NetMeeting 后，不希望被别人打扰，则可以隐身在目录中。即别人在使用目录进行呼叫时无法在目录中看到自己。隐身设置的方法是：执行“工具”/“选项”，在弹出的“选项”对话框中选择“不要在目录中列出我的名字”复选框，再单击“确定”按钮即可。如果别人有事要找自己，可通过输入 E-mail 地址进行呼叫。

• 输入对方的 IP 地址

如果知道对方的 IP 地址，则可直接在 NetMeeting 的地址栏中输入对方的 IP 地址就可以呼叫到对方。

用户可以打开命令行窗口，运行“ipconfig”命令来获得本机的 IP 地址。如果是拨号上网，则每次拨号的地址可能是不同的。

使用 IP 地址呼叫对方还有一种方法，即是单击“开始”菜单，并在此菜单中选择“运行”命令，在弹出的命令框中输入“callto：计算机名或 IP 地址”。

运行
请键入程序、文件夹、文档或 Internet 资源的名称，Windows 将为您打开它。
打开(O): callto:192.168.0.110
确定
取消
浏览(B)...

启动 NetMeeting 后，在其界面的地址栏中输入对方的 IP 地址。

NetMeeting - 没...
呼叫(C) 查看(V) 工具(T) 帮助(H)
Windows NetMeeting
名称
不在呼叫中

在此界面中单击“呼叫”按钮后，即可等待对方接受响应，并弹出如下图所示的等待响应框。当对方接受呼叫后，即可进行会议。

NetMeeting
正在等待 192.168.0.222 的响应...
取消

6.4.2 主持会议

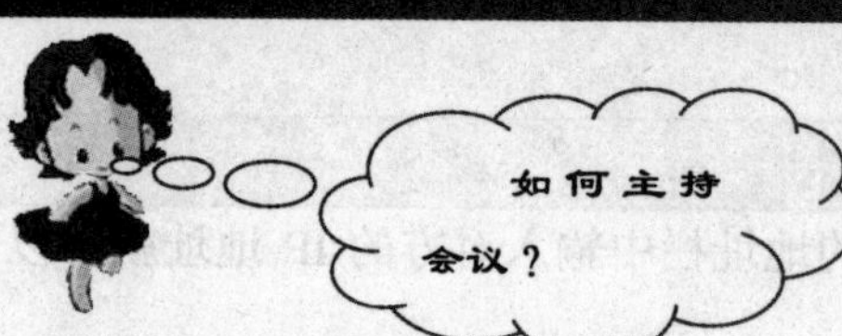
如何主持会议？

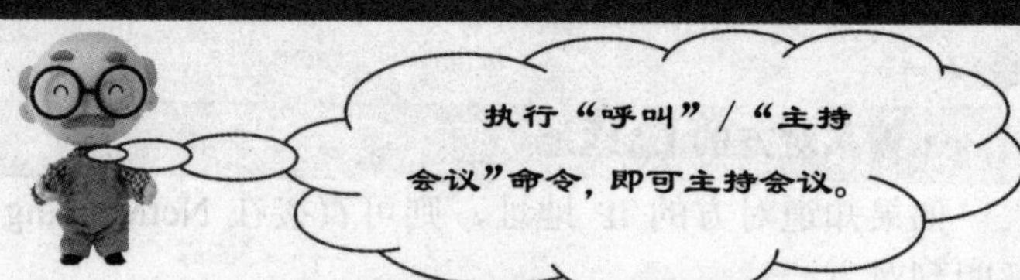
执行“呼叫”/“主持会议”命令，即可主持会议。

呼叫用户后，等待对方响应，当对方接受呼叫后，即可单击“白板”按钮或“聊天”按钮进行信息交流。

如果自己就是会议的主持人，则可执行“呼叫”/“主持会议”命令，会弹出如下图所示的对话框。

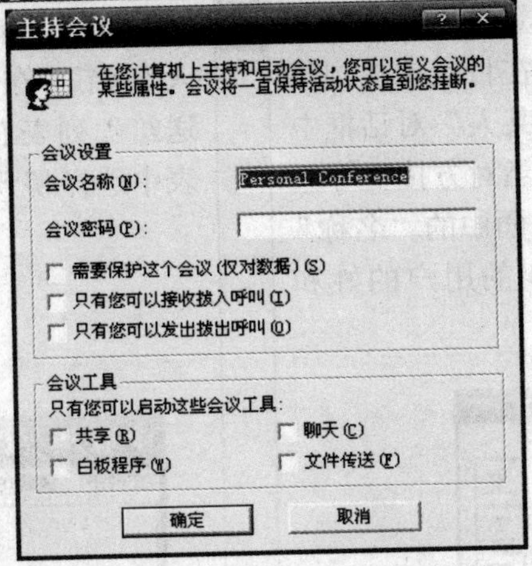

在“主持会议”对话框中可修改会议的名称、会议密码等。在此对话框中还可选择会议工具，这些选项都可根据用户自己的需要进行选择。

6.4.3 聊天

启动 NetMeeting 后，在此界面中单击“聊天”按钮，会弹出如下图所示的“聊天”对话框。

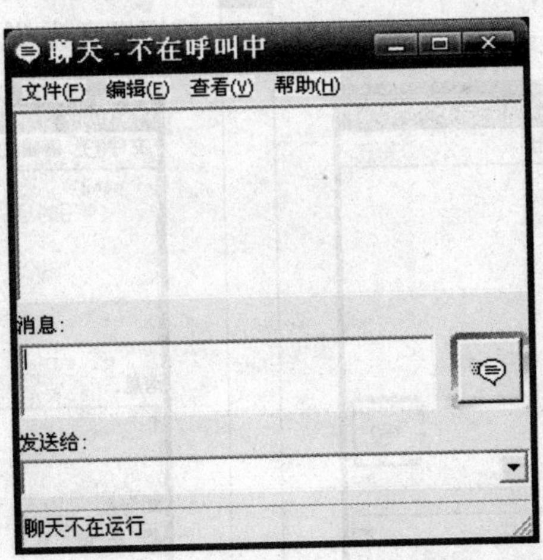

用户只需在此消息框中输入消息，并在下面的“发送给”列表框中选择接收消息的用户即可进行聊天，其具体方法如下：

启动 NetMeeting，并登录到目录服务器，然后单击界面中的“在目录中找到某人”按钮，此时在“找到某人”对话框中双击一个用户进行呼叫，当对方接受呼叫后，即可在 NetMeeting 界面中的“名称”框中显示自己及刚才呼叫的用户的姓和名。

此时，单击 NetMeeting 界面中的“聊天”按钮，在弹出的聊天对话框中单击“发送给”列表右侧的下拉箭头，在弹出的列表中选择聊天对象。

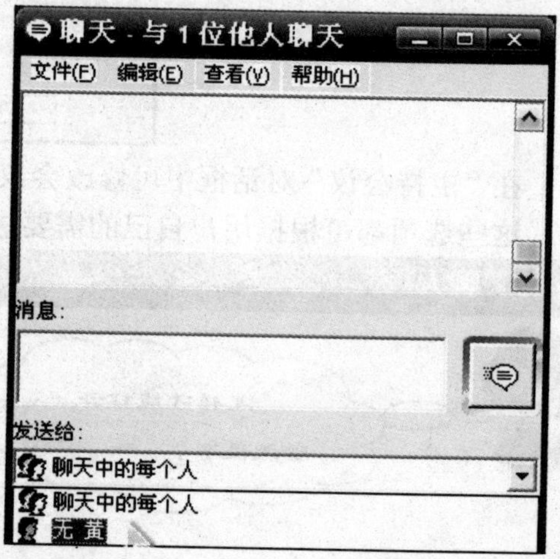

选择好聊天对象后，即可在“消息”框中写入消息。

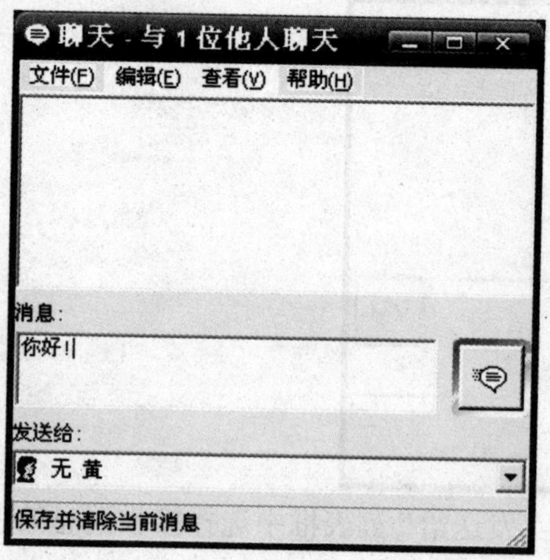

编辑好消息后，单击右侧的“聊天”按钮即可发送消息。

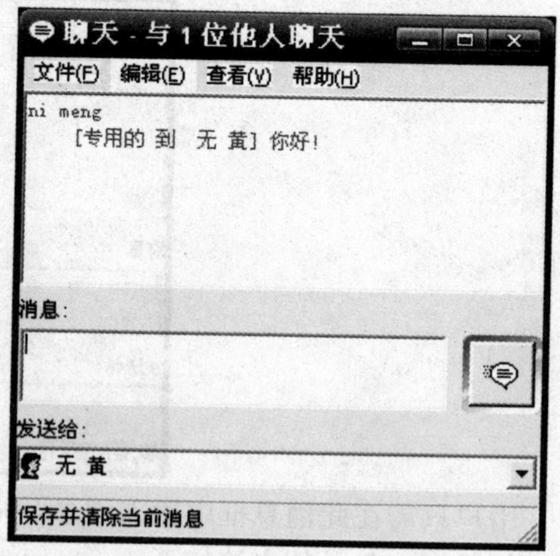

如果想在聊天时显示聊天的日期和时间，可在“聊天”对话框中单击“查看”菜单中的“选项”命令进行设置。

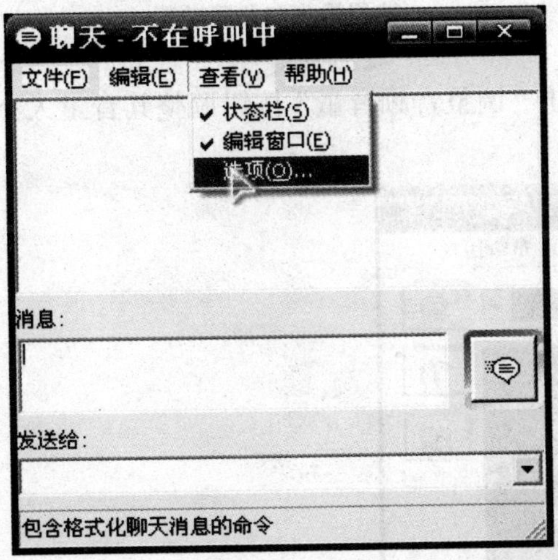

执行“选项”命令后，会弹出对话框。

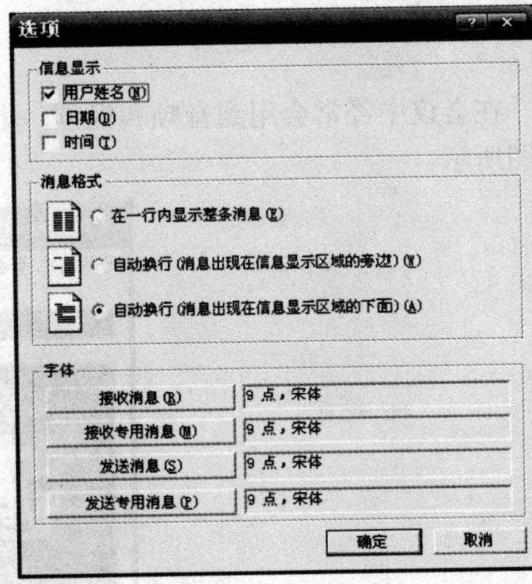

在此对话框中的“信息显示”选项中选择“日期”和“时间”复选框，然后再单击“确定”按钮。

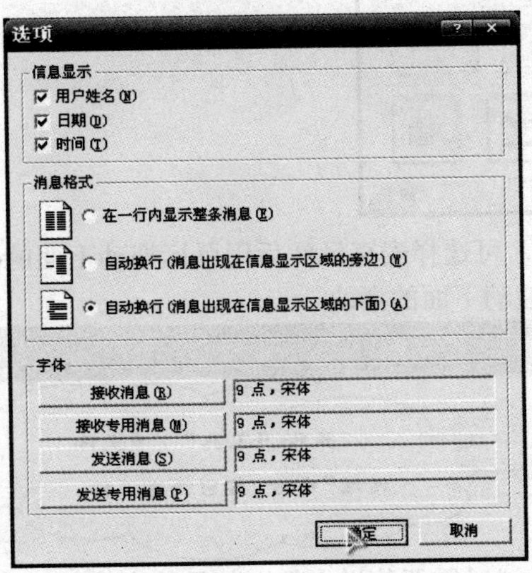

此时，再在消息框中发送消息后，其效果如下图所示。

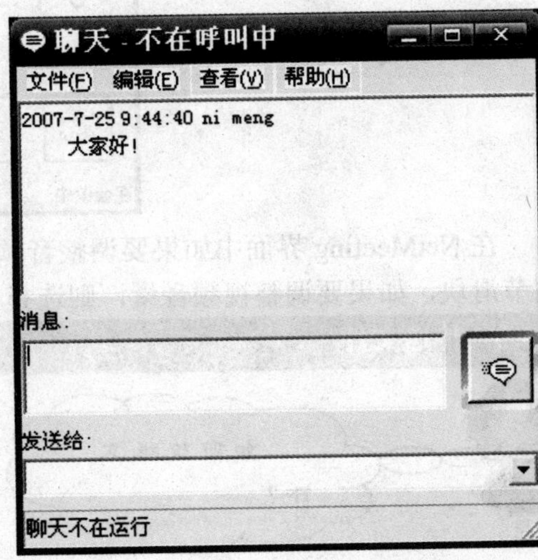

6.4.4 使用音频和视频

怎样使用音频
和视频功能？
直接在 NetMeeting 中
单击音频和视频按钮，即可
使用视频和音频功能。

在会议中经常会用到音频和视频，此时可单击“调整音频音量”按钮调整其音量大小，如下图所示。

NetMeeting - 1 个 ...
呼叫(C) 查看(V) 工具(T) 帮助(H)
Windows NetMeeting
在会议中

在 NetMeeting 界面中如果要调整音频、音量，可选择麦克风然后用鼠标拖动下面的音量调节滑块，如果要调整视频音量，则选择音量再拖动下面的滑块。

6.4.5 传送文件

如何传送文
件？
执行“工具”/“文件
传送”命令，即可传送文件。

使用 NetMeeting 可传送文件，如果在进行会议时需要传送文件，其具体方法如下：

在 NetMeeting 界面中单击“工具”菜单中的“传送文件”命令。

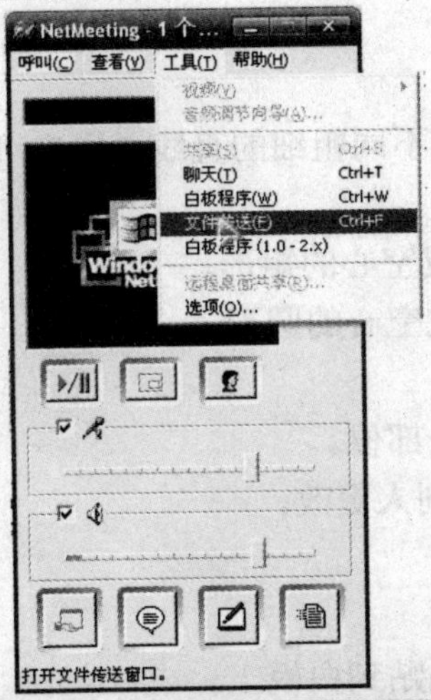

此时会弹出“文件传送”对话框。在此对话框中单击“发送”按钮即可发送文件。

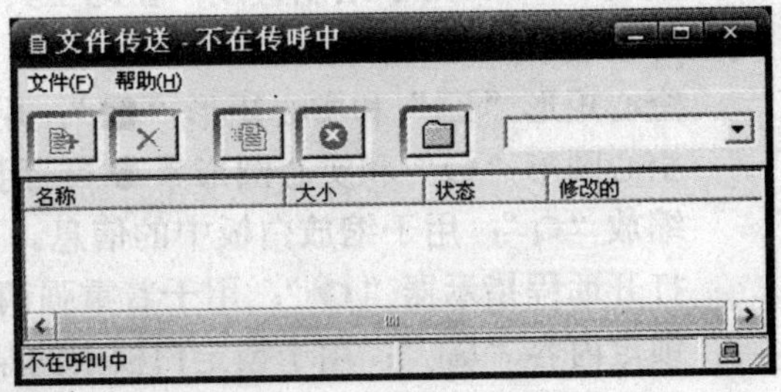

6.4.6 使用白板程序

单击 NetMeeting 界面中的“白板”按钮，会弹出“白板程序”窗口。此窗口中由菜单栏、工具栏、白板区和状态栏组成。

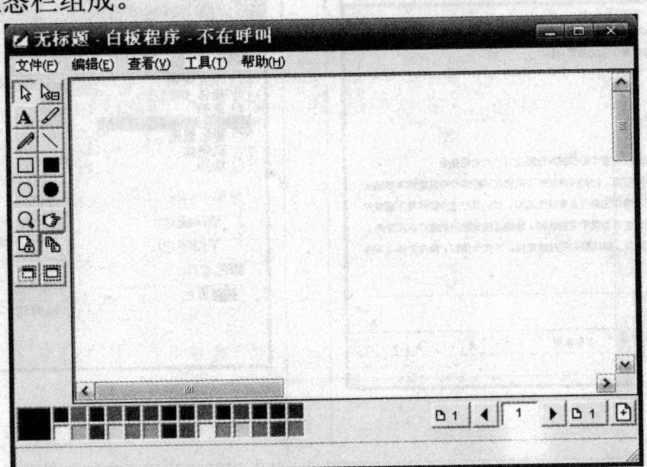

在此窗口中输入内容后，可使用窗口中的工具按钮对其进行编辑。此窗口中各工具按钮的含义如下。

文字按钮“A”：用于在程序中输入汉字，单击此按钮后，在窗口底部会弹出“字体选项”按钮，使用此按钮可设置字体格式。

荧光笔“”和画笔“”：用于写字和绘画。

直线“”：用于绘制直线，在此工具栏下方会显示不同粗细的直线，用户可单击这些直线进行绘制。

空心矩形“□”和实心矩形“■”：用于绘制实心或空心的矩形。

空心圆形“○”和实心圆形“●”：用于绘制实心或空心的圆形。

缩放“”：用于缩放白板中的信息。

打开远程指示器“”：用于着重强调白板中的某个部位。

锁定内容“”：用于锁定白板中的某些内容不被别人更改。

同步“”：用于创建一个新的窗口。

选定区域“”：用于捕捉窗口中的某个区域。

选定窗口“”：用于捕捉当前窗口，并可将窗口粘贴到白板上。

在此屏幕的底部还设置了页码，在进行会议时，可阅读不同页中的内容。

打开“白板程序”窗口，并单击工具栏上的“文字”按钮，然后在白板区域输入会议内容。

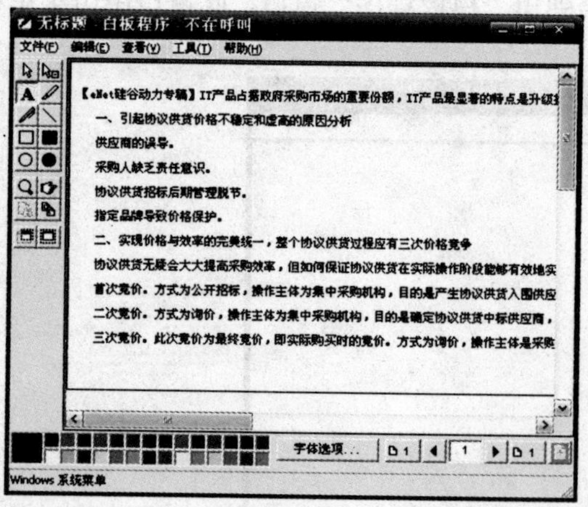

在白板中如果觉得字体样式及大小都不合适，可单击窗口底部的“字体选项”按钮。此时，会弹出“字体”对话框。

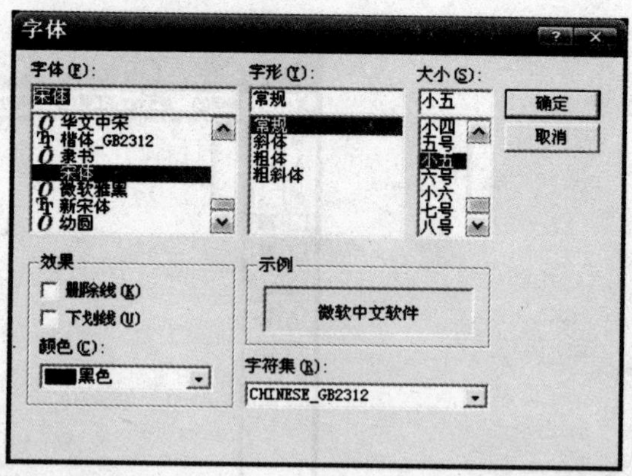

在“字体”对话框中，根据需要设置其字体、字形、大小和颜色参数，然后单击“确定”按钮。

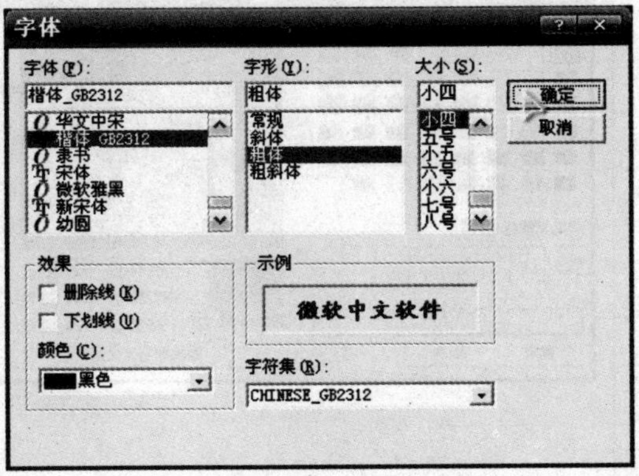

单击“确定”按钮后，效果如下图所示。

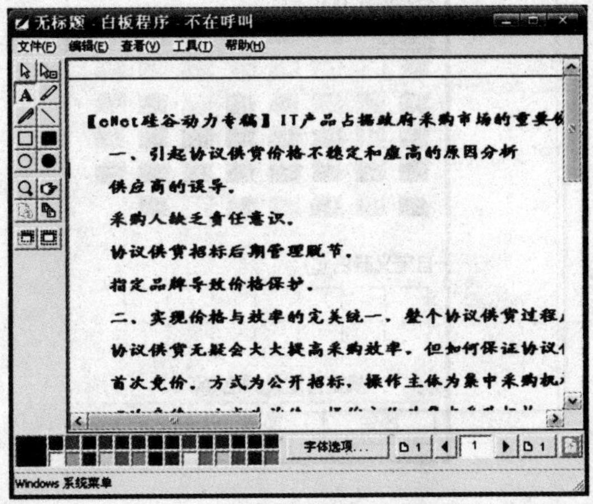

如果要在白板中绘制图形，可单击工具栏上的形状按钮。如绘制一个空心矩形，先单击工具栏上的“空心矩形”按钮。

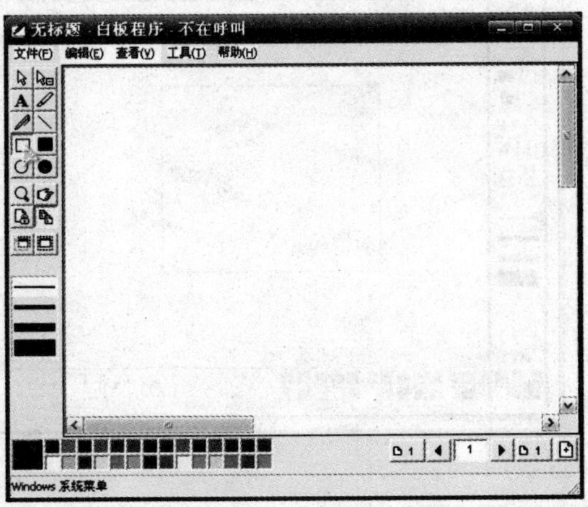

如果想更改图形的颜色，可将鼠标移到窗口底部的颜色盒，选择所需的颜色，如果这些颜色都不合意，可将鼠标指向任一颜色，双击左键。

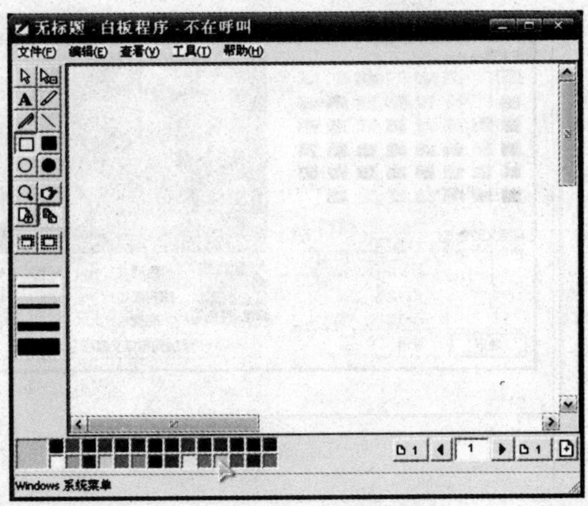

此时会弹出如下图所示的“颜色”对话框。

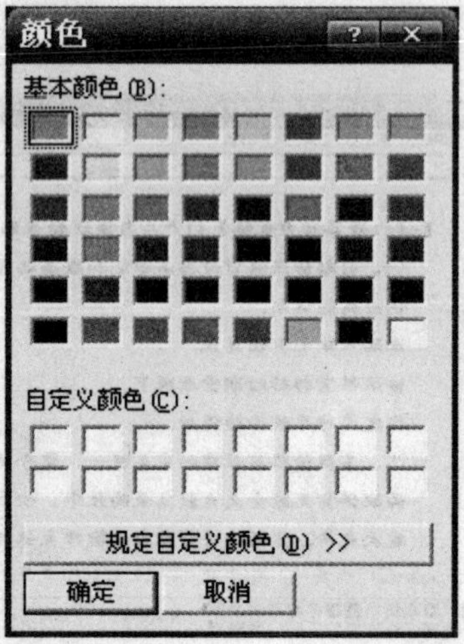

在此对话框中单击“规定自定义颜色”按钮，会在右侧弹出自定义颜色框。

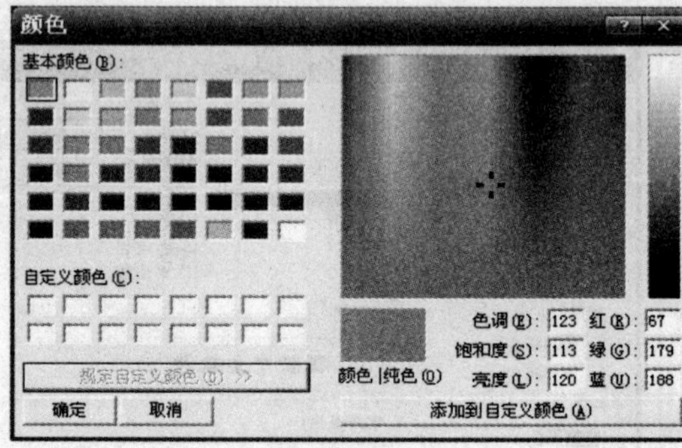

在自定义颜色框中拖动拾色器可选择所需颜色，用户也可在下面的色调框中输入数值调整色调。在拖动拾色器时，下面色调中的数值也会相应地发生变化。

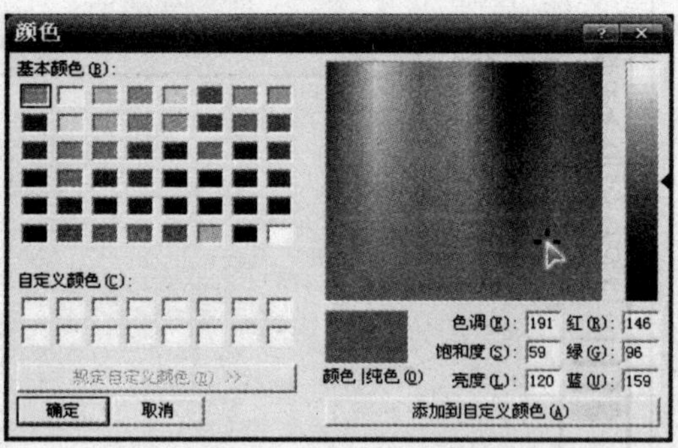

10 单击“确定”按钮后，即可在白板区域中绘制空心矩形。

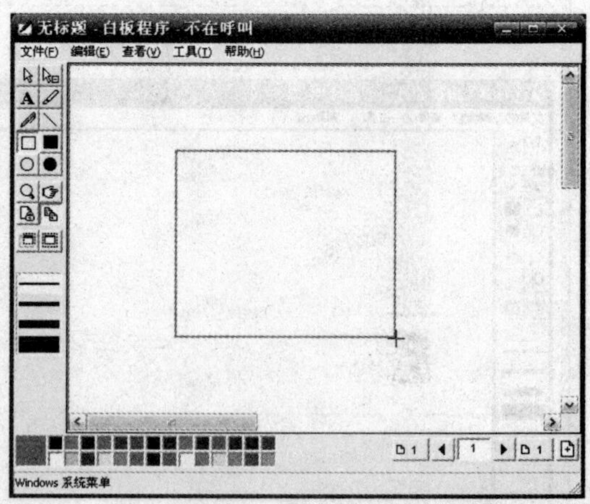

电脑即学即用

教你学电脑

第7章 网上娱乐

本 章 要 点:

- 网上聊天
- BBS
- 网上多媒体
- 网上游戏

电脑博士,使用 Internet 可进行哪些娱乐活动?

小丽,使用 Internet 可进行网上聊天,如进入聊天室、使用 BBS 等,此外,还可进行网上游戏、网上多媒体等娱乐。

7.1 网上聊天

网上聊天是指不使用聊天工具就能与来自五湖四海的用户进行聊天。在网上聊天的用户主要通过某一主题而聚在一起进行聊天。网上聊天主要包括有：进入聊天室、论坛和BBS等。

7.1.1 聊天室

什么是聊天室？

聊天室是用户用来谈论某个话题而虚拟的一个空间。

聊天室是一个虚拟的世界，在聊天室上网的人来自社会各阶层，各个国家。来自各地的用户只需登录一个聊天室房间即可进行交谈。常见的一些聊天话题有：体育、政治、新闻、娱乐等。

聊天室开始是文字型的环境，可使人们相互沟通。现在，聊天室已扩大到包括声音和影像以及三维头像等。科技人员总是在网络上创造与现实生活相同的一面，如用户可在网络上创建自己的家园、买卖物品等，使人们不得不赞叹网络世界的奇妙和美好。

在使用聊天室进行聊天时，用户必须先注册一个用户名代表自己，然后再进入自己感兴趣的房间，即可进行聊天。下面就以进入视频、语音、3D聊天室为例，简单介绍聊天室的使用方法。

• 用户注册

1 启动IE浏览器，在地址栏中输入“聊天室”进行搜索，其搜索结果如下图所示。

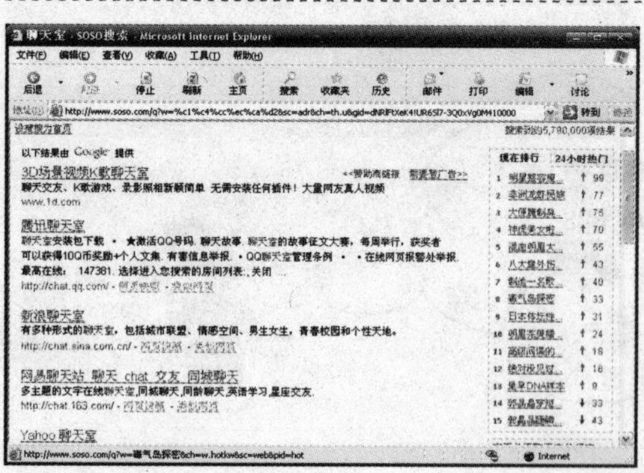

2 在搜索结果中单击“3D场景视频K歌”文字链接，即可打开聊天室首页。

3 在此页面中，单击页面上方的“用户注册登录”按钮。

4 在弹出的页面中单击“我要注册”按钮。

5 此时会弹出“注册新用户”对话框，在此对话中填入相应的信息后，单击“同意条款并马上注册”按钮。

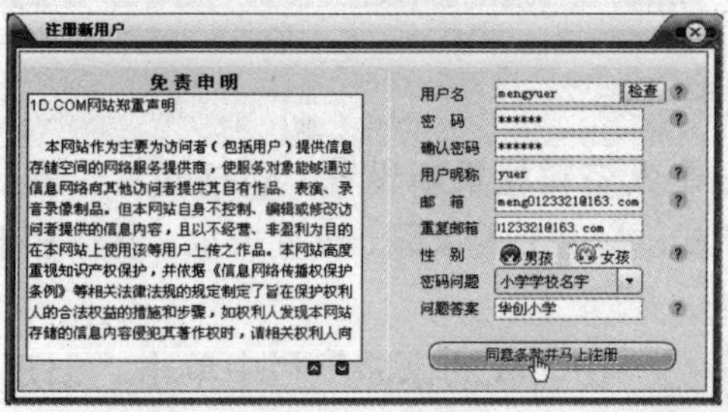

6 此时会弹出注册成功的系统提示框。

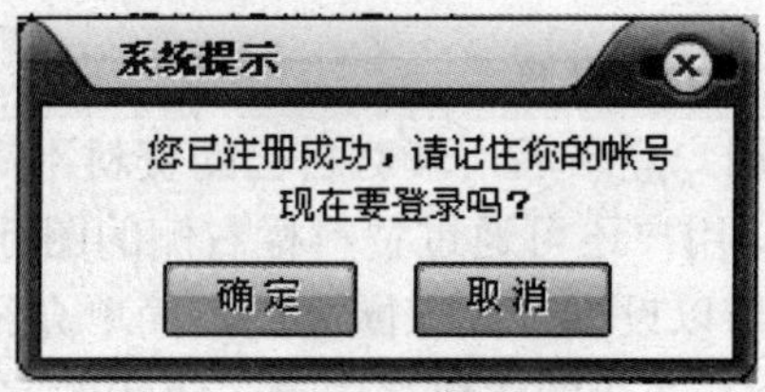
系统提示
您已注册成功，请记住你的帐号
现在要登录吗？
确定
取消

7 在系统提示框中单击“确定”按钮后，即可登录首页。

8 在此页面中的“房间列表”中选择一个房间。

9 单击此房间后，即可进入此房间，如果房间中人员太多，因为所有用户的服饰、头像都很相似，因此很难辨认自己在房间的什么位置，此时单击页面底部的“显示昵称”按钮，可将房间中所有人员的昵称显示出来。

10 如果要移动自己的位置，可将鼠标移动到目标位置，当在鼠标旁出现一个不断闪烁的箭头时，单击左键，即可移动到此位置。

• 个人设置

用户登录后，若对自己的资料不满意，可通过个人资料栏重新设置，包括昵称、密码等。此外，用户还可通过资料栏右侧的图标按钮添加好友、设置个人家园、设置形象、制作相册等，本小节以设置个人家园为例，简单介绍其设置方法。

1 在我的资料栏中单击“我的家园”图标按钮。

2 在“我的家园”栏中单击“创建新房间”按钮，此时会弹出“创建新房间”对话框。

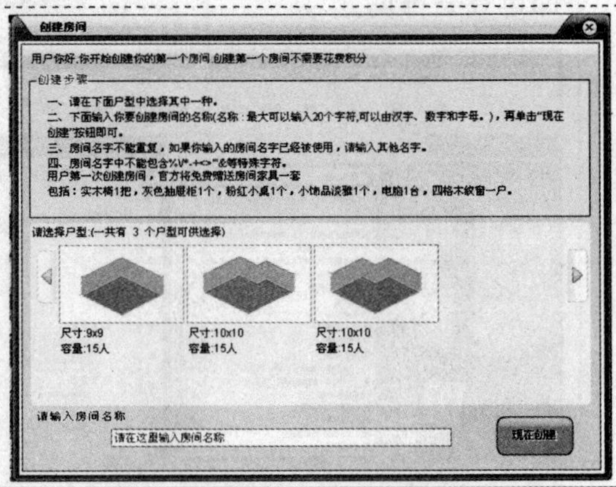

3 在此对话框中根据提供的步骤，先选择家园户型，再在下面的输入框中输入家园名称。

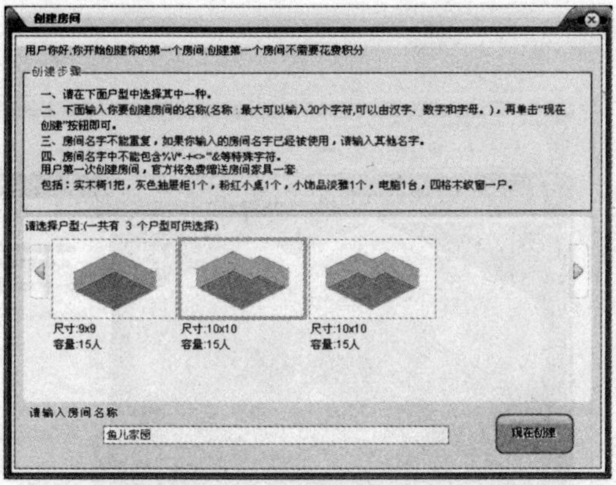
创建房间
用户你好,你开始创建你的第一个房间,创建第一个房间不需要花费积分
创建步骤
一、请在下面户型中选择其中一种。
二、下面输入你要创建房间的名称(名称：最大可以输入20个字符,可以由汉字、数字和字母。)，再单击"现在创建"按钮即可。
三、房间名字不能重复，如果你输入的房间名字已经被使用，请输入其他名字。
四、房间名字中不能包含%\/*-+<>"&等特殊字符。
用户第一次创建房间，官方将免费赠送房间家具一套
包括：实木椅1把，灰色抽屉柜1个，粉红小桌1个，小饰品淡雅1个，电脑1台，四格木纹窗一户。
请选择户型:(一共有 3 个户型可供选择)
尺寸:9x9
容量:15人
尺寸:10x10
容量:15人
尺寸:10x10
容量:15人
请输入房间名称
鱼儿家园
现在创建

4 单击“现在创建”按钮，会弹出“系统提示”框。

系统提示
创建房间成功!
确定

5 单击“确定”按钮后，在“我的家园”框中即可在“我的房产”列表中出现刚才创建的家园，然后用鼠标单击此家园图标。

6 进入家园后，因为没有购买任何家具，因此家园只有模型。

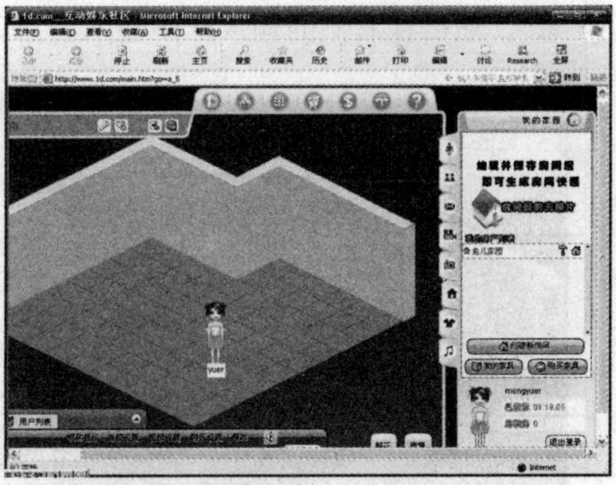

7　在“我的家园”框中单击“购买家具”按钮，会弹出“社区商城”对话框。

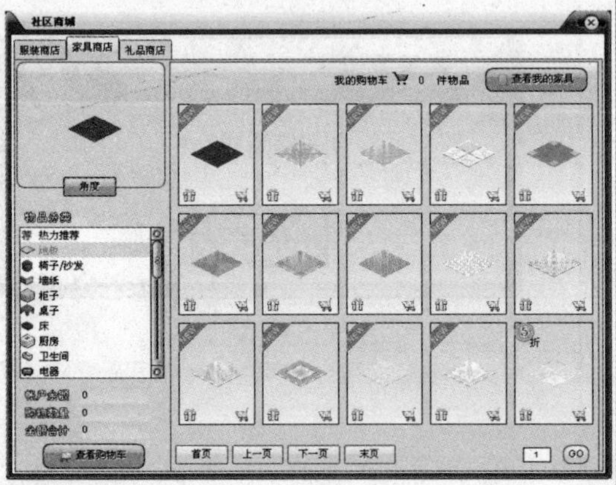

8　在此对话框中单击左上角的分类目录，还可购买服装、礼品等商品。如果用户要购买这些商品，必须先购买积分，购买积分只需在首页中单击“充值续费”按钮即可按提示一步一步的操作。

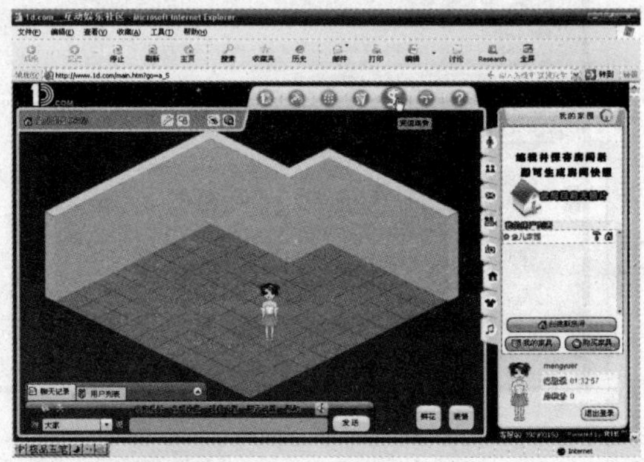

• 聊 天

1　用户进入房间后，即可进行聊天，此时聊天的对象可以是房间中的所有人，也可是某个人。如在页面的聊天栏中选择“大家”，然后在右侧的输入框中输入消息。

2　然后单击“发送”按钮，此消息即可在用户的头像旁出现。

3 如果要对房间中某个用户聊天，只需在此页面中单击“用户列表”按钮，会弹出房间中所有用户的列表，然后单击此用户。

4 此时“聊天”框中的“大家”即变成了刚才在列表中所选用户的昵称，然后在右侧的输入框中输入消息，再单击发送按钮，即可发送消息。

5 在此页面中单击“聊天”框中的“音频设置”，会弹出设置框，在此可设置麦克风音量。

6 在此页面中单击“聊天”框中的“视频设置”，可设置视频选项，但如果用户没连接视频设置，则会弹出提示框。

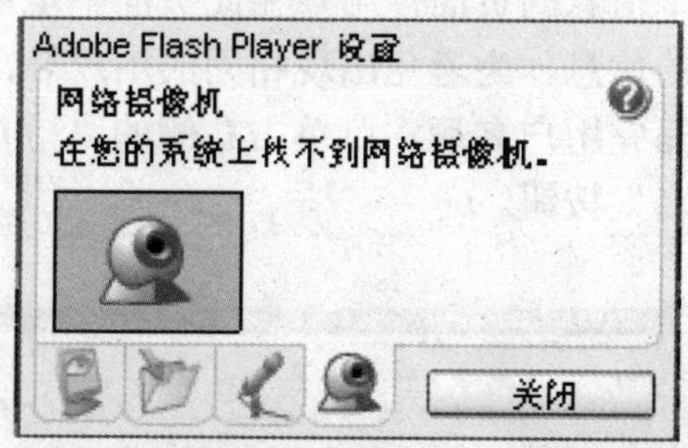

7.1.2 论坛

论坛是通过发帖和回帖两种方式进行交流的，往往是由楼主先发一张帖子，在此注册登录的用户看到帖子后，可任意地发表自己的看法。

1 打开“西线风景”网页的首页。

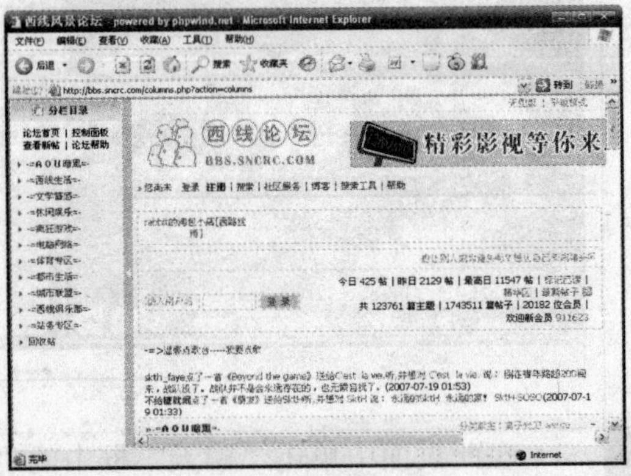

2 在此网页中单击“注册”文字链接，会弹出注册协议页面，在此页面中拖动右侧的垂直滚动条查看其注册协议，如果同意此协议，则单击“同意”按钮。

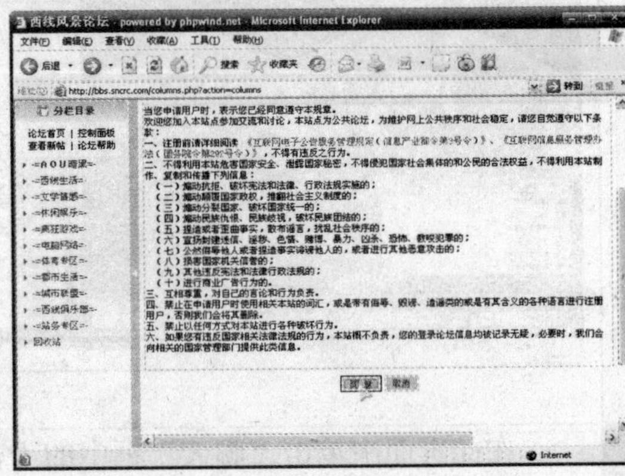

3 同意注册协议后，会弹出填写个人基本信息的页面，用户在此页面中填写相应的信息。为避免出现相同的用户名，在填写完用户名后，可单击右侧的“检查用户名”按钮。

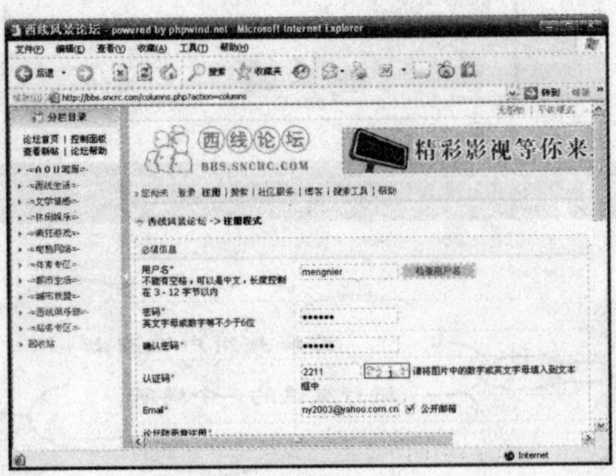

4 填写完信息后，单击“提交”按钮，即可弹出登录成功的页面。

在此页面中拖动垂直滚动条，并选择自己感兴趣的话题。在选择话题时，只需单击此文字链接即可，单击“校园焦点”文字链接即可进入此论坛。

进入“校园焦点”论坛后，再选择此论坛中感兴趣的话题，单击“如何教育好孩子”链接，即可进入此话题。

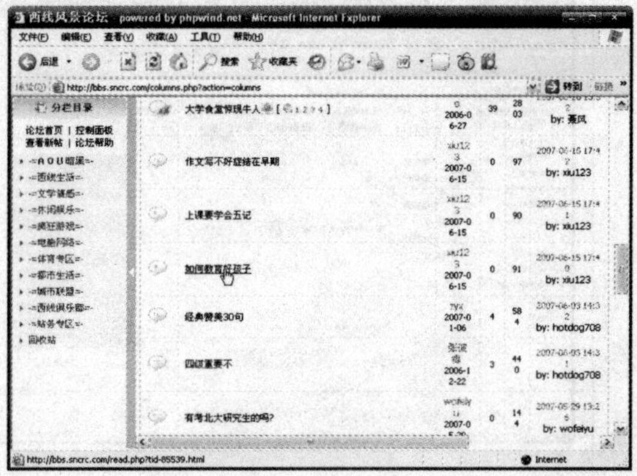

进入“如何教育好孩子”这个主题页面后，可看到楼主发出的发帖子及楼主的个人信息如级别、注册时间、最后登录时间、在线时间、发帖时间等。

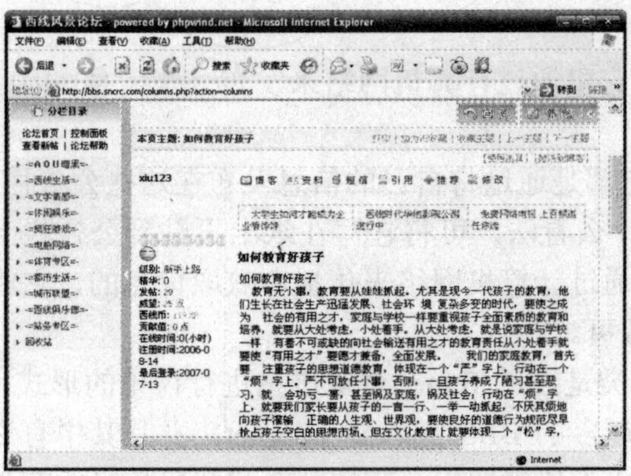

拖动滚动条，在此页面下边有一个文本输入框，此文本输入框即是用于用户发帖的，用户可在此框中输入自己的感想或看法。对于其他的一些论坛在回帖时还可输入表情、设置字体颜色、字号、字形等。

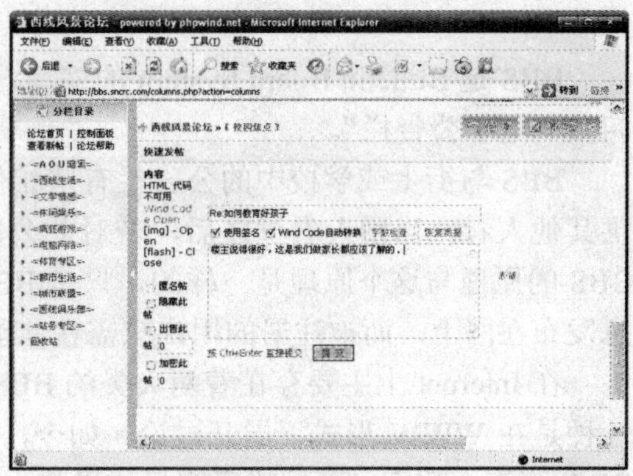

9 输入完文本后，即可单击“提交”按钮提交帖子。

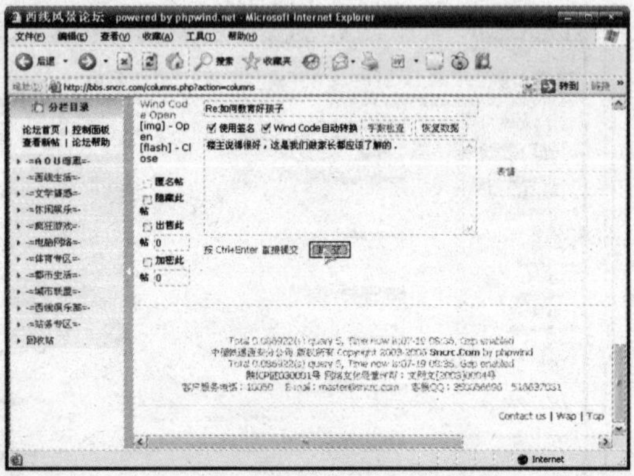

10 提交帖子后，会弹出此用户没有通过管理员验证的提示，因此刚才所写的帖子还不能发出，等到管理者对其身份进行验证后，即可发送帖子。

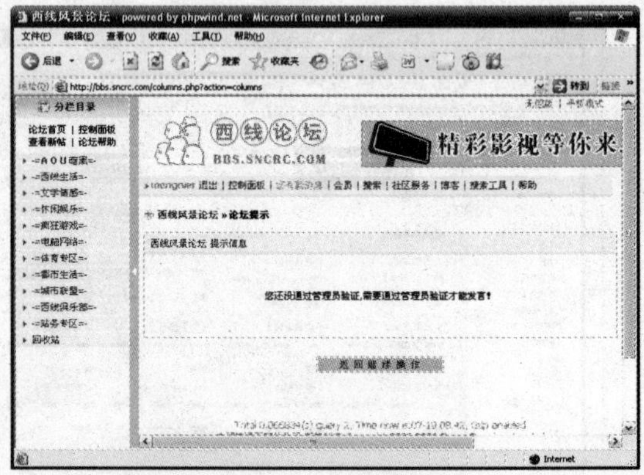

7.1.3 BBS

BBS 有什么作用？
用户使用 BBS 可对某个问题发表自己的观点，或提出自己的疑难问题，由网上的其他用户代为回答。

BBS 是 Bulletin Board System 的缩写，因为它可通过计算机网络来发布一些信息，因此也叫做“电子公告栏”。

BBS 与街上或学校中的公告栏有些相似，它都是通过将自己的信息发布在这些公告栏上，供其他人看，当别人看过之后，若对此公告有什么看法，可将它写在纸上再贴到公告栏上。BBS 的原理与这个原理是一样的，只是 BBS 是通过计算机网络来传播和获取信息的，它将信息发布在网上，而被注册的用户只需在此留言即可。

在 Internet 上主要存在着两大类的 BBS：一类是通过 Telnet 登录进站进行讨论的形式，另一种是在 WWW 形式下展开讨论。如今，越来越多的 BBS 加入到 Internet，并且其中有许多 BBS 直接由政府、高校或研究机构操作，已经成为传播知识、交流社会和科研信息的有效基础。

1 以下打开的是“丝绸之路”的 BBS 站点首页。

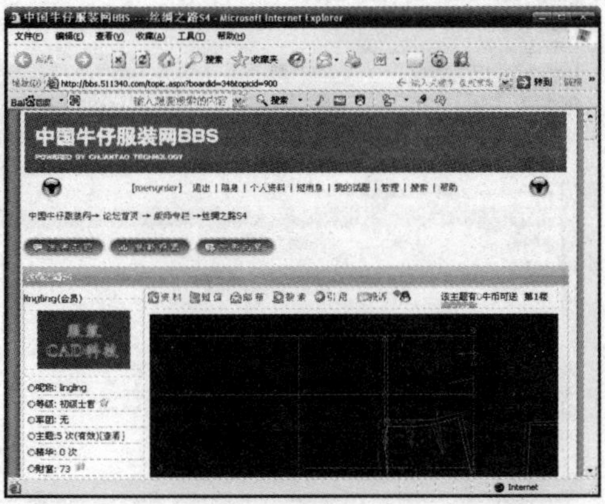

2 在此页面中单击“注册新会员”文字链接。

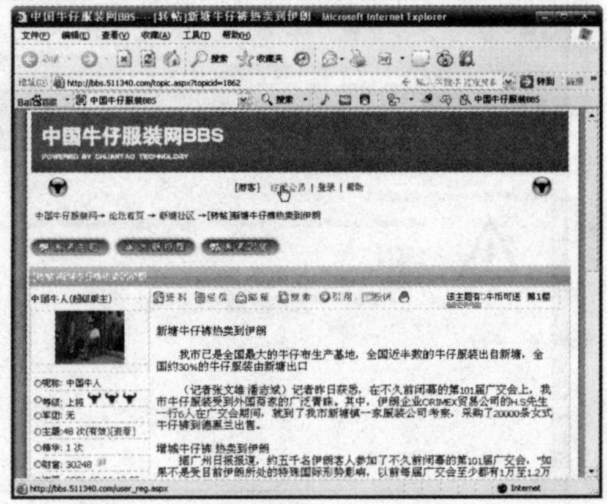

3 仔细阅读其注册条款，然后单击“同意”按钮，继续注册。如果单击“不同意”按钮，则会返回上一页面，停止注册。

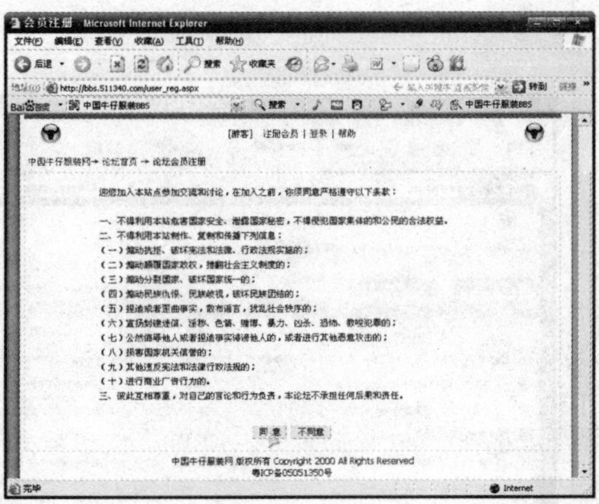

4 在弹出的填写信息页面中输入相应的个人信息，然后单击“注册”按钮。

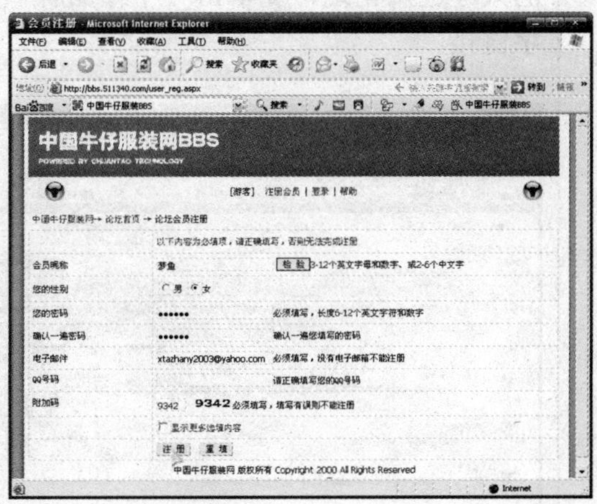

如果注册成功，则会弹出提示信息，用户等待 3 秒后，自动跳转到下一个页面。

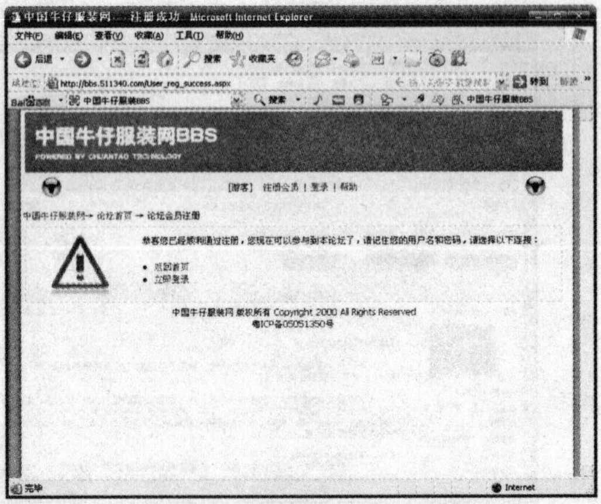

6 在登录页面中输入自己的“用户名”和密码，然后单击“登录”按钮。

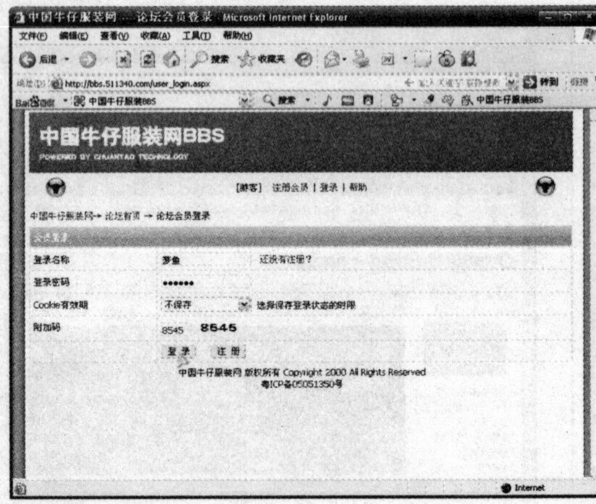

7 用户登录后，会在弹出的页面中显示其用户名、个人资料等信息，如果单击这些文字链接，可更改相应的资料。在此页面中列出了多种关于牛仔的目录分类标题，如设计交流、牛仔面料等，可随用户的兴趣进入论坛，如单击“牛仔品牌”文字链接。

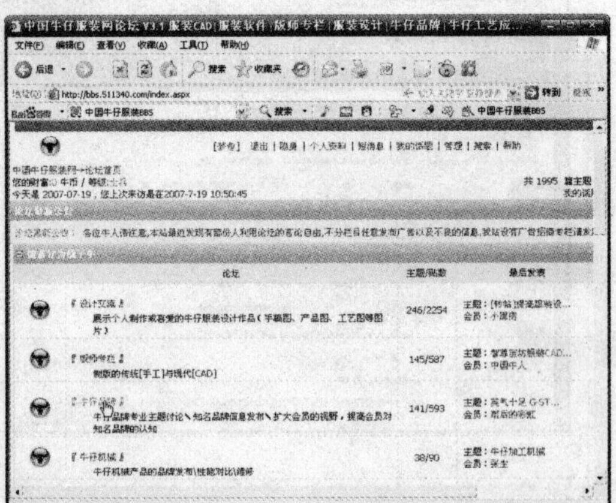

8 进入“牛仔品牌”页面后，可看到许多关于牛仔品牌的话题，用户同样可单击感兴趣的话题。

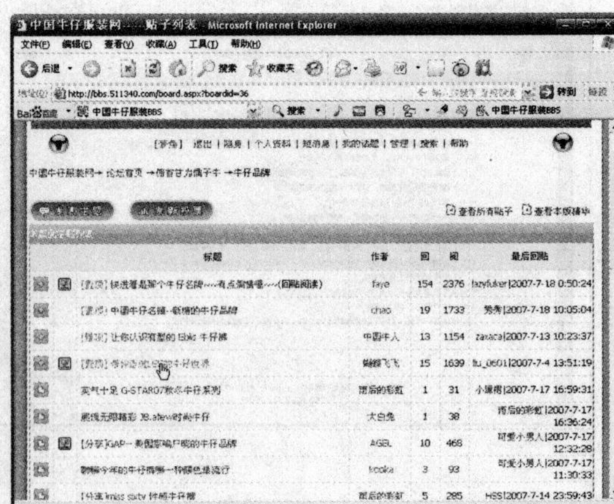

进入主题，即可看到发布的关于牛仔服装的图片和介绍，可帮助用户了解这方面的知识。

拖动鼠标到页面底部，这是发送帖子的区域，它与论坛的回帖方法相同，在文本输入框中输入文字。

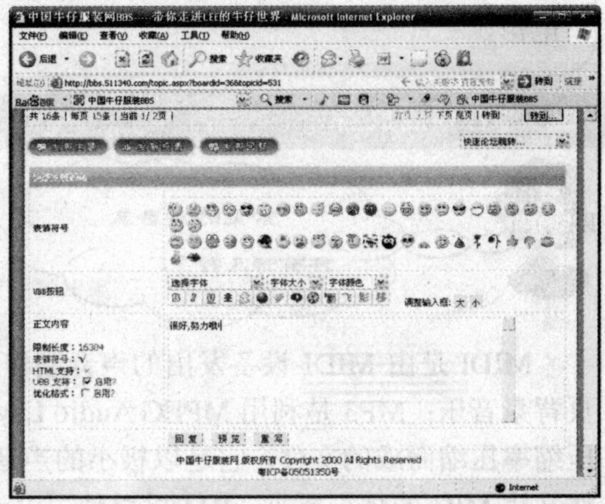

单击“回复”按钮后，如果回复成功，则会弹出提示回复成功的网页。

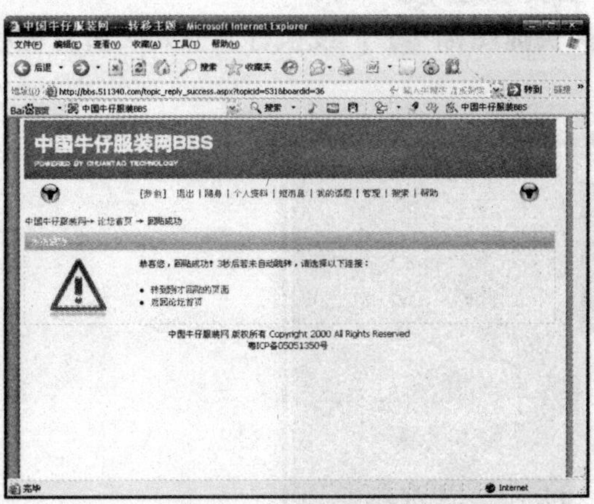

用户等待 3 秒后，会自动跳转到刚才的页面，此时即可查看自己回的帖子了。如果回帖在当前页的下一页面，则要单击页面中的“下一页”，然后在弹出的下一个页面中查看。

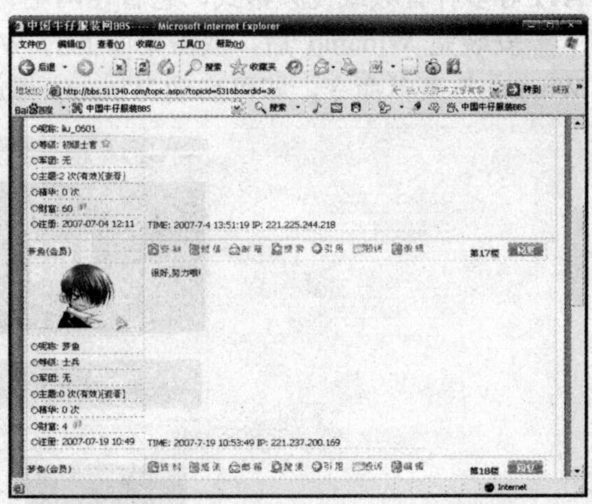

7.2 网上多媒体

随着网络技术的发展，网上的信息越来越丰富，音频和视频格式的文件也在不断增多。用户只需在计算机上安装声卡、音箱和多媒体播放器，即可在网上试听音乐、观看电视和电影。

7.2.1 音频播放器

常见的声音文件有哪几种？
常见的声音文件有MIDI、MP3和RM三种。

MIDI是由MIDI设备发出的声音制作而成的，此类格式的文件比较小，一般用于制作网页背景音乐；MP3是利用MPEG Audio Layer3的技术，将实际声音采样得到的数据以1:10的压缩率压缩而成的文件，它是以极小的声音失真来换取高压缩比；在同等音质下，RM声音文件又比MP3的体积要小，RM可以使用Realplayer在网上进行实时播放，基于这个优势，RM在互联网上越来越流行。

由于文件类型不同，因此播放的工具也不相同。目前比较流行的音频播放器有Winamp、千千静听、爱博MP3音频录音机、酷我音乐盒等。下面以Winamp和酷我音乐盒为例进行介绍。

• Winamp播放器

Winamp是一个非常著名的高保真音乐播放器，它可支持MP2、MP3、MOD、CD-Audio、AVI等多种音频或视频格式，它曾在网吧、办公室及家庭风靡一时。

安装完Winamp后，双击桌面上的Winamp快捷图标，或执行“开始/所有程序/Winamp”菜单命令，即可启动Winamp播放器。

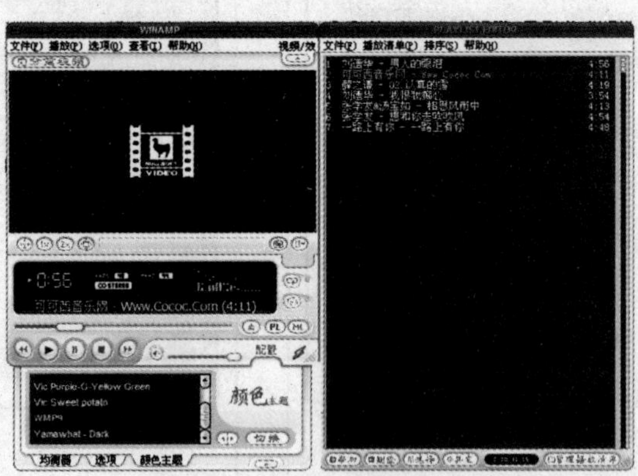

在 Winamp 界面中展开“配置屉”，在“配置屉”中包含有“均衡器”、“选项”和“颜色主题”三个选项卡，单击这些选项卡，即可进入相应的面板中进行操作。如进入“均衡器”面板中执行“选项 / 外观界面 / 内置外观”菜单命令，即可切换 Winamp 播放器到“内置外观”。

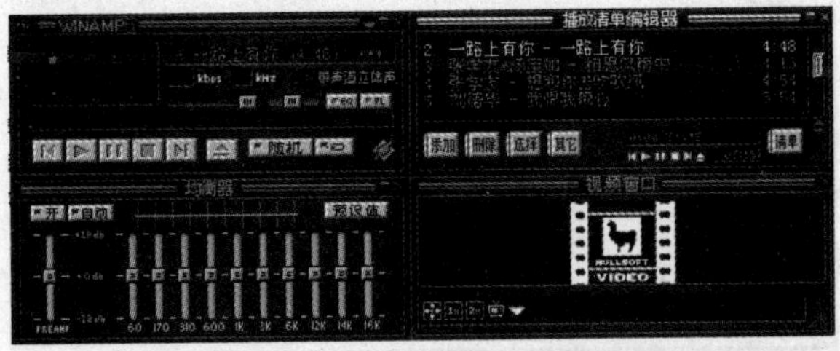

用户从 Winamp 播放器界面中可看出，它是由“WINAMP5 主窗口”、“均衡器”、“播放清单编辑器”和“视频窗口”组成。但实际上，Winamp 播放器还包括有“媒体库”、“电台信息”和“VID4MA”等多个窗口。要显示这些窗口，可将鼠标指向“主窗口”的空白区域单击右键，在弹出的菜单中选择需要显示的窗口，如下图（左）单击“媒体库”，即可弹出如下图（右）所示的窗口。

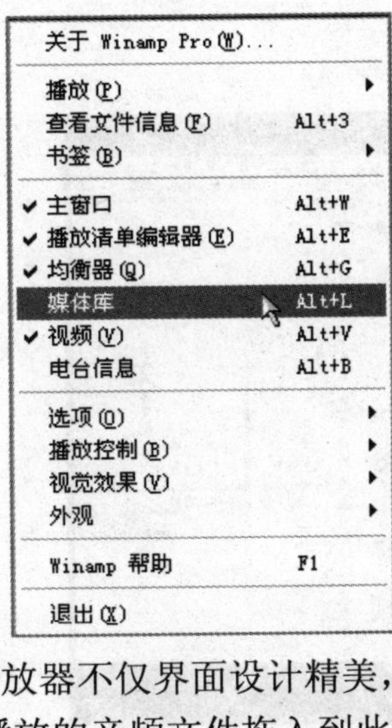

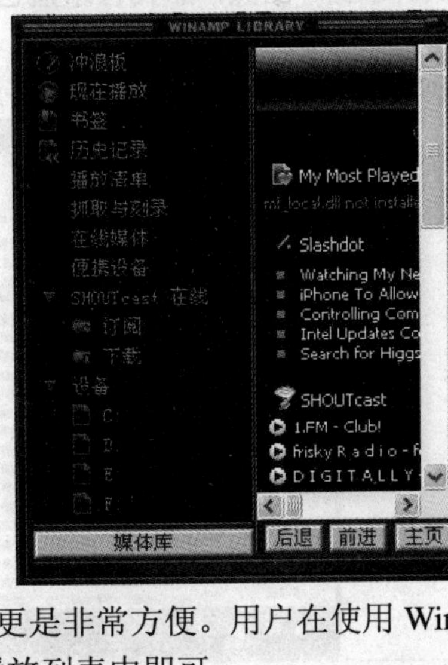

Winamp 播放器不仅界面设计精美，使用起来更是非常方便。用户在使用 Winamp 播放器时，只需将要播放的音频文件拖入到此播放器的播放列表中即可。

1 启动 Winamp，执行“文件 / 播放文件”菜单命令，会弹出“打开媒体文件”对话框，在该对话框中选择需播放的一个或多个文件。

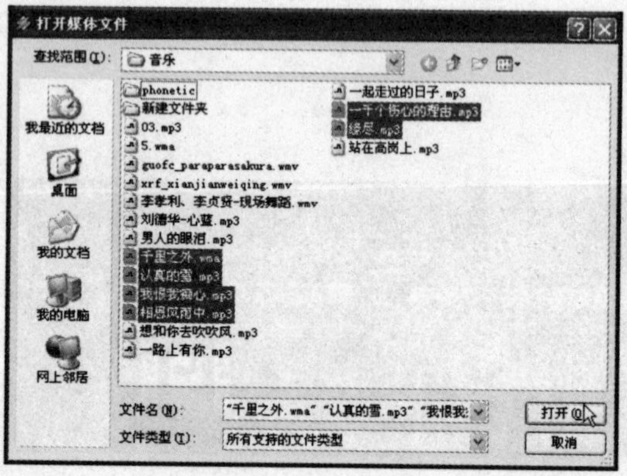

2 在“打开媒体文件”对话框中，单击“打开”按钮，即可将所选择的文件添加到“播放清单编辑器”中，同时，Winamp会自动依次播放被添加进列表中的文件。

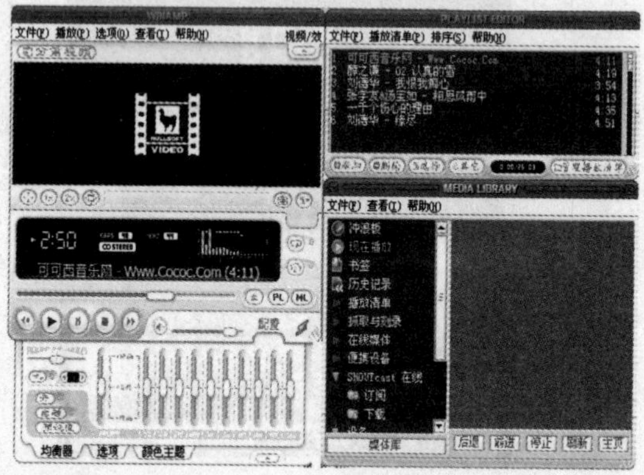

• 酷我音乐盒

酷我音乐盒作为一种音频播放器，目前在网络上广泛使用，它不仅容易操作而且功能齐全。酷我音乐盒是依赖于网络的，它不同于 Winamp 或千千静听，要播放歌曲还得先将歌曲下载到计算机上，再将音频文件添加到播放器中才能进行播放，而它只需连接上网络即可搜索音乐资源，并试听歌曲。当然，酷我音乐盒也支持下载功能，且只要是听过一遍的歌，在断网的情况下仍然可以进行试听。

启动酷我音乐盒后，其界面如下图所示。

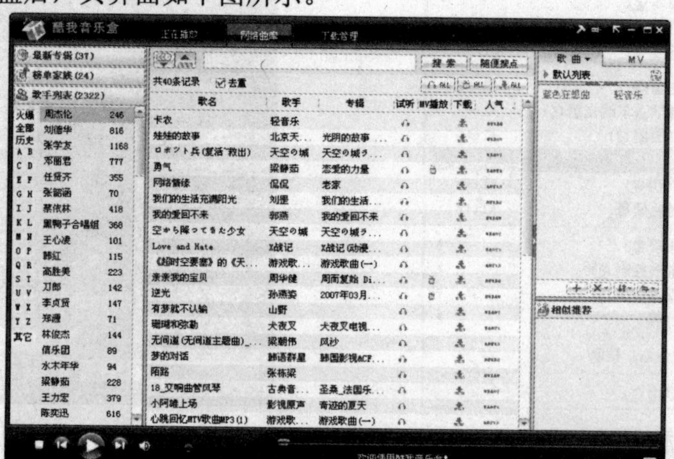

从上图中可看出，酷我音乐盒具有播放、搜索和下载三个功能，下面就以这三个功能为例，进行简单介绍。

启动酷我音乐盒后，单击“网络曲库”按钮，然后在搜索栏中输入歌曲名“笑红尘”。

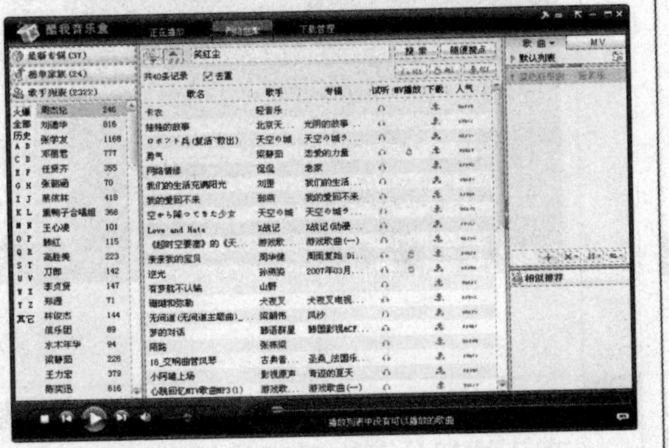

单击输入栏右侧的“搜索”按钮，即可在网络曲库中搜索这首歌曲，其结果会显示在下面的列表中。在此列表中显示了歌曲的名称、歌手、专辑名称、下载、试听及人气等信息。

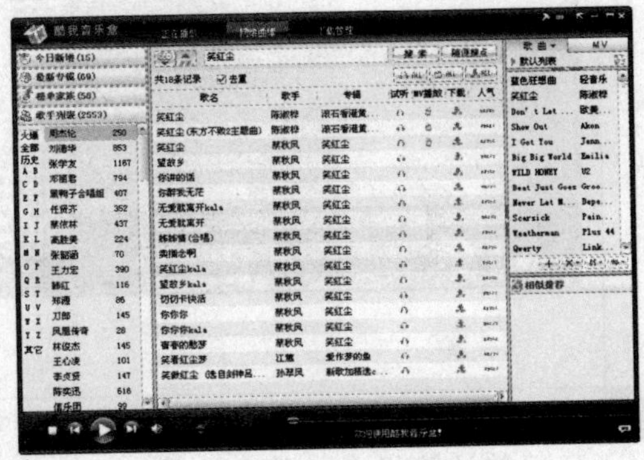

在此歌曲列表中选择要找的歌曲，然后单击列表中的“试听”按钮。

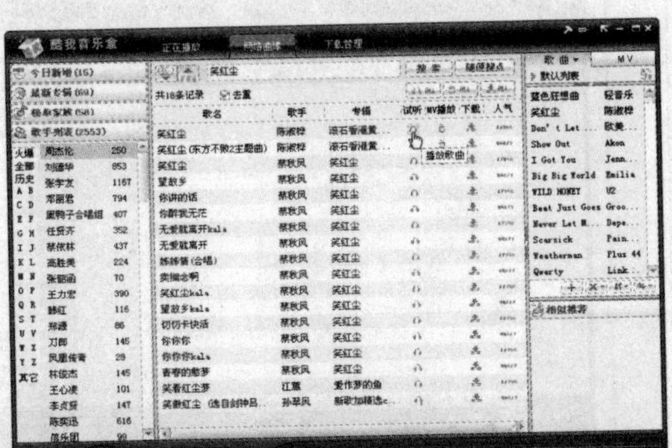

在“网络曲库”界面中单击“正在播放”按钮。

5 切换到"正在播放"界面中，如下图所示。在此界面中提供了三种切换模式，分别是歌词模式、本地图片和网络图库。在此单击"歌词模式"。

6 单击"歌词模式"后，其屏幕中将显示此歌曲的歌词。

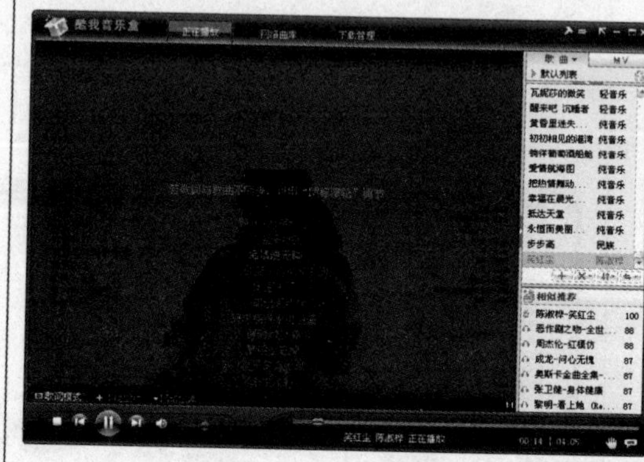

7 如果用户喜欢这首歌曲，还可下载到自己的计算机中，其方法是：返回到"网络曲库"界面中，在歌曲列表中单击"下载"按钮。

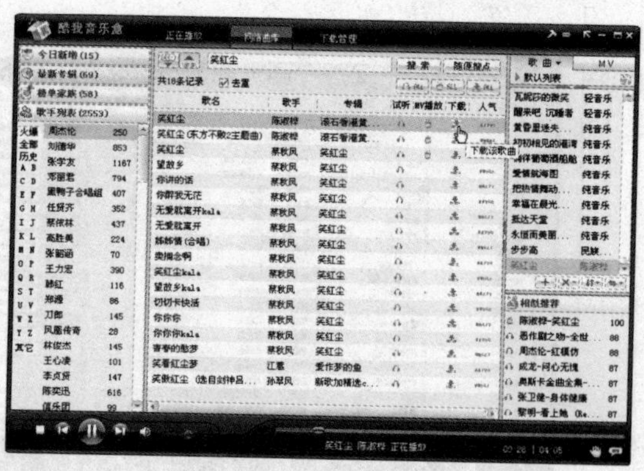

8 在"网络曲库"界面中单击"下载管理"按钮，可查看下载信息，如下载歌曲的名称、歌手、专辑、大小和下载速度等。

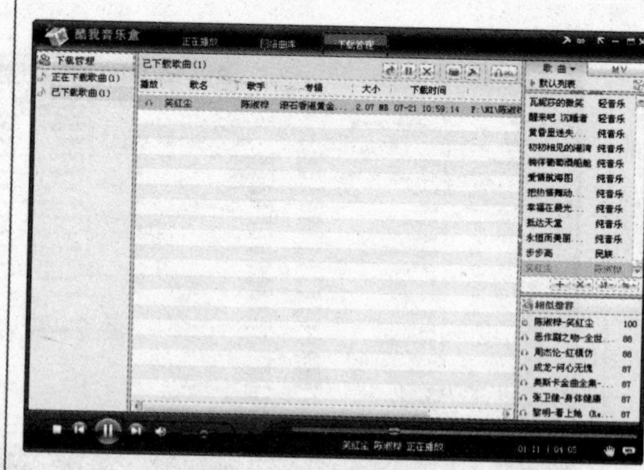

9 用鼠标指向歌曲下载列表，并单击右键盘，此时会弹出关于下载的快捷菜单，在此菜单中选择“设置下载路径”命令。

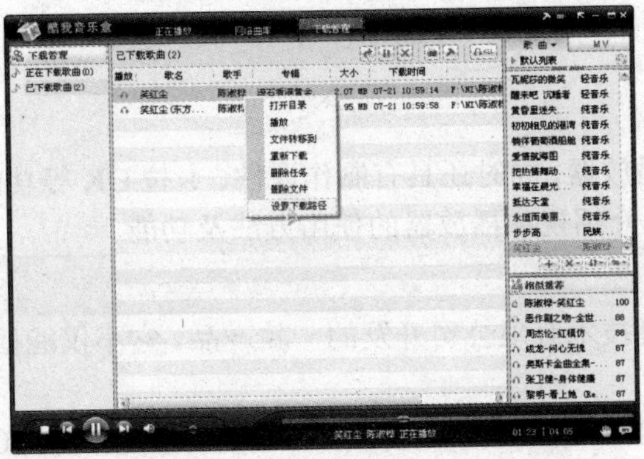

10 单击“设置下载路径”命令后，会弹出“系统设置”对话框，在此对话框中单击“浏览”按钮。

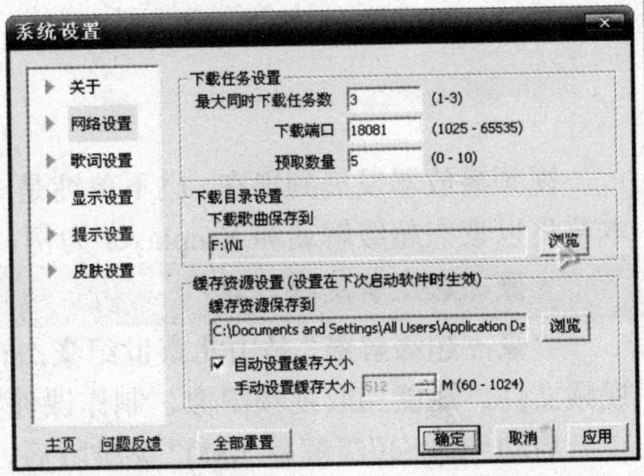

11 此时会弹出“浏览文件夹”对话框，在此对话框中选择文件的下载目录，然后再单击“确定”按钮。

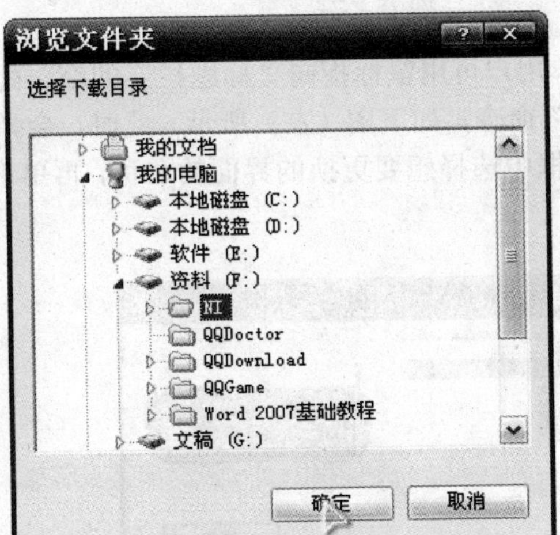

12 单击“确定”按钮后，会返回到“系统设置”对话框，此时，再单击“确定”按钮返回到“下载管理”界面，即可查看文件的下载速度。

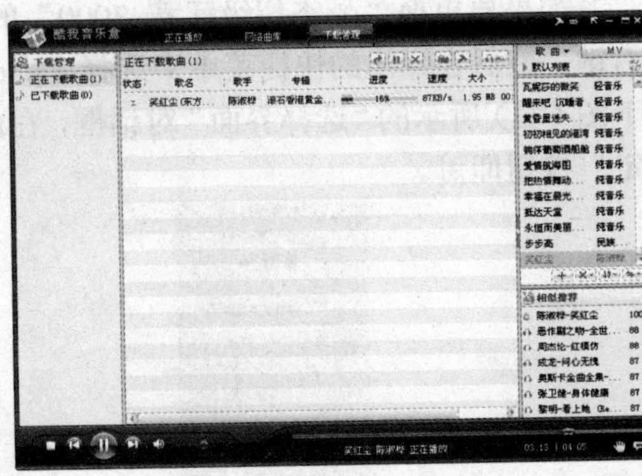

7.2.2 视频播放器

视频播放器发展到现在，已不单纯是一个播放器，同时还具有制作课件、卡拉 OK 等功能。本节将以豪杰超级解霸和 Kmplayer 为例，简单介绍视频播放器的使用方法及功能。

• 豪杰超级解霸播放器

“豪杰超级解霸”是由北京世纪豪杰计算机技术有限公司开发的一款产品。它不仅能播放视频文件，还能抓取视频图像、制作课件等。

启动“豪杰超级解霸 3000”英雄版后，会弹出如下图所示的界面。在“豪杰超级解霸 3000”中具有多个内置界面，下图的界面就是“豪杰超级解霸 3000”的多个内置界面之一：岁月年轮。

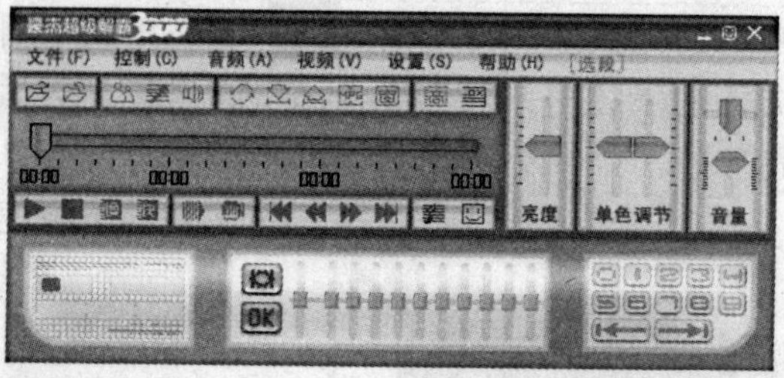

如果要更换“豪杰超级解霸 3000”的界面，用户可用鼠标指向“标题栏”的空白处单击右键，然后在弹出的快捷菜单中选择“更改界面”命令，如下图（左）所示。此时，会弹出如下图（右）所示的“选择界面”对话框，在此对话框中选择想要更换的界面的名称，再单击“确定”按钮即可。

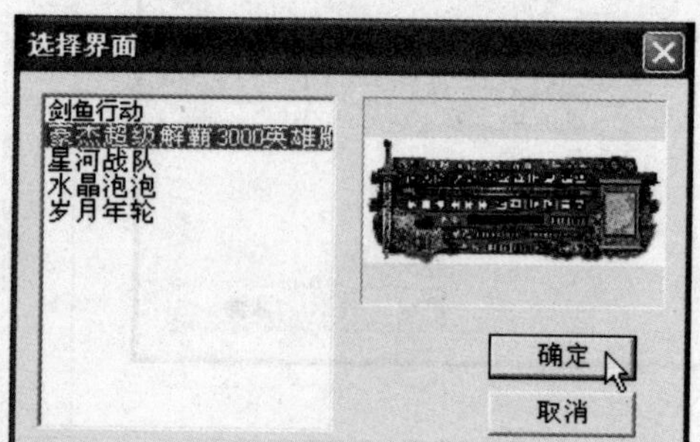

本节以“豪杰超级解霸 3000”的“播放视频”、“保存图像”和“录像”三个特点为例进行介绍。

1 启动“豪杰超级解霸 3000”，单击“文件”按钮，在弹出的菜单中单击“播放多个文件”命令，此时会弹出“打开视频文件”对话框，在此对话框中选择需要打开的文件。

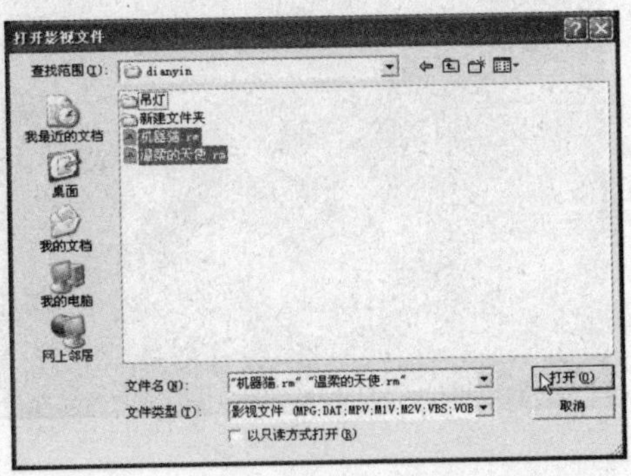

2 在此对话框中单击“打开”按钮，即可将选中的文件添加到“选段”中，同时，“豪杰超级解霸 3000”会自动播放“选段”中的第一个文件。

3 如果想播放“选段”中的另一个文件，可单击“选段”按钮，在弹出的列表中单击需播放的文件即可。

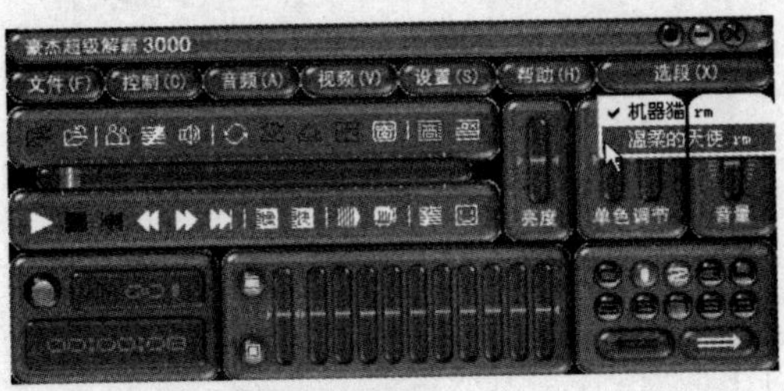

4 在播放视频时，如果觉得某个画面很好看，此时用户可单击“控制”按钮，在弹出的菜单中单击“保存当前图像”命令。

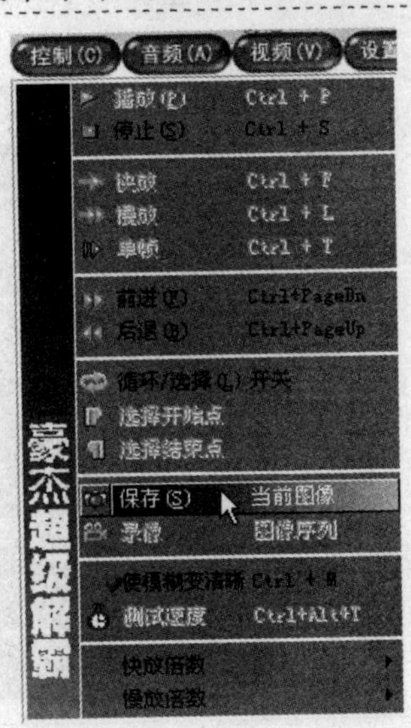

此时“豪杰超级解霸 3000”会立即保存视频中当前的图像，并弹出“保存图像”对话框，在此对话框中输入文件名后，再选择保存文件的格式及路径，最后单击“保存”按钮，即可完成当前图像的保存。

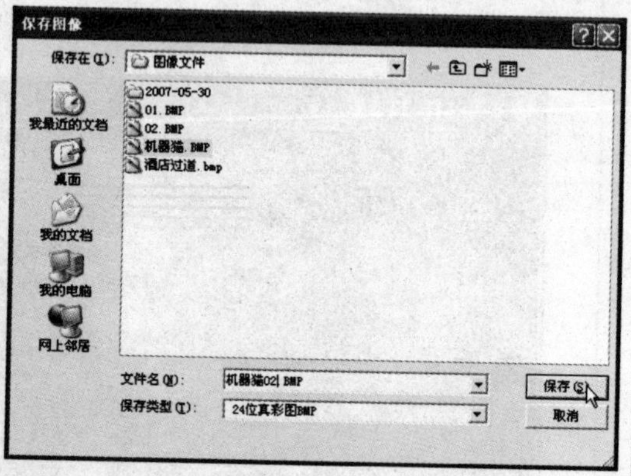

打开刚才保存的“机器猫 02”文件，即可浏览图片。

如果当前正在播放文件，可单击“停止”按钮和“控制”按钮，并在弹出的菜单中单击“录像 图像序列”命令。

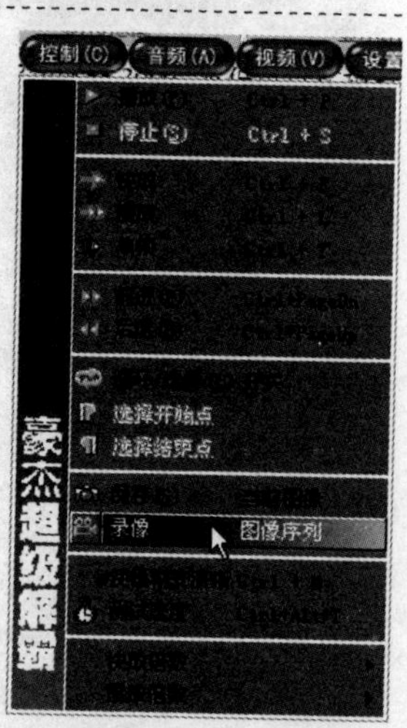

在弹出的“保存图像”对话框中命名文件，再单击“保存”按钮，即可保存当前图像。然后重复这两步操作，即可完成录像操作。

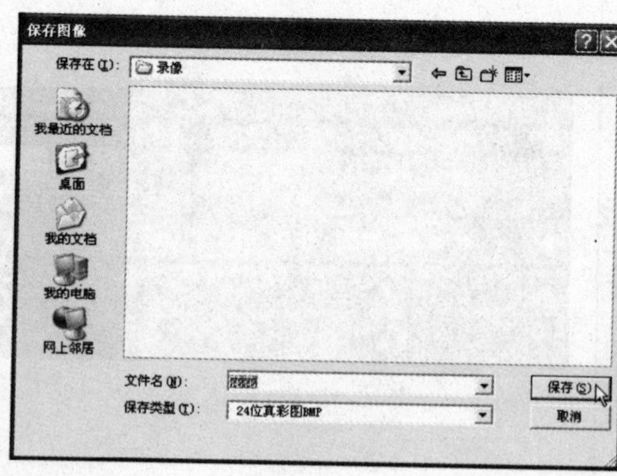

- **Kmplayer 视频播放器**

Kmplayer 是当前最为流行的一款视频播放器，与其他视频播放器相比，它占用的系统资源更少。Kmplayer 的整个界面只有一个窗口，如下图所示。Kmplayer 在整个界面中取消了传统的“菜单栏”和“工具栏”，因而显得比较简洁。

Kmplayer 的界面也可进行更换，其方法是：在界面中单击右键，并在弹出的快捷菜单中单击“外观”命令，此时会展开如下图所示的子菜单。在这些子菜单中，即可选择不同的外观。

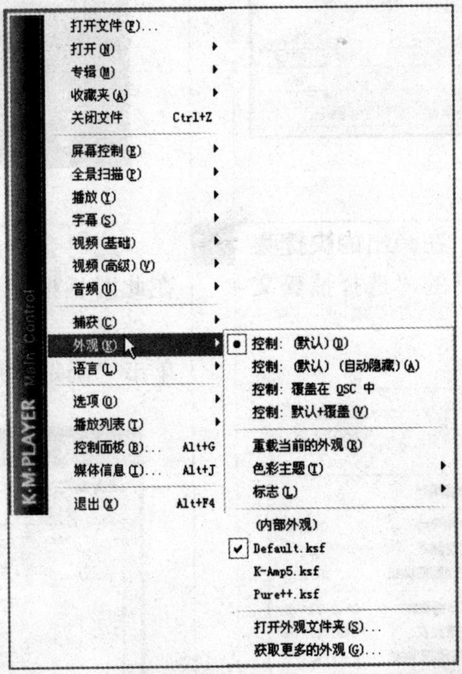

虽然 Kmplayer 的界面很简洁，但功能却很全面。Kmplayer 支持所有的音频和视频格式，同时还具有强大的“捕获”功能，不但能够捕获视频图像，还可以捕获音频片段，最有特色的是：在 Kmplayer 播放器中还可以去掉视频或音频中人的声音、添加字幕等。

本节就以“捕获视频片段”和“添加字幕”为例介绍 Kmplayer 视频播放器的功能和使用方法。

1 启动 Kmplayer，弹出其界面，在界面中右击，弹出菜单，单击“打开文件”命令，弹出“打开文件”对话框，在此对话框中选择一个视频文件。

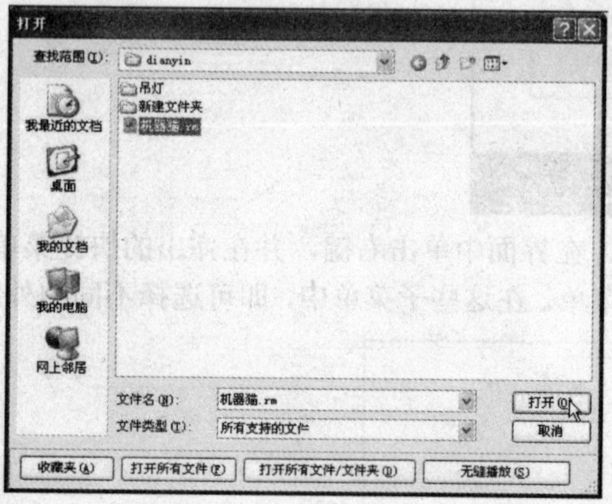

2 在此对话框中单击“打开”按钮后，Kmplayer 会马上播放此视频文件。

3 在界面中单击右键，在弹出的快捷菜单中单击“捕获”命令下的“选择捕获文件夹”子命令。

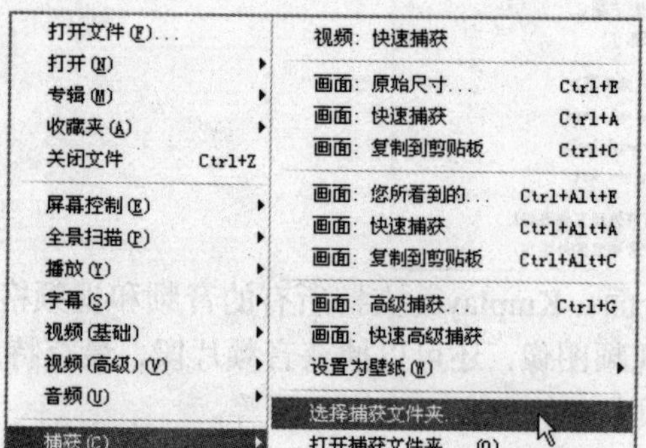

4 此时会弹出“浏览文件夹”对话框，在此对话框中选择一个文件夹作为“捕获文件夹”（最好是新建一个文件夹），然后单击“确定”按钮。

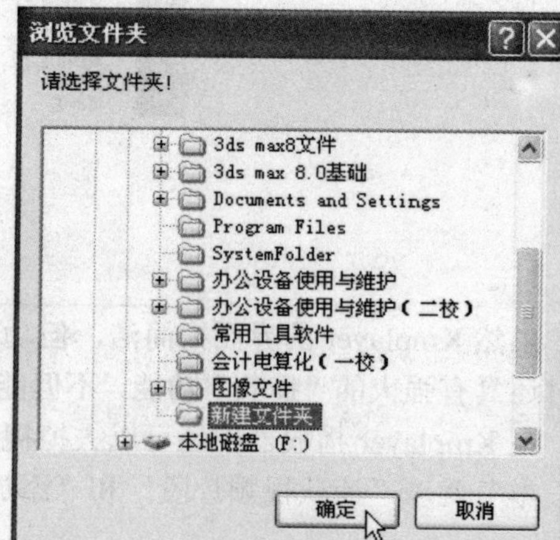

再在界面中单击右键，在弹出的快捷菜单中单击“捕获”命令下的“视频：快速捕获”子命令。

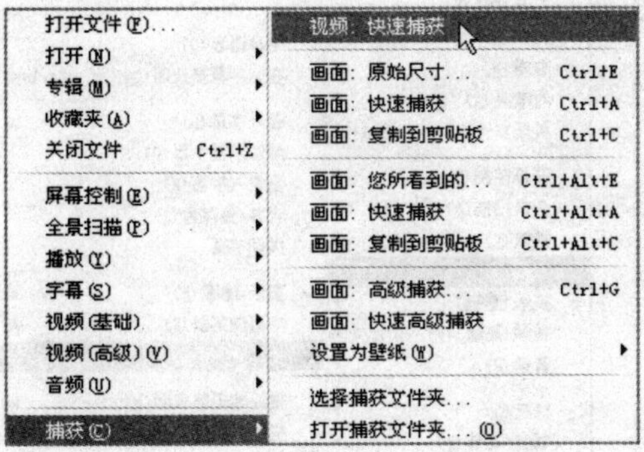

6 此时会弹出“视频捕获”对话框。在此对话框中大部分选项都呈灰色显示，这是因为Kmplayer正在快速捕获视频图像的原因，此时可单击“停止”按钮。

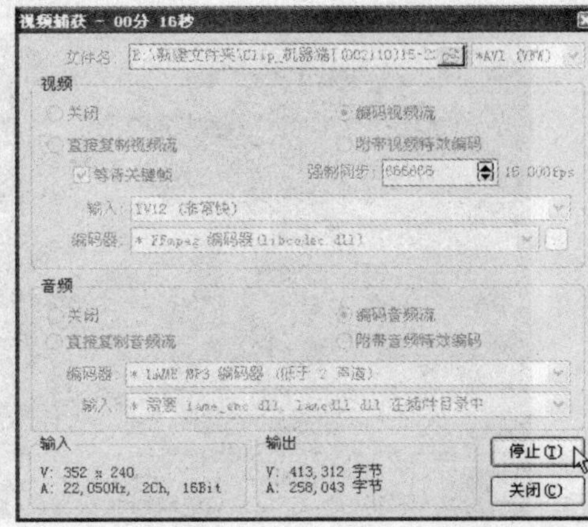

单击“停止”按钮，即可结束这一时间段视频的捕获。此时，对话框中的所有选项都是激活状态，表示此时可对这些选项进行修改。同时，“停止”按钮变成了“开始”按钮。

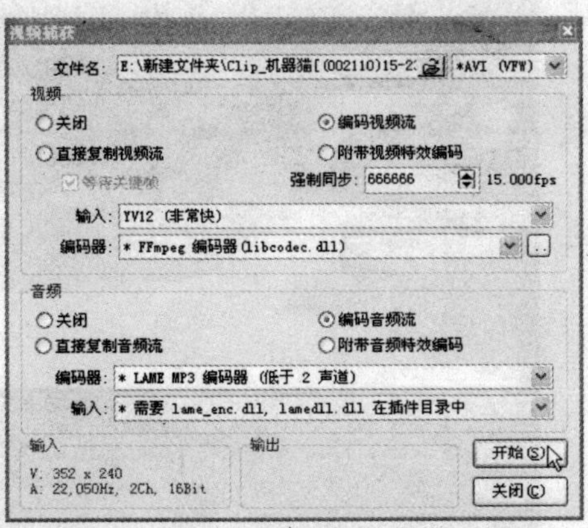

8 单击“开始”按钮，再次进行捕获；如不需捕获，则直接单击“关闭”按钮，关闭该对话框。在此，用户既可从Kmplayer右键菜单中打开“捕获文件夹”，也可以从“资源管理器”中打开“捕获文件夹”，只要打开此文件夹即可找到刚才捕获的文件。

9 此时，将捕获到的文件拖入 Kmplayer 界面中，Kmplayer 即可以播放刚才捕获到文件。

10 在播放视频文件时，将鼠标指向界面任何位置并单击右键，在弹出的快捷菜单中选择“字幕”菜单上的“手动输入字幕”命令。

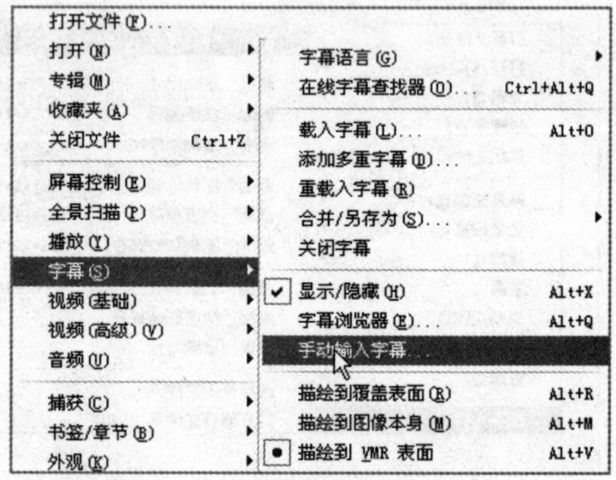

11 此时会弹出如下图所示的对话框，在此对话框中既可以通过单击“要打开的文件”右边的“打开”按钮来选择要输入的文本，也可以直接在下面的空白区域内输入文本。输入后按回车键，即可完成“手动输入字幕”。

12 此时，在 Kmplayer 中显示手动输入的字幕（谁是英雄）。

7.2.3 网上听歌

有几种在网上
听歌的方法呀？
有两种在网上听歌
的方法，本章就教你网上
听歌的方法吧。

在网上收听音乐的方法很简单，有两种方法：一种是直接在网上试听，使用这种方法需要先进入音乐网站注册并登录，然后找到喜欢的音乐即可进行试听，在试听的时候，如果网速太慢，则需要等待网络进行缓冲，缓冲完成后又继续收听，因此一般不使用这种方法听取网上歌曲；另一种方法则是将网站上喜欢的音乐下载到计算机上，然后通过播放器再进行收听，使用这种方法不会存在着缓冲的问题，因此，大多数听众都采用此种方法。

在收听音乐时应注意歌曲的扩展名，如果计算机上安装的播放器不支持此文件，则无法收听歌曲。

在网上可收听音乐的网站很多，只要在搜索引擎中输入“音乐”即可搜索出许多音乐网址，目前最大的音乐网站，叫做“一听音乐网”，它不仅收藏有国内外许多的MP3歌曲和MTV，还收藏有Flash音乐和舞曲，而且还可收听电台，这一切都为我们网上娱乐提供了方便。此外，还推存一个MP3网上之家的地址：http://mp3.sth.sh.cn/mp3home，在此网页中收藏了许多国内外的MP3歌曲。

本节以进入“一听音乐网”为例，简单介绍网上听歌的方法。

1 打开“一听音乐网”，如下图所示。从此网站中可看出其分类是非常明显的，主要分为音乐、原创、MV、Flash、舞曲、电台等。

2 在此单击“MV”分类目录，如下图所示。

3 此时会弹出“MTV 音乐频道”页面。

4 在此页面中拖动滚动条，并在 MTV 分类目录中单击“港台 MTV 欣赏”文字链接。

5 单击此链接后，会在下边列出一部分港台 MTV 的视频图，可用鼠标单击这些图片下的歌名。

6 单击之后即可打开这首歌的 MTV 视频，用户此时可一边观看一边收听，如果歌曲的音量太大，可拖动播放器中的音量调节滑块调整其音量。

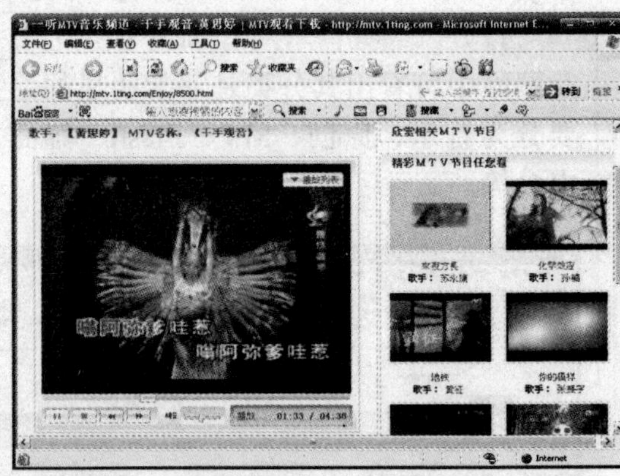

提示：

在网上不仅可收听歌曲和电台，还可观看电影，其方法与听歌的方法差不多，但网上电影大多数都是要办理手续才能进行观看，如冲卡，用手机卡观看等。

用户通过网络可查看最新电影的精彩片断，也可通过免费电影网站观看自己喜欢的电影。

7.3 网上游戏

网络游戏可使一个用户通过网络连接与另外的用户一起进行游戏，如 QQ 游戏就是属于网络游戏的一类。网络游戏有大有小，目前，较大的网络游戏有魔兽世界、传奇、梦幻西游等，还有一种最受女孩子欢迎的游戏，叫做劲舞团，这种游戏有音乐，用户需伴着音乐进行游戏。

怎样玩网上游戏？
在网上搜索到网络游戏应用程序后，下载到自己的计算机再进行安装即可。

网络游戏的出现，使许多人在茶余饭后不用为无聊而感到无趣，如以前几个人可以坐在一起打牌、下棋，但由于工作或生活上的原因，朋友能聚在一起的时间很少，因此，通过网络游戏你们也可以进行打牌或下棋，同样有趣。

本节以“炮炮火枪手”游戏为例，简单介绍网络游戏的玩法。

1 打开新浪游戏网页，如下图所示。

2 拖动此网页中的垂直滚动条，并在游戏分类目录中查找“炮炮火枪手”文字链接，然后单击此链接，如下图所示。

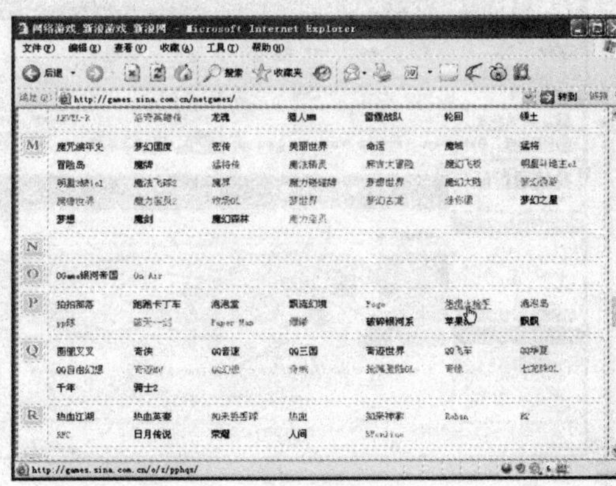

3 此时会打开“炮炮火枪手”游戏页面，在此页面中，用户可阅读此游戏的玩法，注意事项、规则等信息。然后单击“注册安装”文字链接。

4 单击“注册安装”文字链接后，即可弹出注册安装页面，在此页面中单击“到官网去注册”的文字链接。

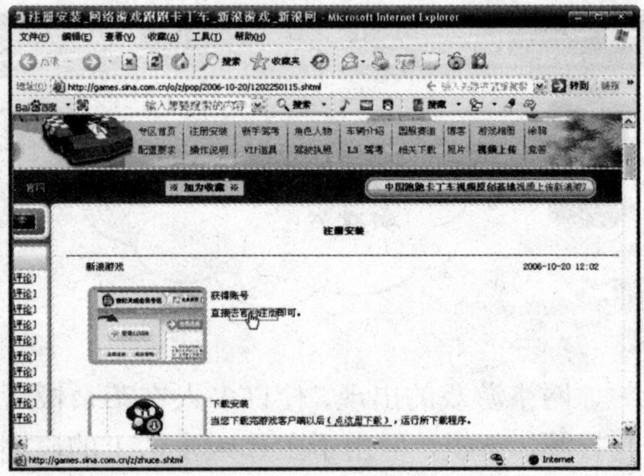

5 此时会进入“炮炮火枪手”的官方网站。

6 拖动滚动条，查看此游戏的名称及介绍是否是自己要查找的“炮炮火枪手”，然后在此页面中单击“游戏下载”按钮。

单击“下载”按钮后，会弹出下载页面。

用鼠标指向下载按钮，然后单击右键，并在弹出的快捷菜单中选择“使用超级旋风下载”命令。在此选择用超级旋风下载文件，是因为文件有点大，这样能够快速地下载此文件，如果用 FTP 下载，其速度非常慢。

启动超级旋风后，会弹出“浏览文件夹”对话框，在此对话框中选择文件下载的路径后，单击“确定”按钮。

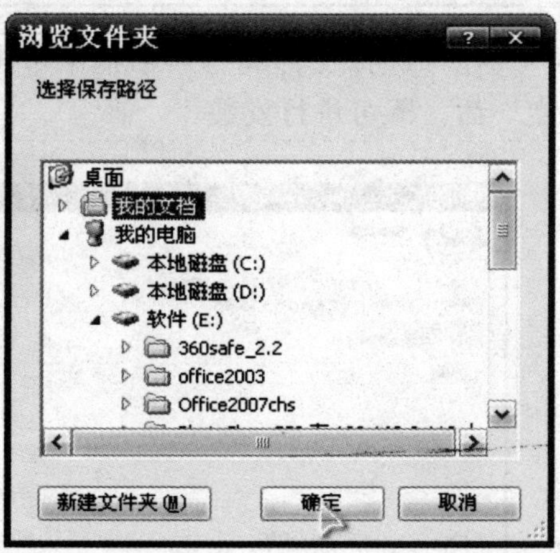

单击“确定”按钮后，即可打开超级旋风界面，并在此界面中显示出当前文件的大小及下载速度。

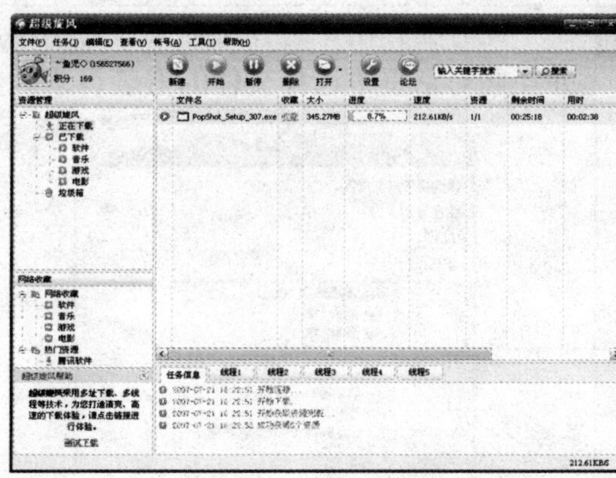

11 等待文件下载完毕后，在计算机中找到文件所在的位置，然后双击此程序。

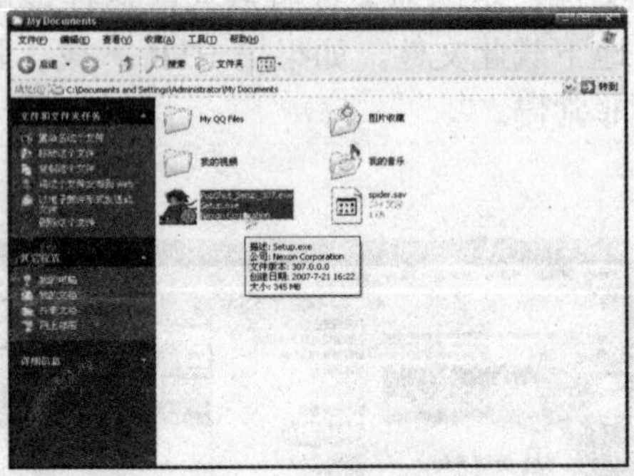

12 此时会弹出“炮炮火枪手”的安装向导，在此向导对话框中单击“下一步”按钮。

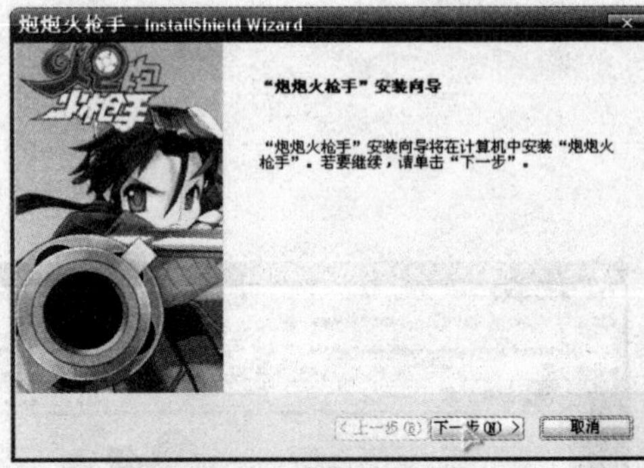

13 在弹出的用户协议向导对话框中单击“我同意”按钮。

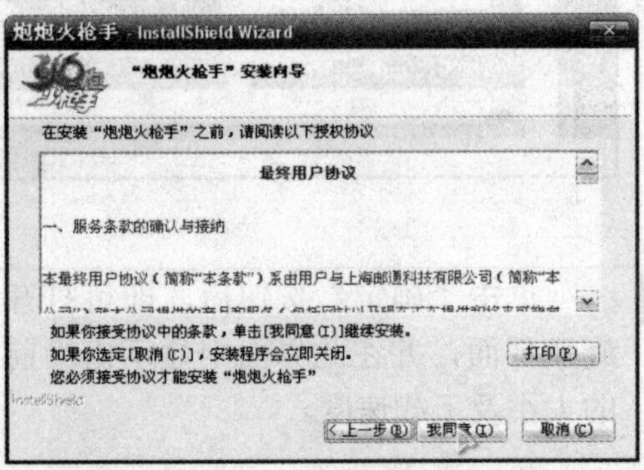

14 单击“同意”按钮后，即可进入安装向导，在此单击“浏览”按钮。

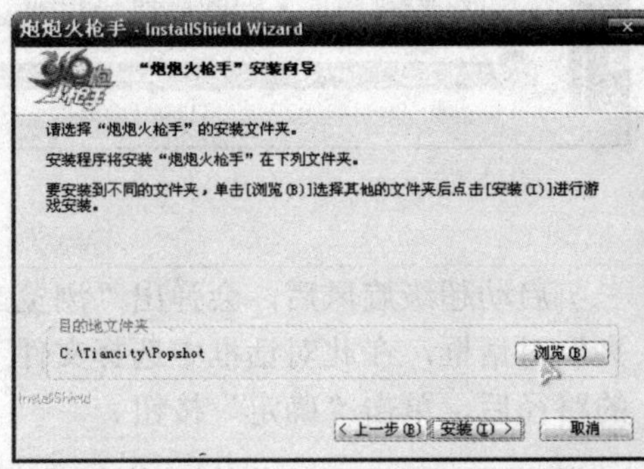

15 此时会弹出“选择文件夹”对话框，并在此对话框中选择文件的安装目录。

16 在“选择文件夹”对话框中单击“确定”后，即可进行安装。

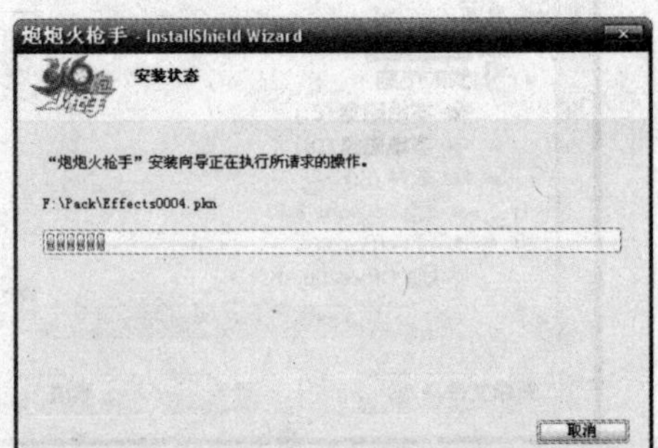

等待安装完成，在弹出的安装完成向导中选择“立即运行火枪手”复选框，然后单击“完成”按钮。

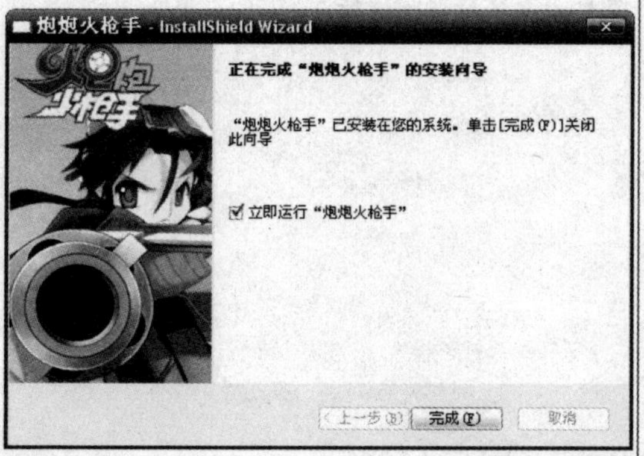

18 单击“完成”按钮后，会弹出火枪手登录界面，由于用户还没进行注册，此时应单击“注册成为世纪天成用户”文字链接。

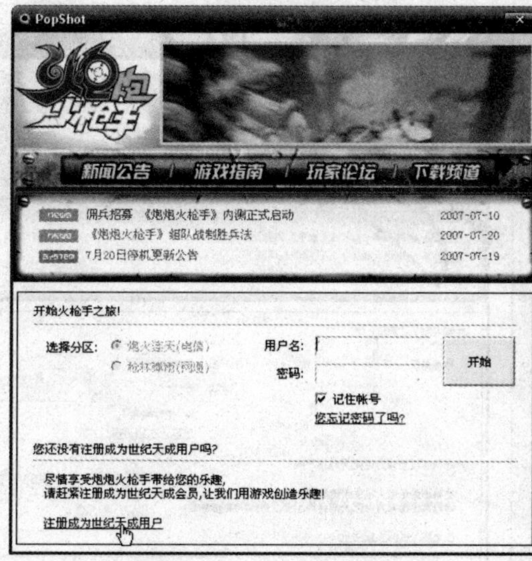

19 单击“注册成为世纪天成用户”文字链接后，会弹出用户注册页面，在此页面中填入相应的信息，然后单击“注册账号”按钮。

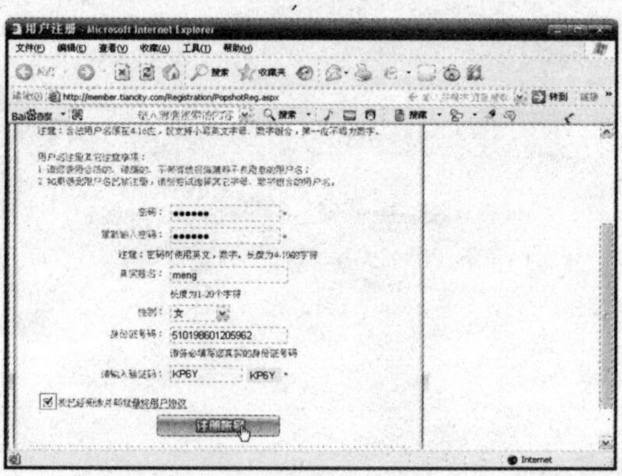

20 单击此按钮后，即可弹出注册成功的页面。

回到火枪手登录界面后，在“用户名”和“密码”框中输入相应的信息，然后单击“开始”按钮即可进入游戏。

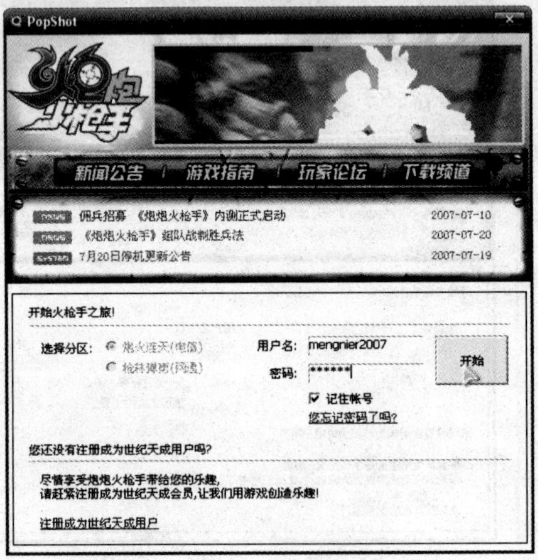

提示：

安装完“炮炮火枪手”游戏程序后，只有在网络连接正常的情况下才能进入游戏，如果网络连接不正常，如断网等情况，则无法进行此游戏，因为此游戏是依赖于网络的，它不像其他单机版游戏，只要在计算机上安装好即可进行。

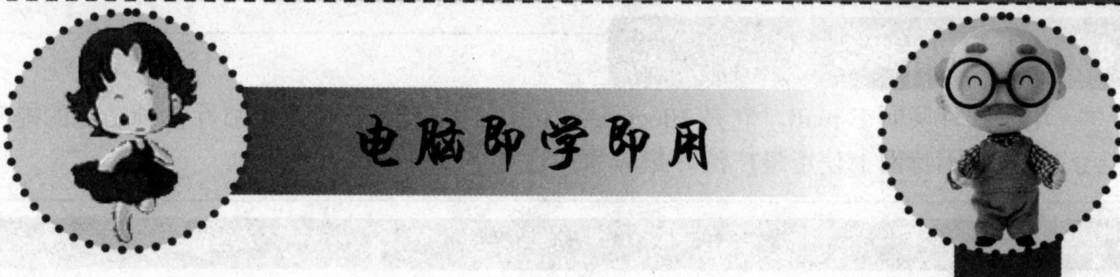
电脑即学即用

教你学电脑

第8章 电子邮件

本 章 要 点：

- 电子邮件的概念
- 申请电子邮箱
- 电子邮件的管理
- 电子邮件的功能

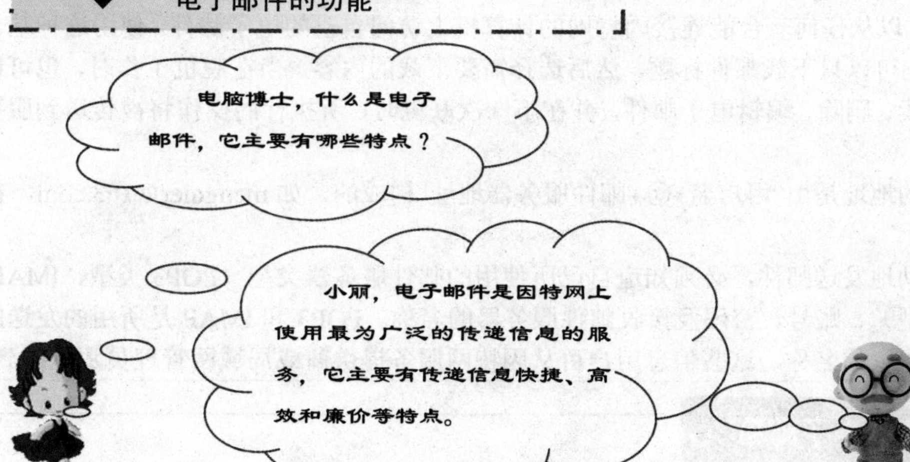
电脑博士，什么是电子邮件，它主要有哪些特点？
小丽，电子邮件是因特网上使用最为广泛的传递信息的服务，它主要有传递信息快捷、高效和廉价等特点。

8.1 电子邮件概念

电子邮件又叫 E-mail，它是 Electronic mail 的缩写。随着电子邮件各种功能的提升，已成为当前因特网上使用最广泛、最频繁的服务。

电子邮件有
些什么作用？
电子邮件具有信息传
递快、高效和廉价等特点。

电子邮件作为一种网络信件，其工作原理就与日常生活中的写信方式一样，用户必须先买好信纸，然后在信纸上写上信的内容，最后将信装入信封再邮寄。而使用电子邮件则是先申请一个邮箱，然后在邮箱中写信再填写收信人的邮件地址、姓名等信息，最后发送邮件到收信人的信箱。

通常，用户使用的电子邮件主要有：POP3（邮局协议）、IMAP（Internet 邮件访问协议）和 HTTP（超文本传输协议）三种形式。

POP3 协议是用户接收信件协议的一种，一旦用户登录到服务器的邮箱，所有信件将传输到用户的电脑中，用户采取离线阅读方式。这种方式用户对信件的控制权很小。

IMAP 和 HTTP 是用于访问服务器上所存储邮件的因特网协议。它们的邮件始终保存在服务器上，用户可以从任何一台能连接因特网的计算机上访问自己的电子邮件。使用这种基于服务器的账号，还可以只下载邮件标题，然后选择需要下载的内容。当在脱机工作时，也可以像联机时一样阅读、删除、编辑电子邮件，并在下一次联机时，所执行的操作将被传送到服务器上。

电子邮件的地址是由“用户名+@+邮件服务器地址”构成的，如 mengnier@163.com，在此“@”读作“at”。

用户想成功地发送邮件，必须知道自己所使用的邮件服务器类型（POP3 类型、IMAP 类型或 HTTP 类型）、账号、密码及接收邮件服务器的名称。POP3 和 IMAP 是所用的发送邮件服务器所使用协议的名称，这些信息用户可从因特网服务提供商或局域网管理员那里得到。

8.2 申请免费电子邮箱

免费电子邮件是指在申请电子邮箱时不会收取费用。现在许多的网站都提供免费邮箱服务，如雅虎、网易等。免费邮箱的出现，大大方便了用户的信息传递。

免费电子邮箱
有什么特点？
免费电子邮箱具有
灵活、方便的特点。

使用免费电子邮箱的好处在于即使更换了服务商，只要能够上网仍能使用此免费邮箱发送邮件，且办理注册的手续非常简单。

在使用电子邮箱发送信件前，必须先注册申请一个属于自己的电子邮箱，在申请电子邮箱前必须保证网络是连接上的，才能打开申请邮箱页面。

启动 IE 浏览器后，在地址栏中输入“www.yahoo.com.cn”打开雅虎首页。

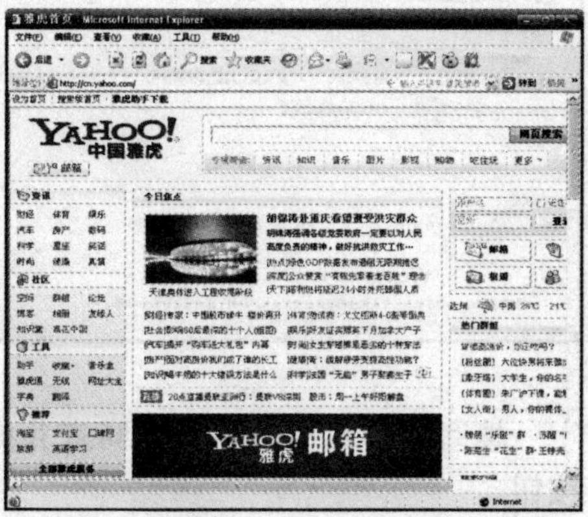

在此页面中单击“邮箱”文字链接。

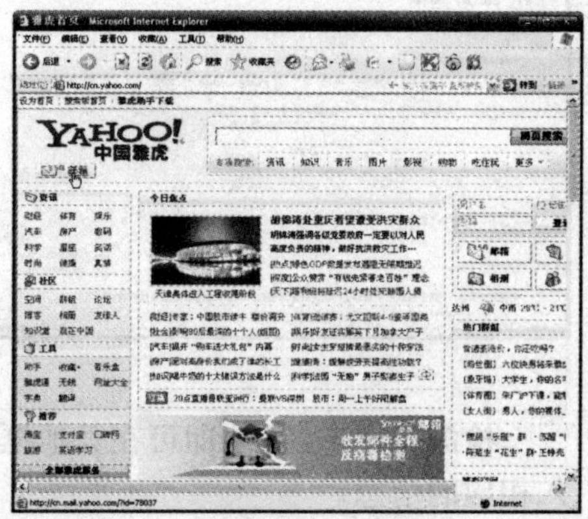

单击“邮箱”文字链接后，即可进入雅虎邮箱。

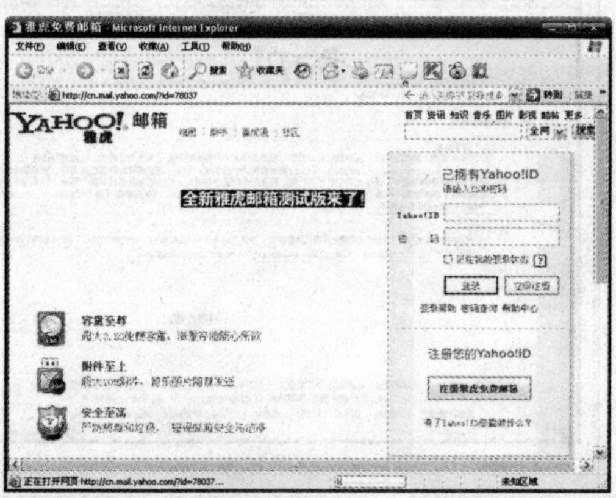

在此页面中单击“注册雅虎免费邮箱”按钮，进行注册。

单击此按钮后，即可进入邮箱注册页面，在此页面中填写注册信息。对于注册的方法，本书已讲过许多次，在注册时，为避免有重复的用户名，因此在用户名输入框的右侧有一个“查看用户名”按钮，在“用户名”输入栏中输入用户名后，单击右侧的“查看用户名”按钮。

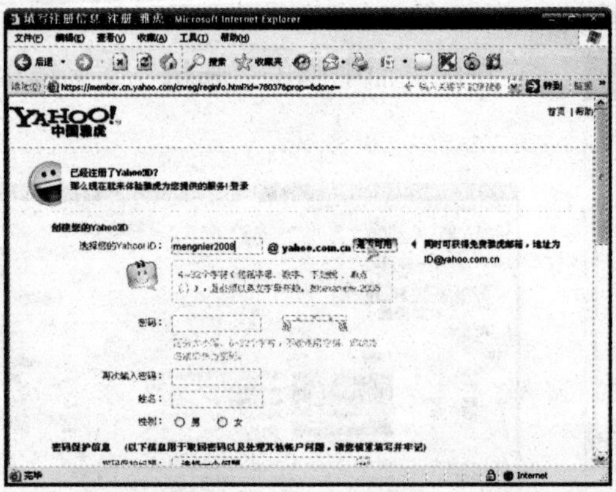

等待用户名验证完毕，即可查看其用户名是否被占用。

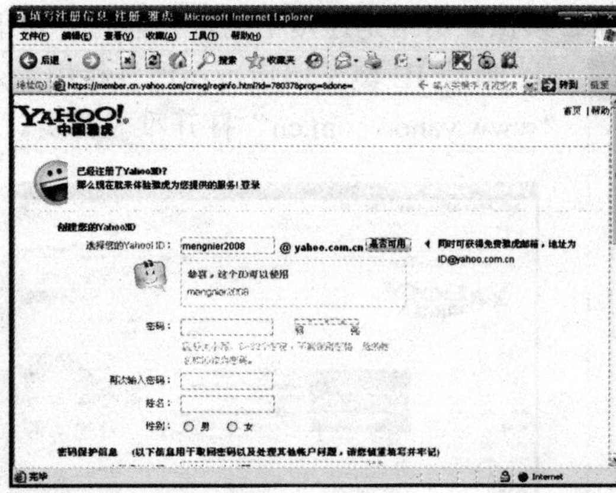

检测完用户名后，即可在其他框中输入相应的信息。

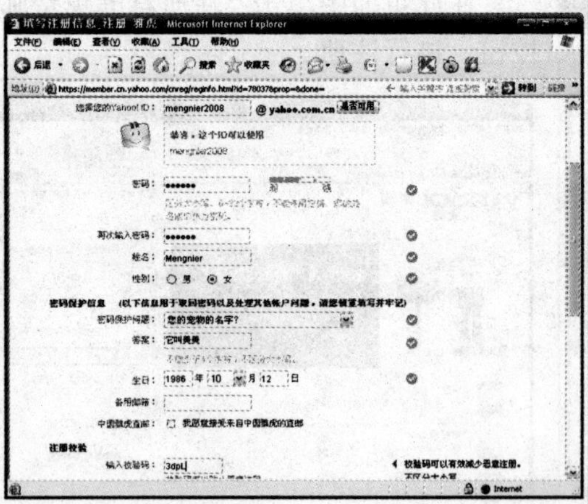

填写完信息后，单击“同意并提交”按钮。

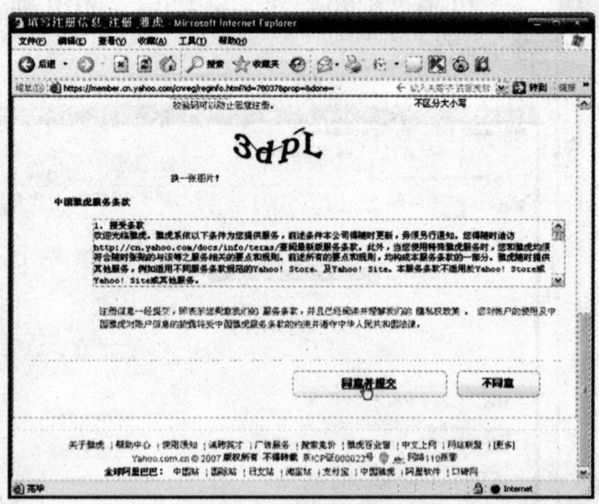

提交注册信息后，即可等待系统检查信息，然后弹出注册成功的网页，在此页面中显示了自己注册时用的地址。

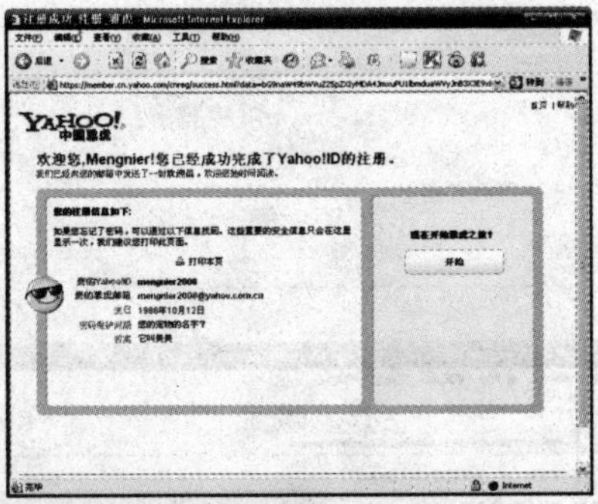

在“yahoo!电邮”页面中单击“开始”按钮，即可进入邮箱。

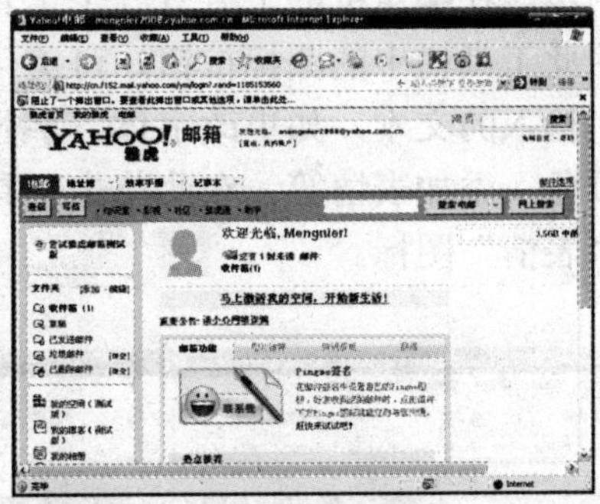

8.3 收发邮件

使用电子邮箱发送信件的方法很简单，只需登录邮箱，编辑好信的内容以后，并正确填写收信人的地址，最后单击“发送”按钮，即可发送信件。

8.3.1 发送信件

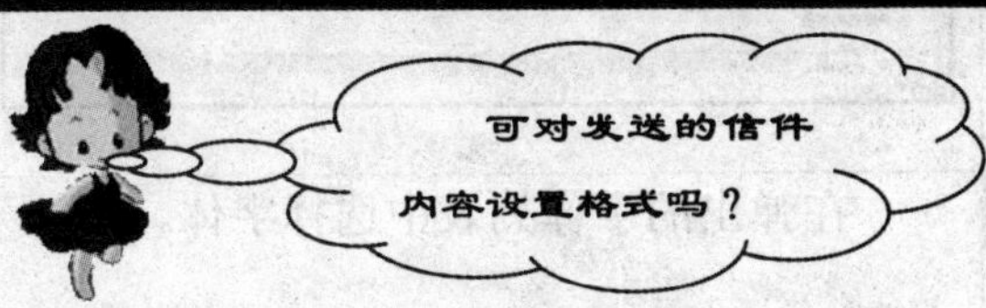
可对发送的信件
内容设置格式吗？

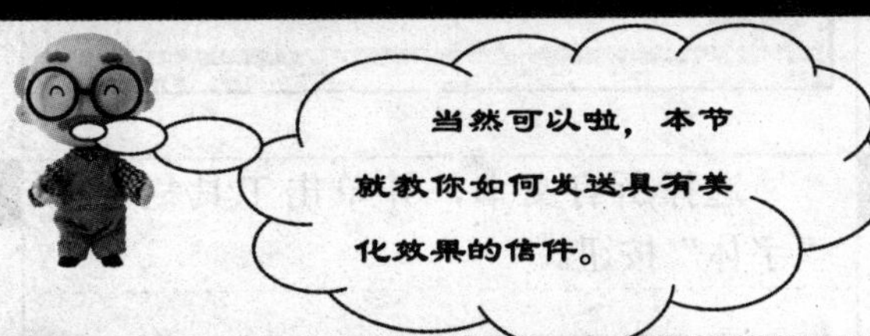
当然可以啦，本节
就教你如何发送具有美
化效果的信件。

发送信件的具体方法如下：

登录邮箱后，在此页面中单击“写信”按钮

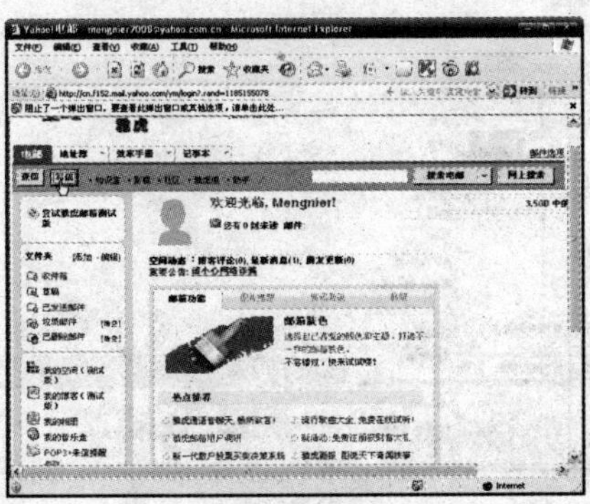

单击“写信”按钮后，即可进入写信页面。

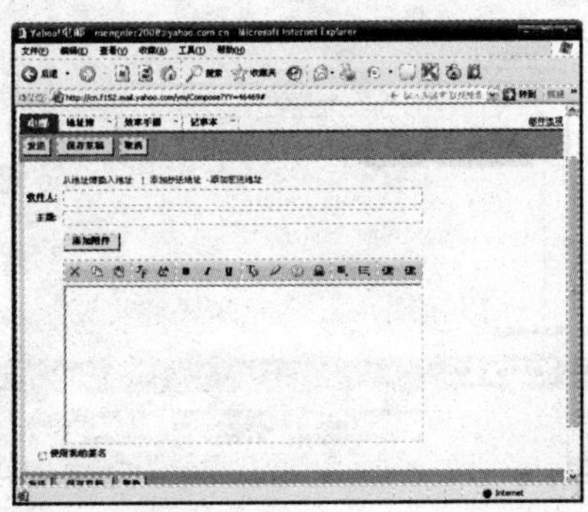

在此页面中的编辑框中即可输入信的内容。在此编辑框中，不仅能输入文字，还可输入一些表情，使信的内容显得生动活泼。在编辑框的上方有一个工具栏，使用此工具栏中的图标按钮，可美化编辑框中输入的文本，如更改字体、字号、字体颜色，添加表情等。在此单击工具栏上的“表情”图标。

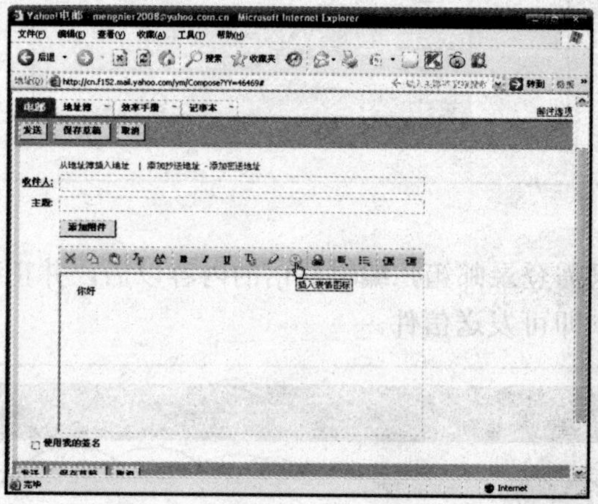

此时会弹出表情面板，在此面板中选择相应的表情，即可插入到编辑框中光标的插入点。

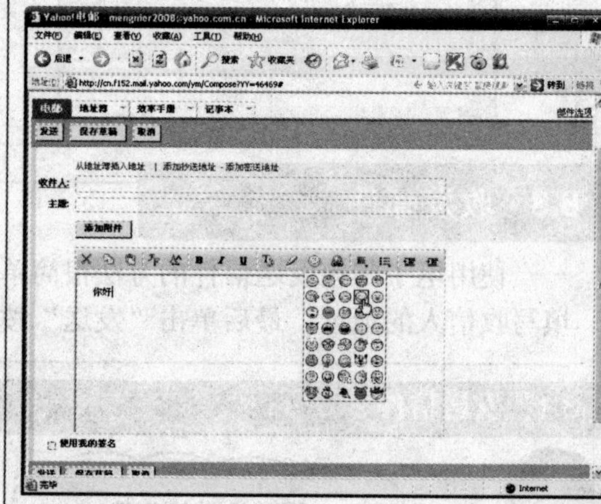

选择所有文本，并单击工具栏上的“字体”按钮。

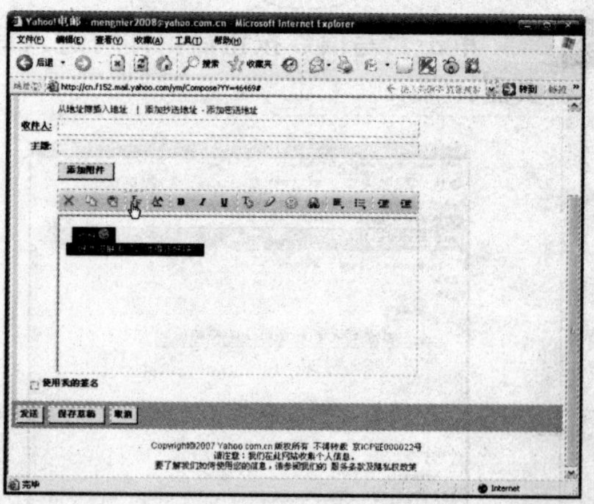

在弹出的字体列表中选择字体。

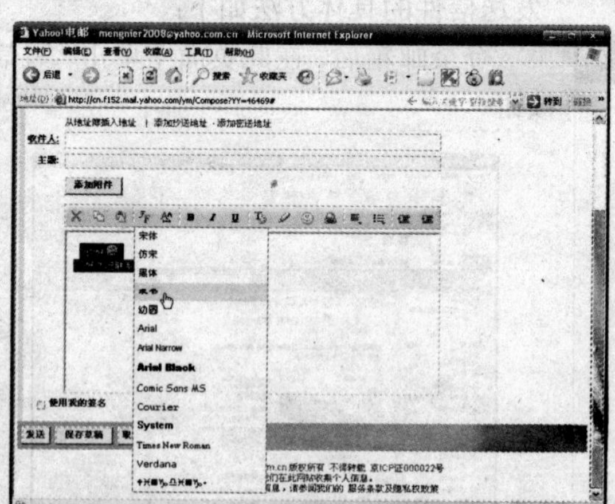

在工具栏中单击“字体颜色”按钮，并在弹出的颜色面板中选择颜色。

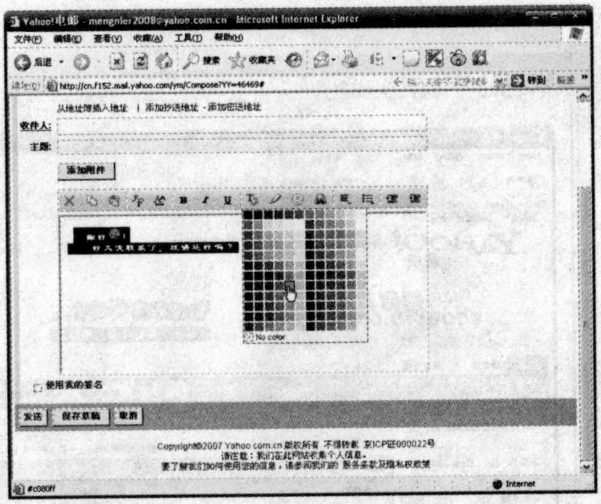

使用同样的方法，设置字体的字号，最终效果。

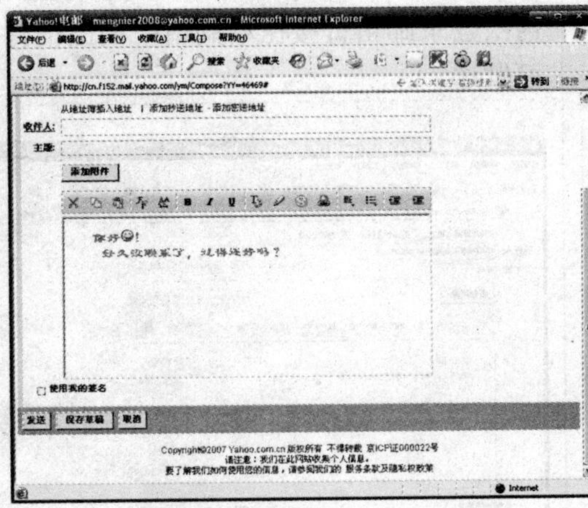

写完信后，即可在“收件人”栏中输入收件人的邮箱地址，用户也可在写信之前写出收信人的地址。

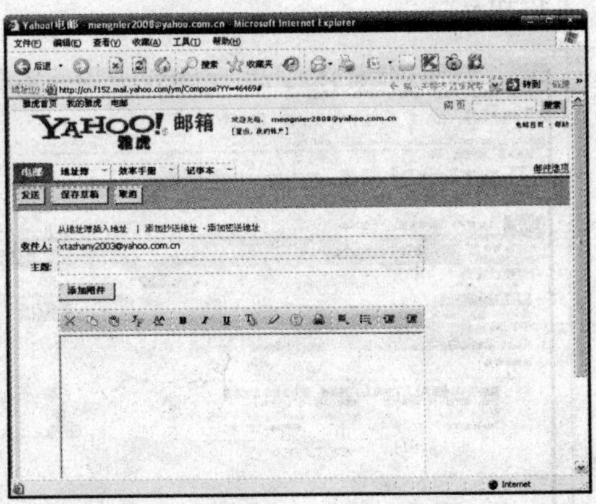

在“主题”栏中输入此封信内容的主题。

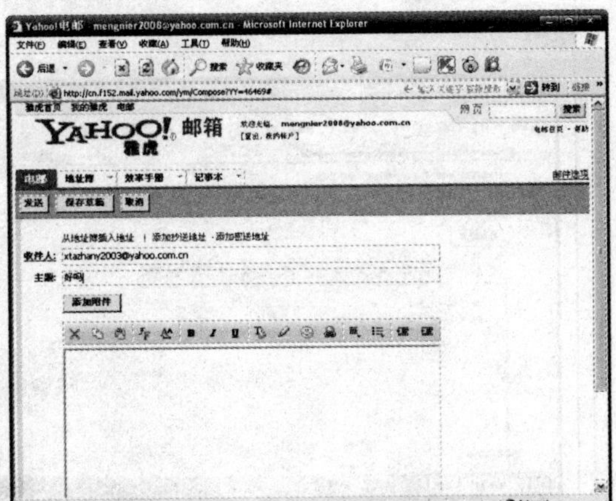

编辑完信件后，用户可单击“保存草稿”按钮，将其保存在草稿箱中，避免在没有发出信件之前出现死机的情况。如果保存在草稿箱后，还没发送给对方就死机，再次登录邮箱直接在草稿箱中调出信件即可发送。

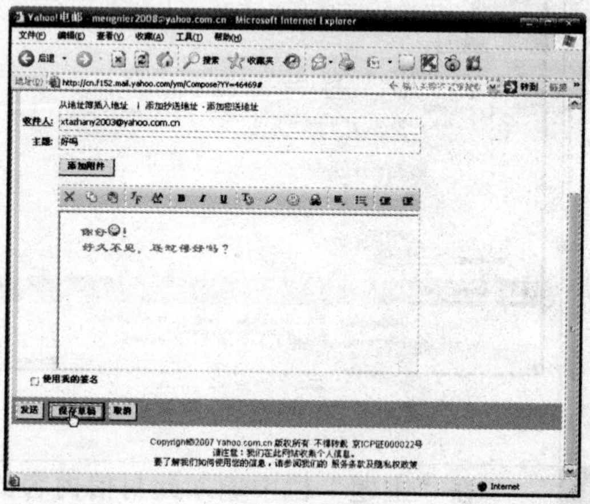

单击“保存草稿”按钮后，会弹出如下图所示的页面，表示此信件已保存在草稿箱中，在草稿箱中还可查看此信件发送地址、主题、编辑时间和大小。

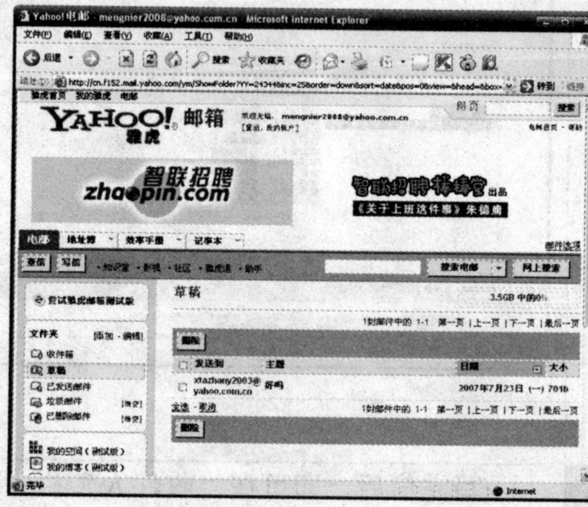

单击IE浏览器工具栏上的“返回”按钮，返回到写信页，然后单击“发送”按钮。

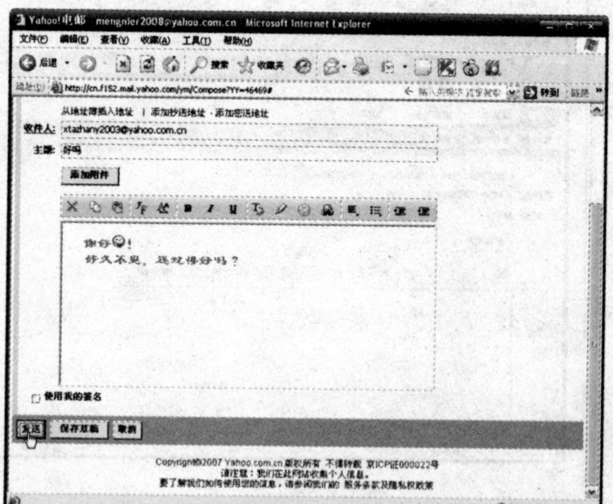

单击“发送”按钮后，即可弹出信件已发送的页面。如果用户想将发送的地址保存在邮箱中，可单击“添加到地址簿”按钮。

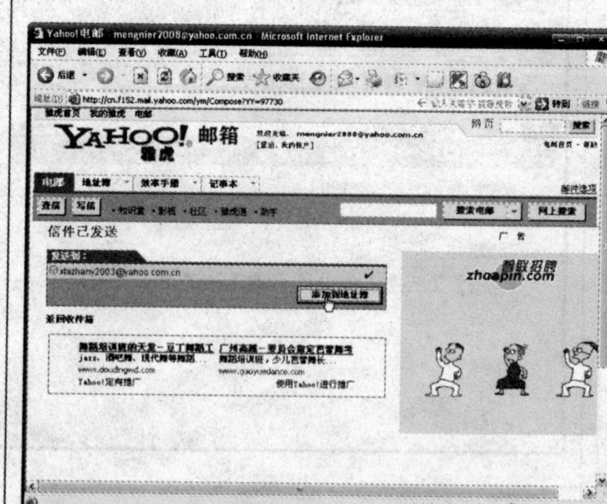

此时会弹出如下图所示的地址簿页面，在此页面中输入此地址用户的名字、姓氏及昵称。

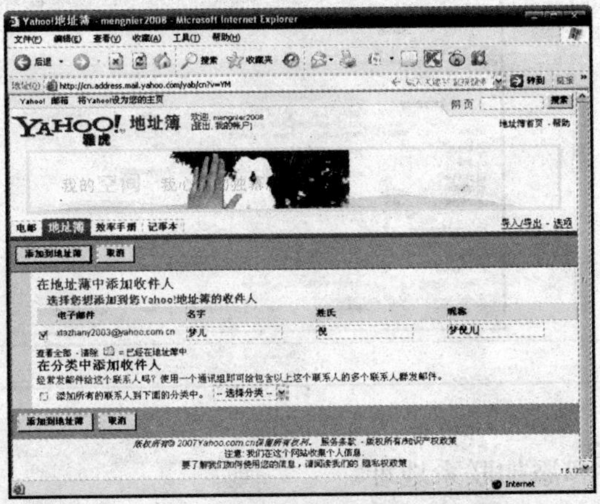

在地址簿页面中单击“添加到地址簿”按钮后，即可将此地址添加到自己邮箱的地址簿列表中，并弹出页面。

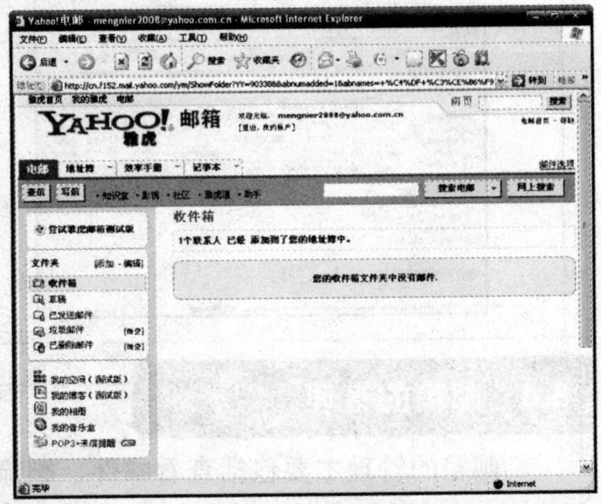

8.3.2 接收信件

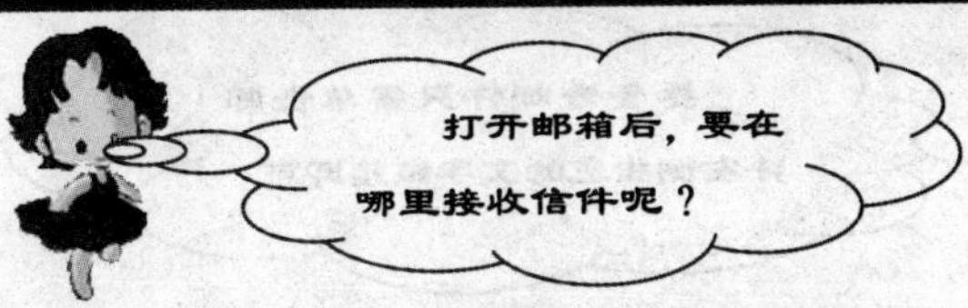
打开邮箱后，要在
哪里接收信件呢？

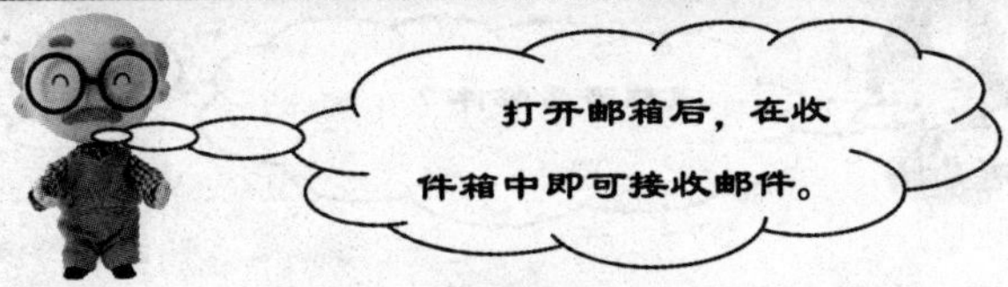
打开邮箱后，在收
件箱中即可接收邮件。

接收信件的方法很简单，登录后，在页面中单击“收件箱”即可接收邮件。

登录后，在此页面中单击“收件箱”文字链接。

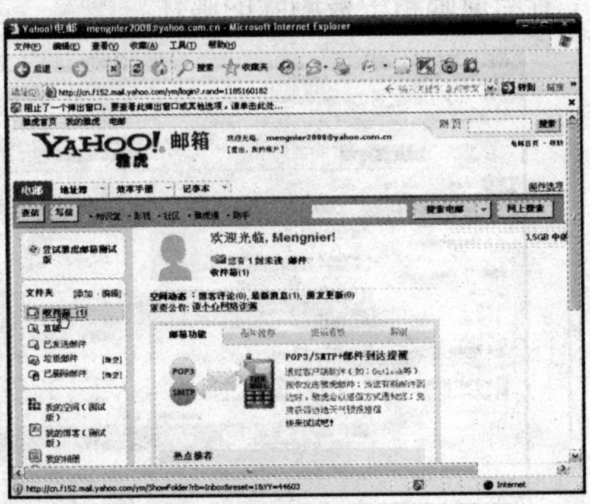

此时会在弹出的页面中显示此信件的一些信息，如发件人的姓名、主题、时间。

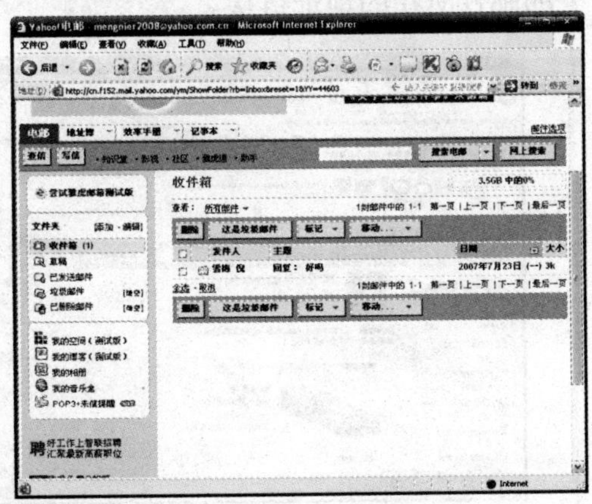

在此页面中单击信件主题。

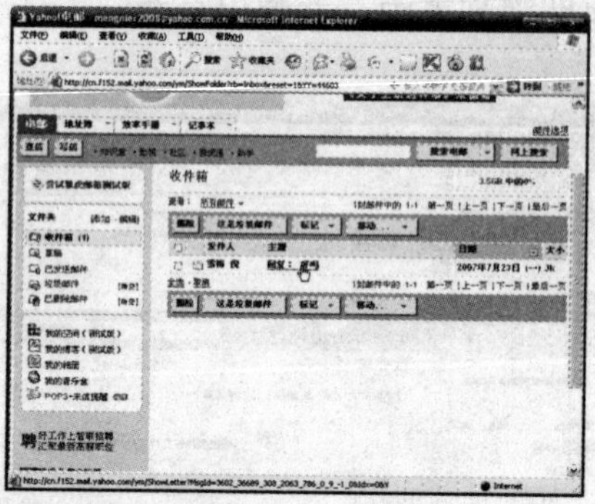

单击信件主题后，即可显示其信件内容。

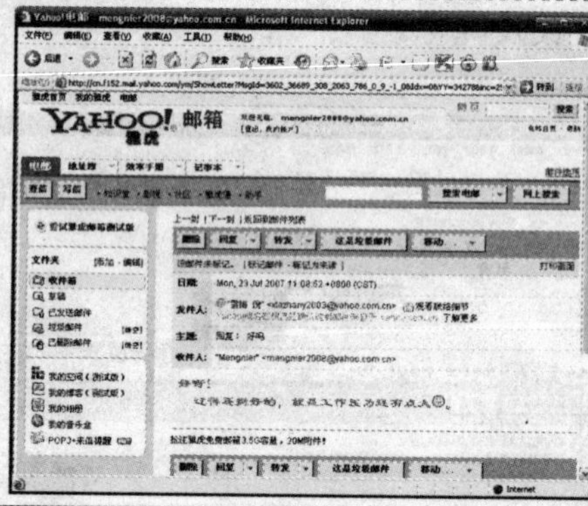

8.4 邮箱的管理

邮箱的管理主要包括查看邮件、删除邮件和添加联系地址。

8.4.1 查看邮件

怎样查看邮件？
要查看邮件只需单击邮件左侧相应的文字链接即可。

查看邮件是指查看当前邮箱中的垃圾邮件、已删除的邮件、草稿箱、收件箱和已发送的文件。其方法如下：

登录邮箱后，单击页面左侧需要查看的邮件所在的地址链接。

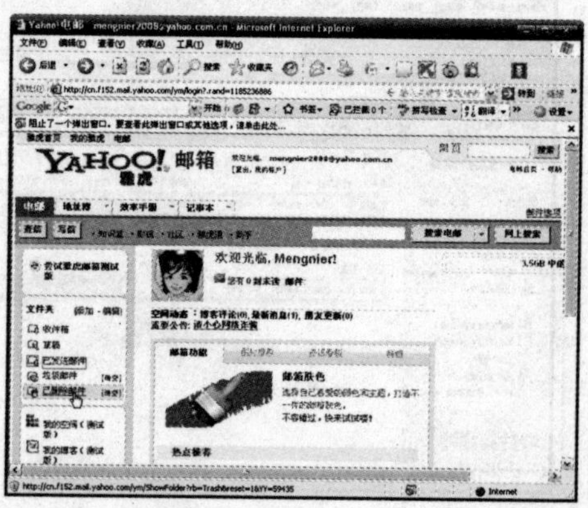

单击此文字链接后，即可在页面中查看当前邮箱中被删除的邮件。

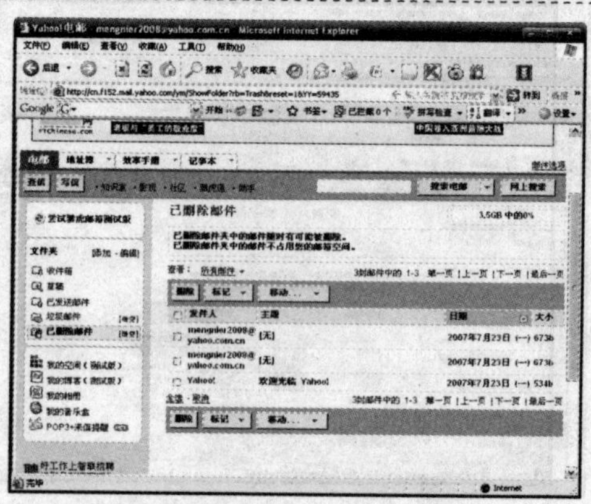

8.4.2 删除邮件

怎样删除邮件？
打开需要删除的邮件并将其选定即可删除。

删除邮件的具体方法如下：

登录邮箱后，单击将要删除的邮件所在的地址链接。

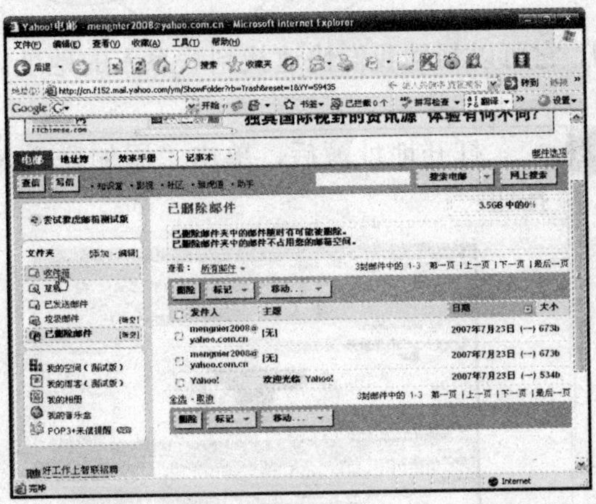

打开收件箱后，选择将要删除的邮件前面的复选框。

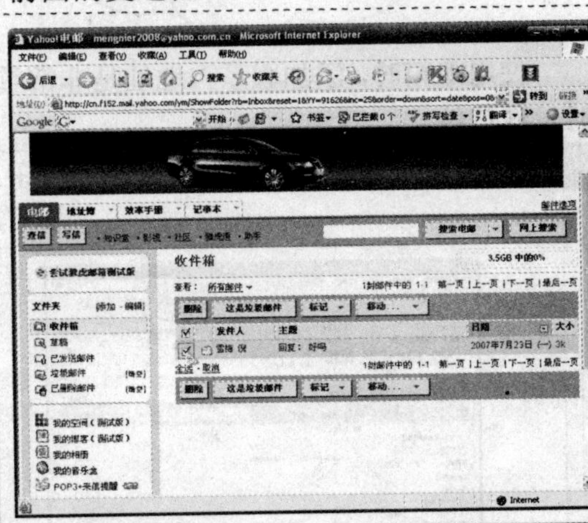

选择要删除的邮件后，单击“删除”按钮。

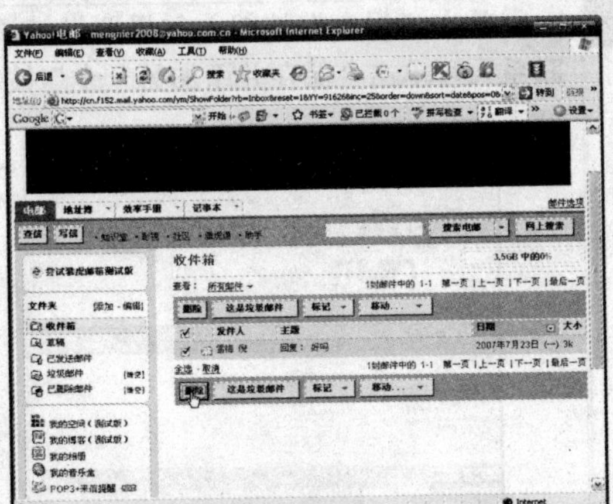

如果将收件箱中的邮件都删除完，则会弹出页面。

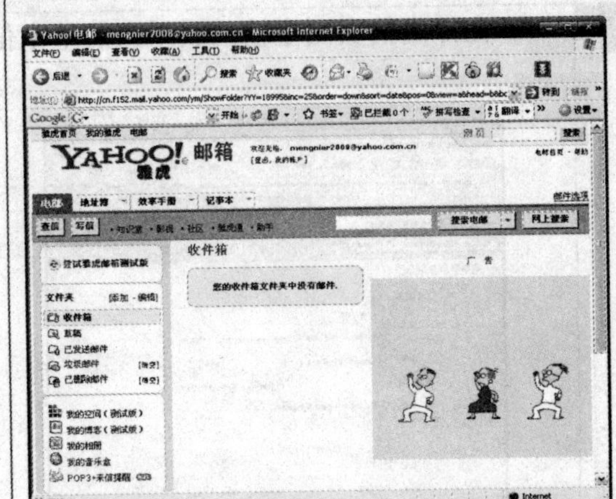

提示：

在删除收件箱中的邮件后，其邮件并没有完全删除，而是被放在了“已删除邮件”中。如果用户想将这些已删除的邮件完全从邮件中删除，则可单击“已删除邮件”右侧的“清空”即可。如果只想彻底删除某个邮件，则可打开“已删除邮件”，然后选择要清空的邮件，再单击“删除”按钮即可。

8.4.3 添加联系地址

添加联系地址有什么作用？
添加联系地址可在发信时快速找到联系人的邮箱地址。

使用邮箱时，添加联系人地址是非常重要的，它可以帮助我们快速找到联系人的地址，及时发送信件。

登录邮箱后，单击“地址簿”按钮。

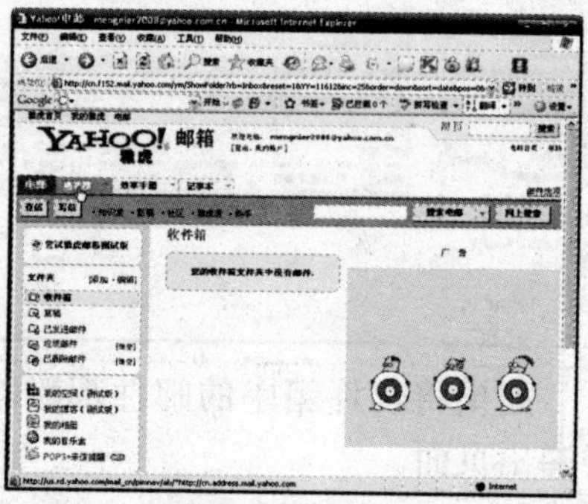

打开地址簿后，单击“添加联系人”按钮。

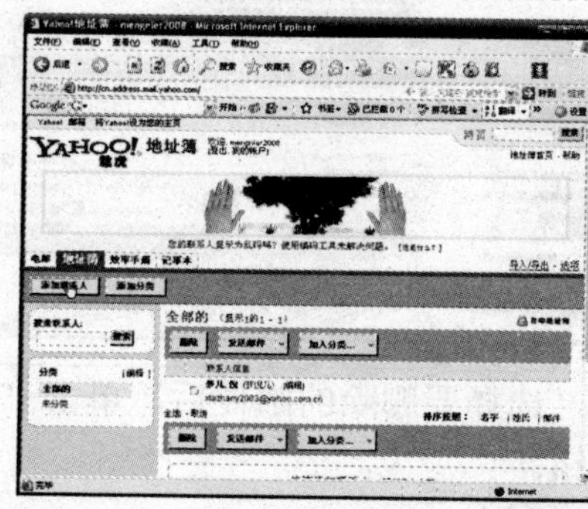

在弹出的页面中输入联系人的基本信息。

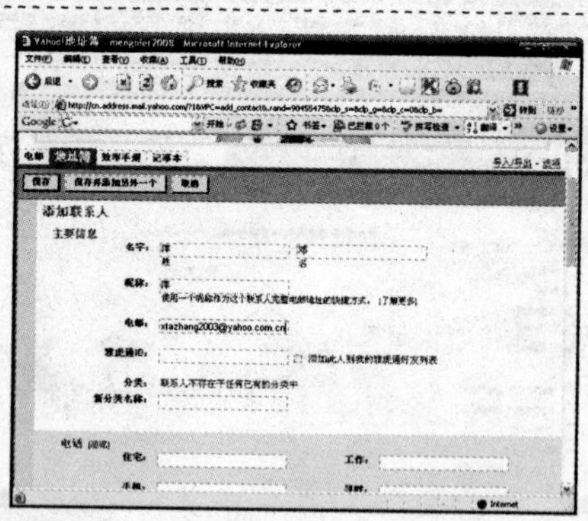

单击“保存”按钮，如果要继续添加联系人可单击“保存并添加另一个”按钮。

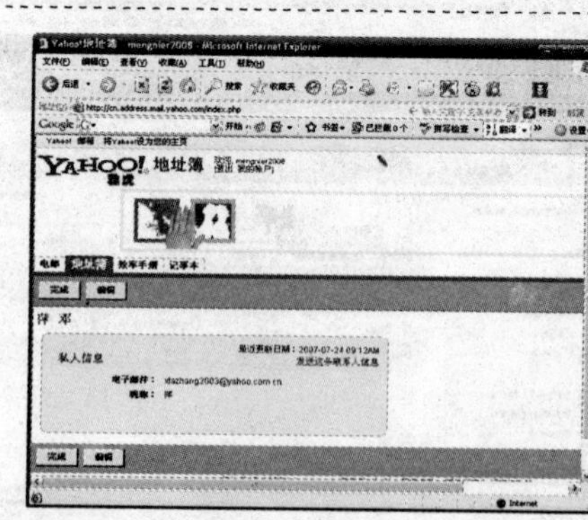

8.5 免费邮箱的其他功能

随着网络技术的发展，现在的邮箱不仅能收发信件，而且可创建相册、创建空间、上传头像等。

8.5.1 创建我的空间

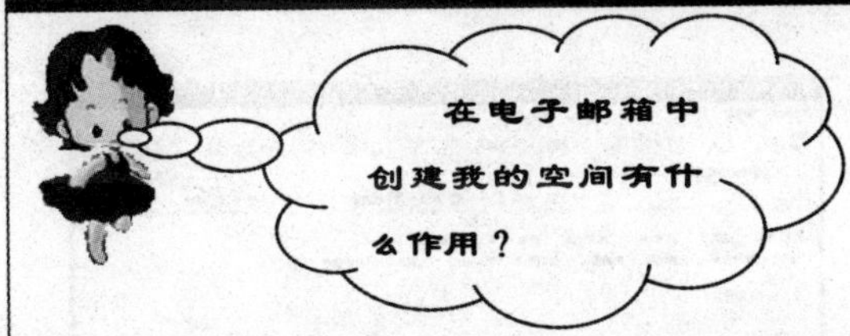
在电子邮箱中
创建我的空间有什么作用？

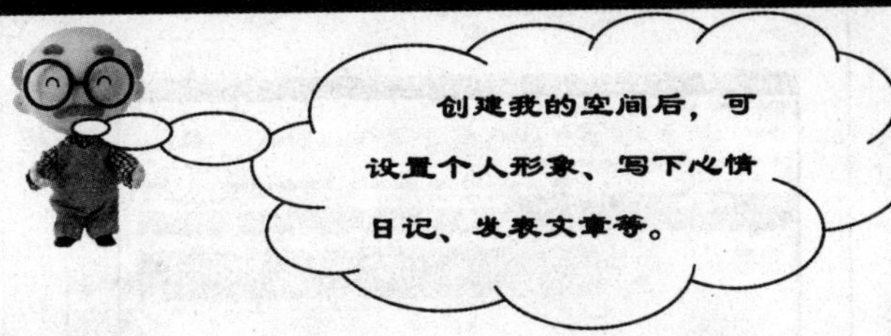
创建我的空间后，可
设置个人形象、写下心情
日记、发表文章等。

在免费邮箱中创建我的空间方法如下：

登录邮箱后，在对话框里单击“我的空间”文字链接。

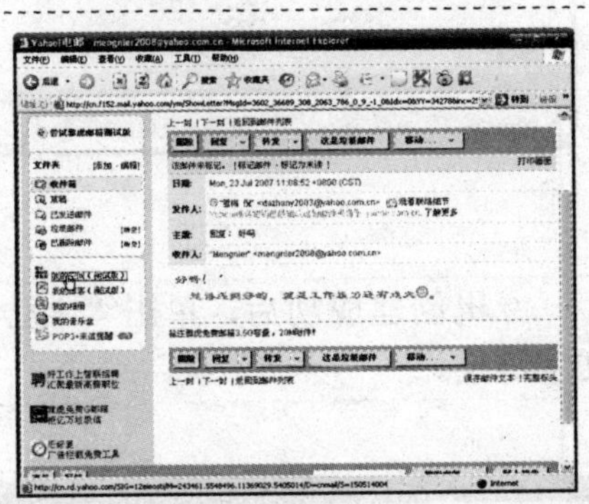

此时会弹出“我的空间”网页。

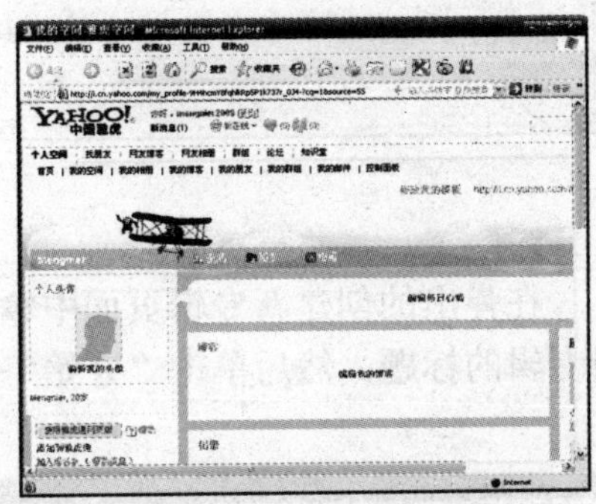

在雅虎免费邮箱的空间中有许多种空间模板。此时，用户只需在此页面中单击“修改空间模板”文字链接。

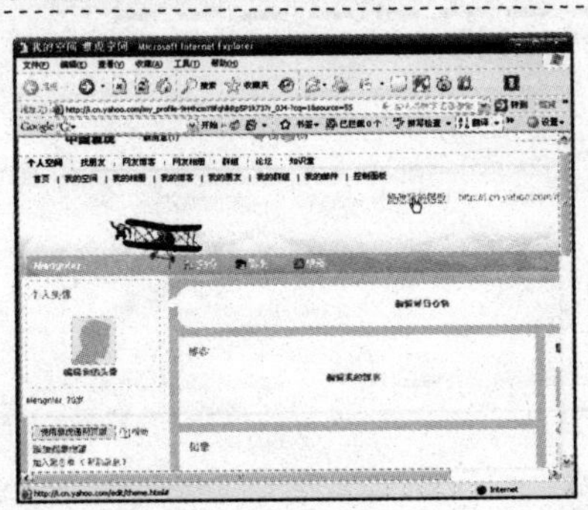

进入空间模板页面后，可查看自己喜欢的模板，然后单击此模板下边的单选按钮。

单击“保存更改”按钮后，即可更换成山丘模板。雅虎空间与现在流行的 QQ 空间相似，在此空间中可写下心情日记、博客、文章，还可创建相册设置个人形象等。在此单击“创建我的相册”文字链接。

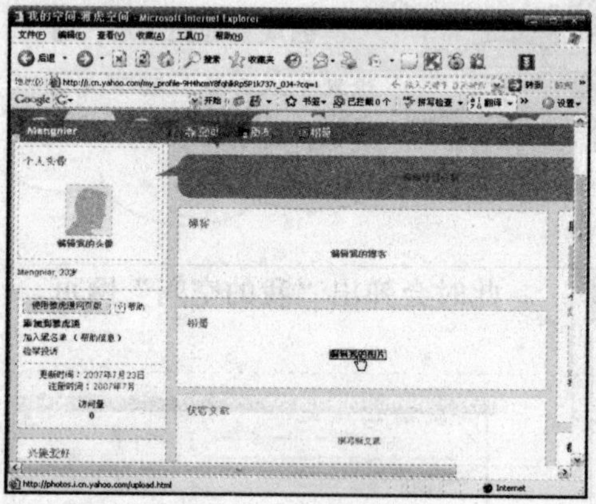

此时会弹出 “上传照片”的页面，在此页面中单击“创建新专辑”文字链接。

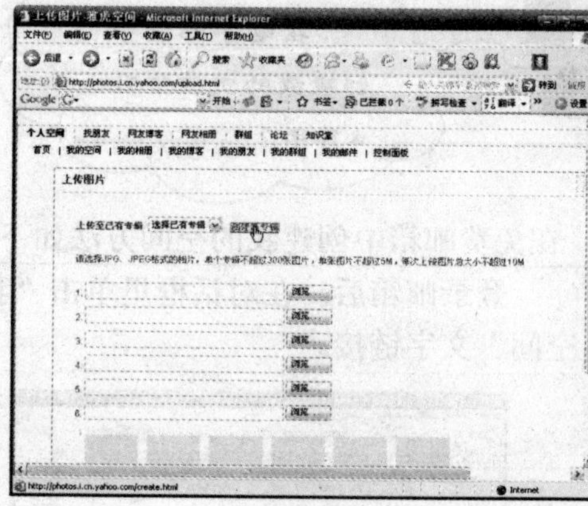

在弹出的创建新专辑页面中输入此相册专辑的标题，然后单击“开始”按钮。

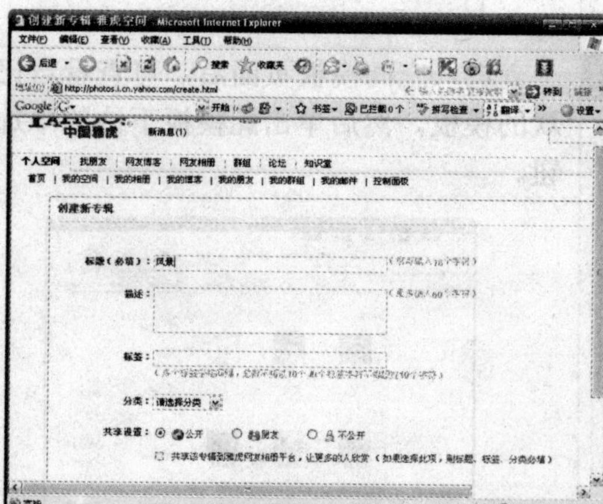

专辑创建成功后，单击“上传图片”文字链接。

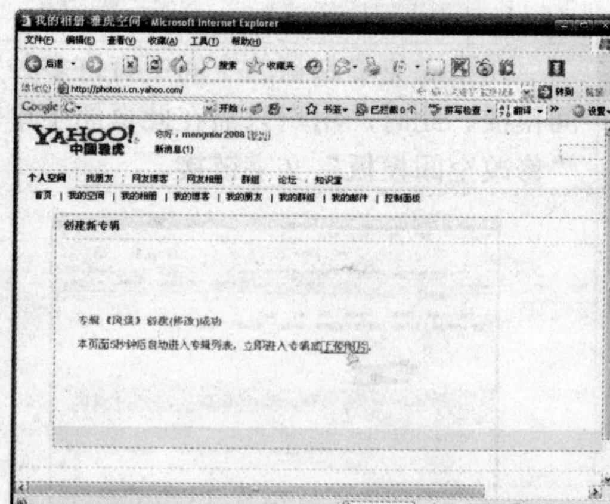

此时会返回到上传照片页面，在此页面中即可上传照片，如果用户不知道照片在计算机中的位置，可单击“浏览”按钮。

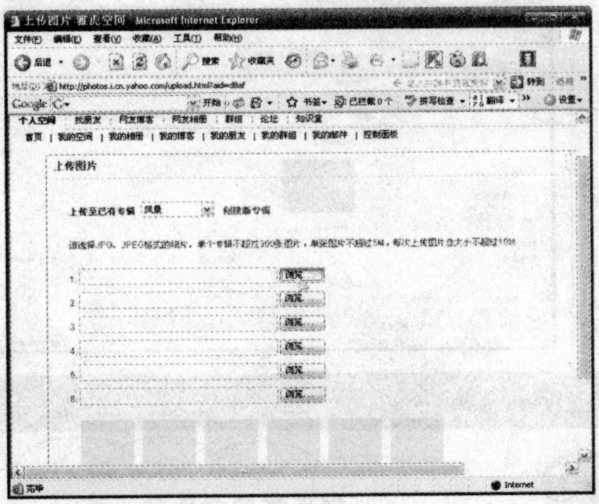

10 此时会弹出“选择文件”对话框，在此对话框中选择照片的位置，并将其选定，再单击“打开”按钮。

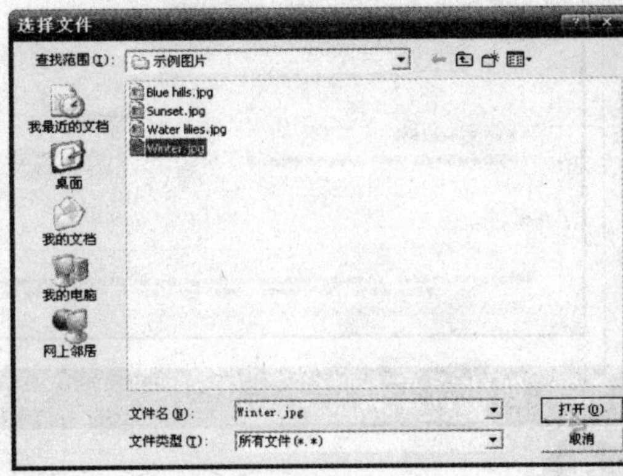

单击“打开”按钮后，即可在浏览按钮的左侧出现此照片的地址。

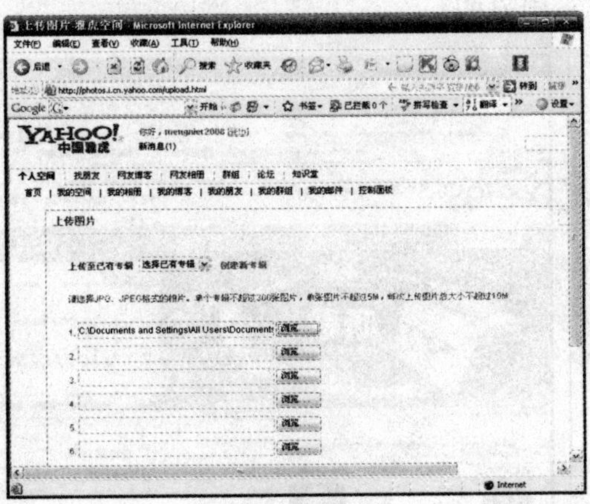

12 在此页面中，单击“开始上传”按钮。

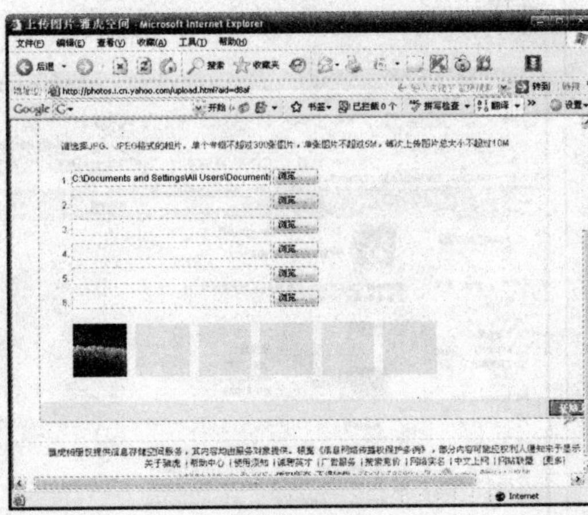

此时会弹出上传成功提示。

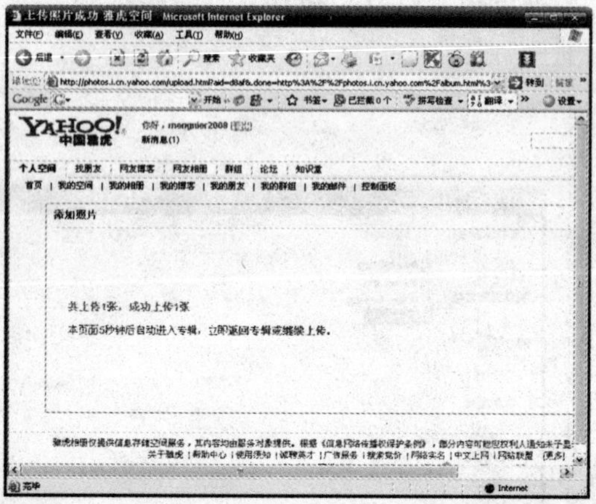

14 打开创建的相册专辑后，即可查看上传的照片。

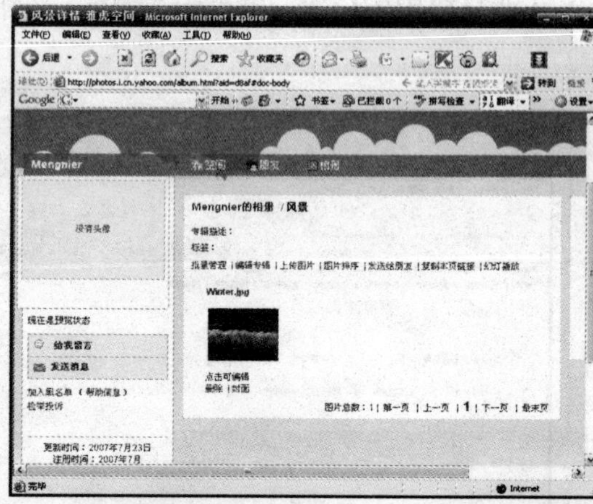

8.5.2 创建音乐盒

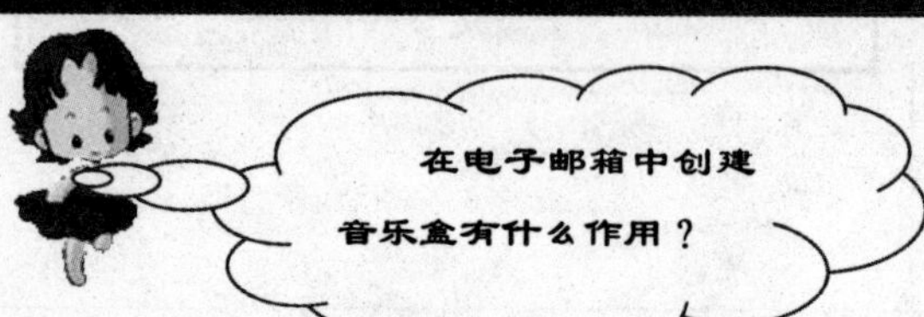
在电子邮箱中创建
音乐盒有什么作用？

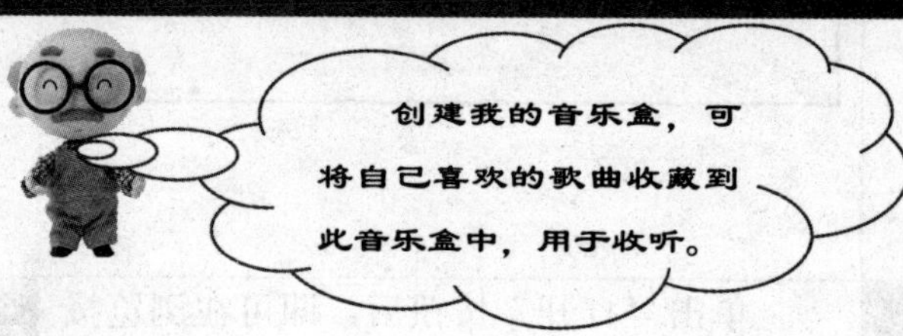
创建我的音乐盒，可
将自己喜欢的歌曲收藏到
此音乐盒中，用于收听。

创建音乐盒的方法如下：

登录邮箱后，单击“我的音乐”文字链接。

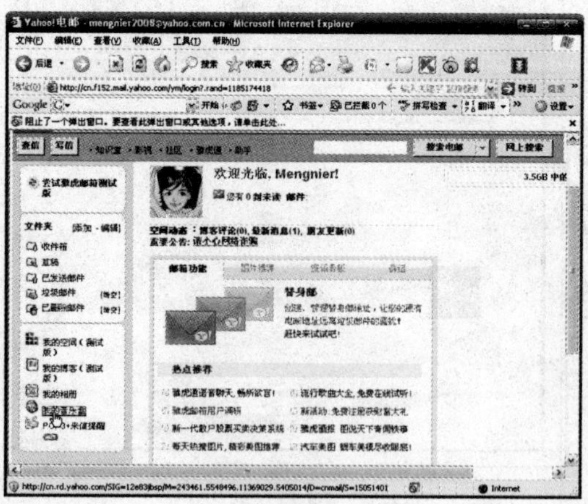

单击“我的音乐”文字链接后，会弹出页面。

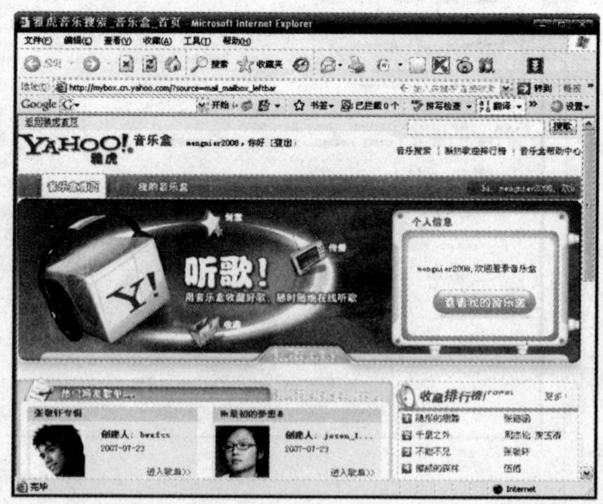

在此页面中单击“查看我的音乐盒”按钮。

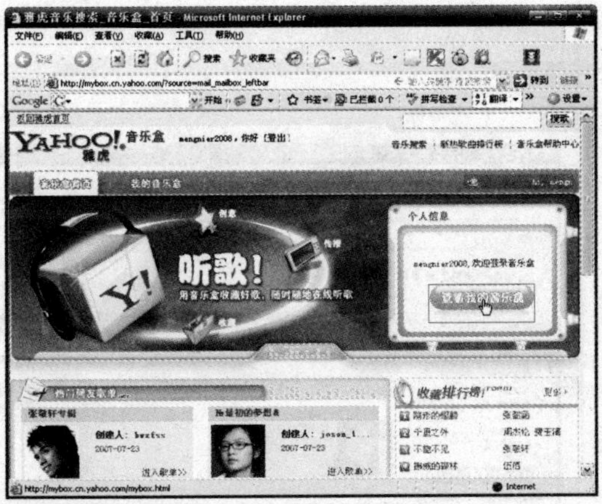

此时会进入我的音乐页面，在此页面中提示当前音乐盒中没有添加任何歌曲。

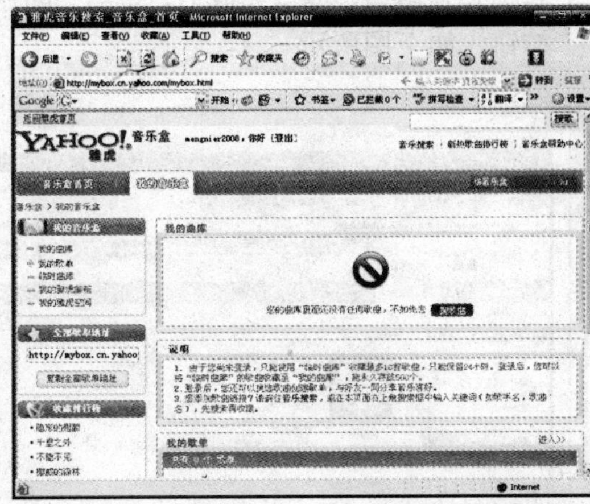

用户此时可在页面中单击“我的歌单”按钮文字链接添加歌单。

单击“我的歌单”文字链接后，在弹出的页面中单击“创建”按钮。

7 创建歌单可设置歌单的名称、图片并可对歌单进行描写。当然，如果用户不想为歌单设置图片或进行描写，也可不在下图所示的页面中进行逐项填写，但歌单的名称必须填写，填写完成后，单击“创建”按钮，如下图所示。

8 如果歌单创建成功，则会弹出页面，提示歌单已创建成功。

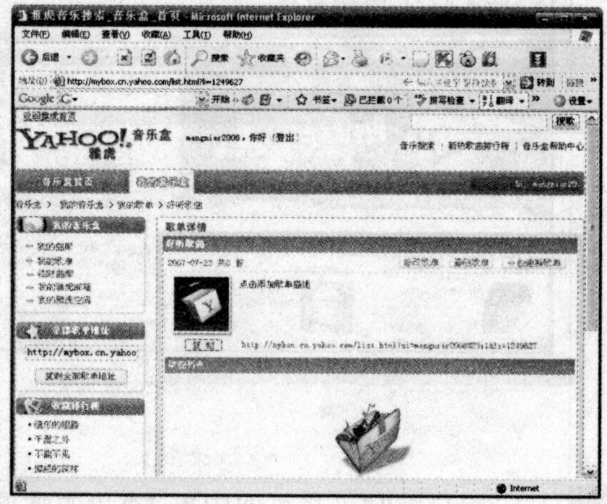

9 此时，再在页面中单击“我的曲库”文字链接，会弹出页面，如果要添加歌曲，可单击“搜歌曲”文字链接。

10 此时会弹出雅虎歌曲搜索页面，用户可在此页面中选择自己喜欢的歌曲。

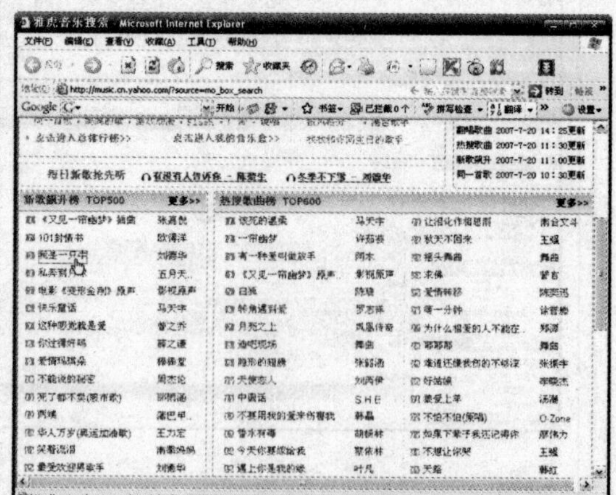

单击此歌曲后，会在页面中显示此歌曲的各种信息，如歌曲名称、歌手、所属专辑、试听、下载、收藏、格式、大小和速度。如果用户要将此歌曲添加到自己的歌曲库中，可单击“收藏”按钮。

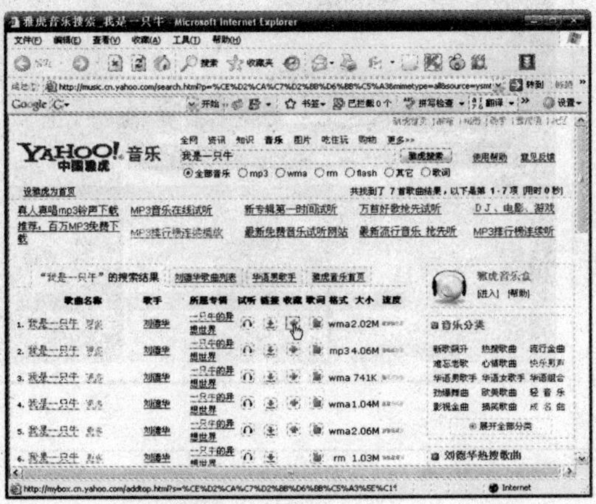

12 此时在弹出的页面中单击“这里”文字链接。

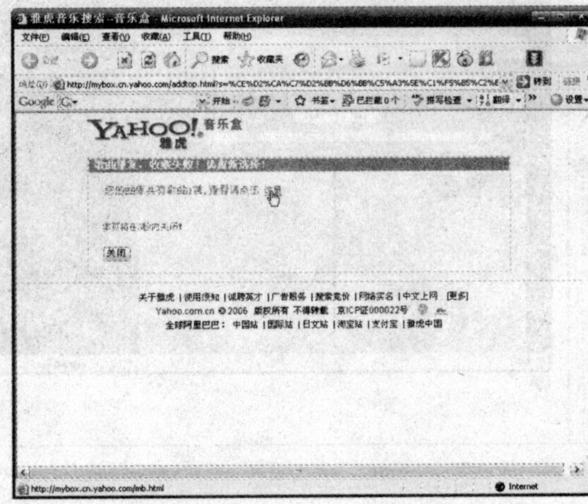

如果添加歌曲成功后，打开我的曲库即可查看曲库中已添加的歌曲，并可查看当前曲库的已用空间和剩余空间。

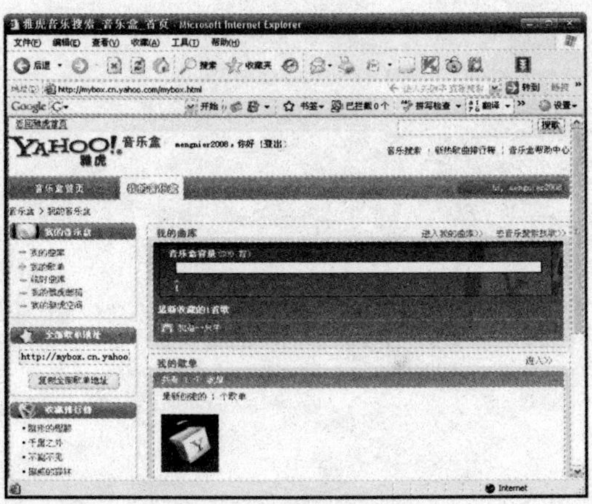

14 如果想在我的曲库中试听已添加的歌曲，可在我的曲库歌曲列表中单击某个歌曲的名称。

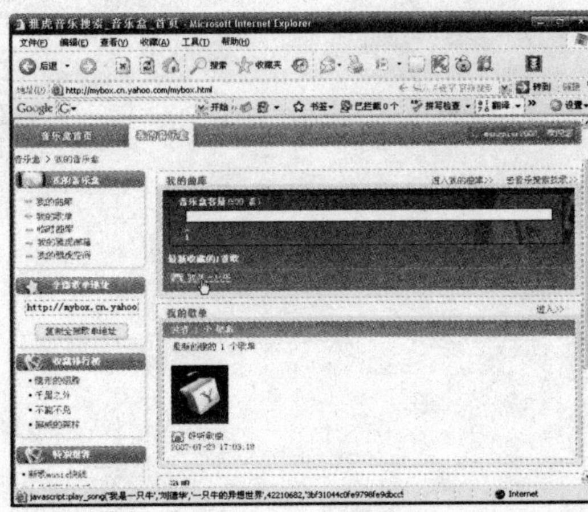

此时会打开一个播放器用于播放此首歌曲。

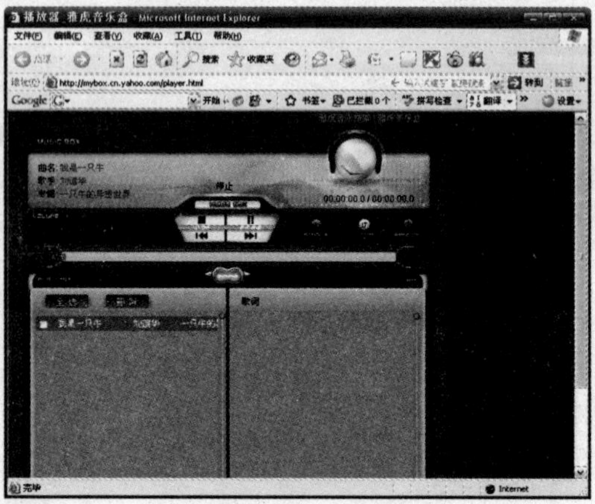

如果想删除播放歌曲列表中的某个歌曲，可在列表中单击此歌曲前的复选框，然后单击“删除”按钮。

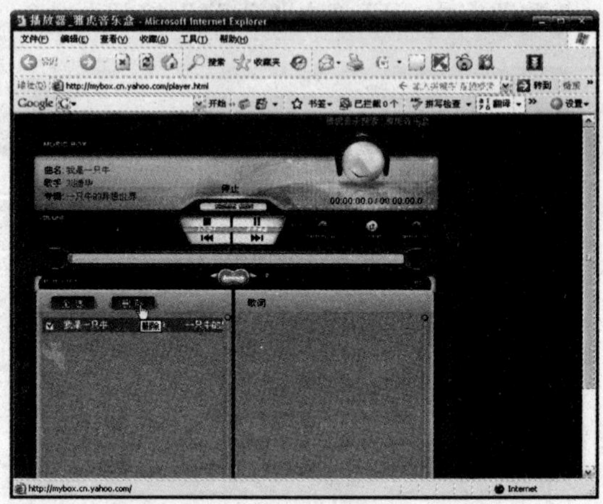

电脑即学即用

教你学电脑

第 9 章　制作与发布主页

本章要点：

- ◆ 创建个人网页结构
- ◆ 编排网页
- ◆ 创建超级链接
- ◆ 发布个人主页

电脑博士，如何才能创建自己的主页并发布在网上？

小丽，学习了 Frontpage 这个软件即可编辑主页并发布在 WWW 上。本章就教你如何制作网页及发布网页吧。

9.1 Frontpage 界面

Frontpage 是 Microsoft 公司推出的一个功能强大的网页编辑软件，它能够按照 HTML 的格式创建网页和编辑。因为使用 HTML 编辑网页要掌握许多的代码，因此 Frontpage 提供了一种不需要 HTML 代码进行编写，就能制作出漂亮网页的功能，我们把这种方式叫做所见即所得方式。本章以 Frontpage 2003 进行讲解。

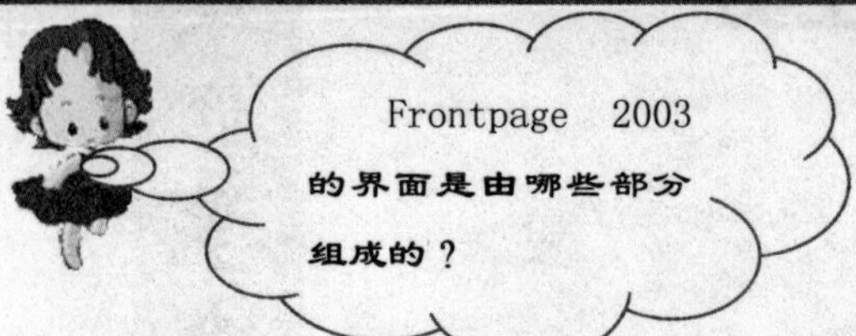

双击桌面上的 Frontpage 2003 图标后，即可启动此应用程序。

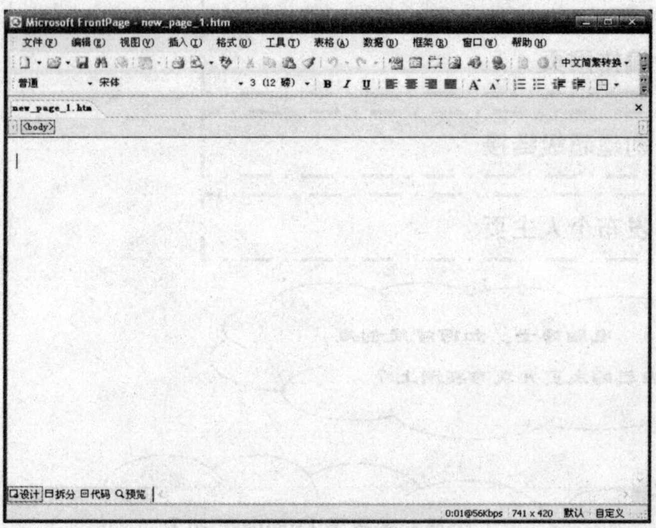

“Frontpage 2003”操作界面

Frontpage 2003 的界面主要由标题栏、菜单栏、工具栏、网页编辑区和状态栏组成。此外，在状态栏的上面分别有 4 个视图按钮，单击这 4 个视图按钮，会出现不同的视图效果，默认的为设计视图。如果单击“设计”视图模式，则会将编辑窗口分为两部分，上半部分为代码，下半部分为显示效果；如果单击“代码”视图模式，则在窗口中只显示其代码。如果单击“预览”视图模式，则可预览当前窗口中编辑的网页的效果。

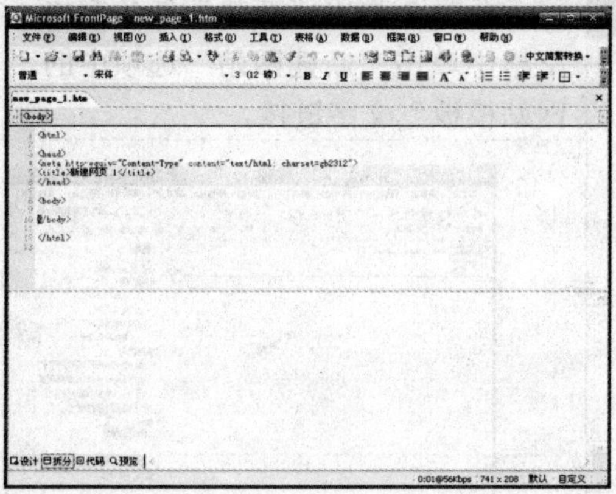

“设计”视图方式

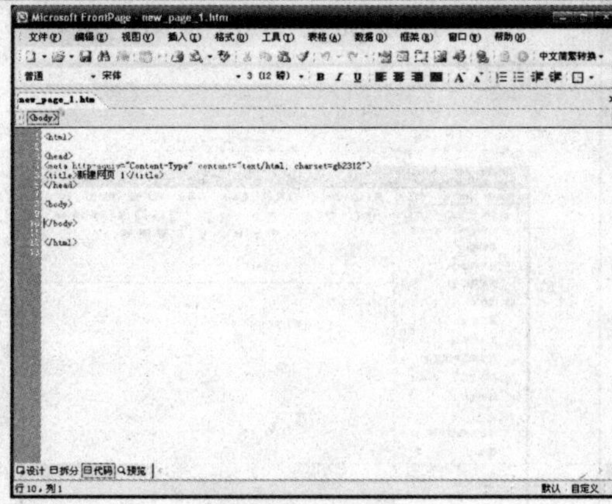

“代码”视图方式

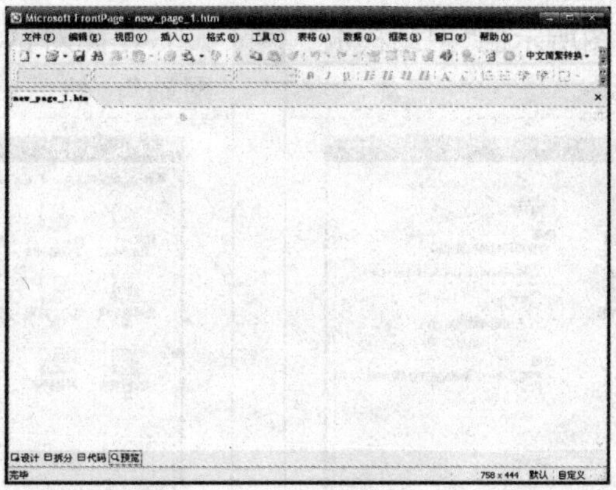

“预览”视图方式

9.2 创建网站结构

创建网站结构是指创建出整个网站的大概结构，如主页、主页下面的网页、网页下面的网页等。

怎样才能创建个
人网站结构？

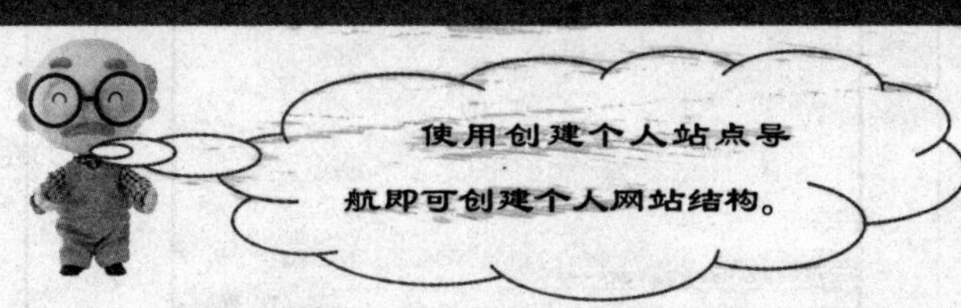
使用创建个人站点导
航即可创建个人网站结构。

创建个人站点的具体方法如下：

打开 Frontpage 2003 窗口，执行“文件/新建”命令。

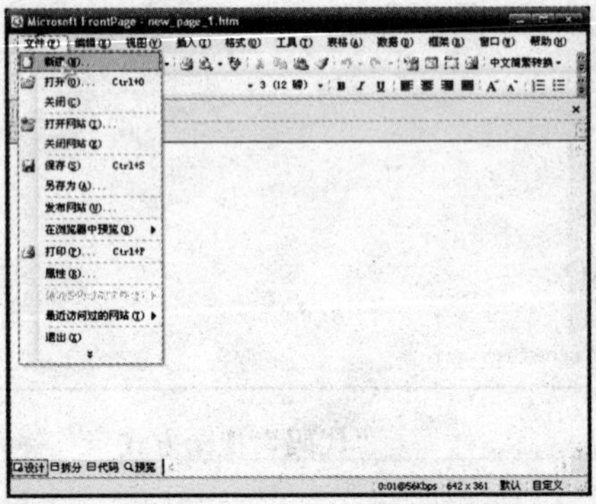

此时会弹出“新建”任务窗格，在此空格中单击“新建网站”选项中的“其他网站模板”文字链接。

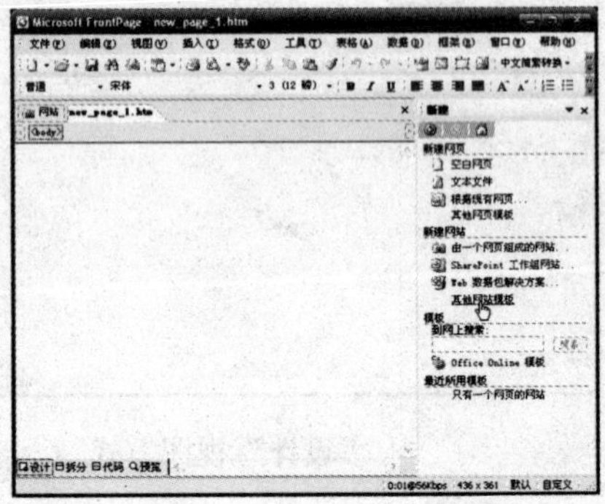

此时会弹出如下图所示的“网站模板”对话框。

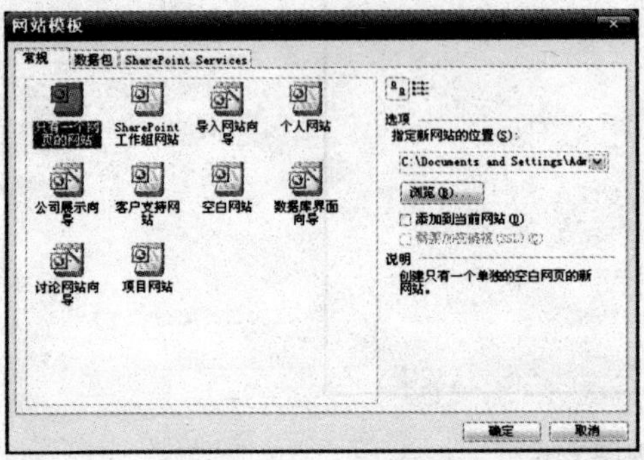

在此对话框中选择“只有一个网页的网站”，然后单击“确定”按钮。

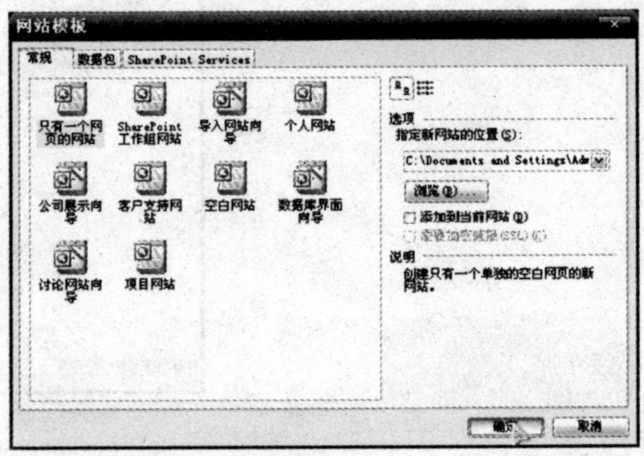

在新建的站点中单击“导航”按钮。

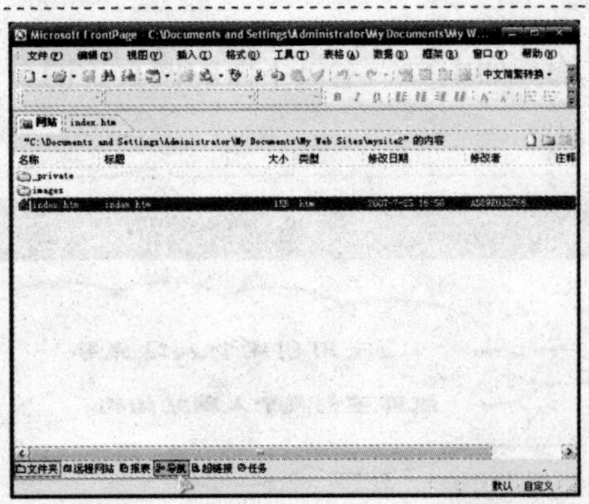

此时会弹出视图页面。

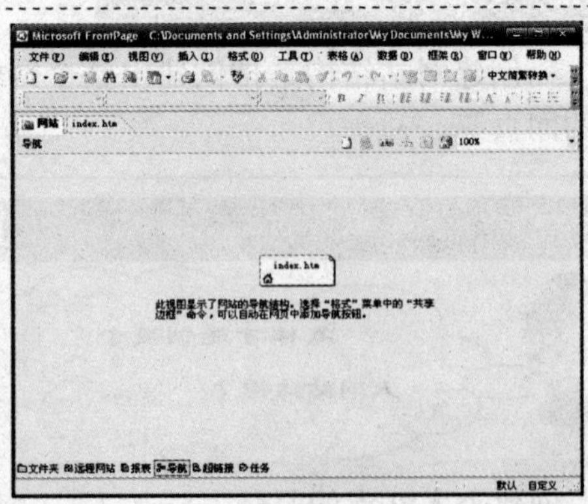

在此页面中单击“index.htm”，当它呈反向显示时，在此输入主页的名称，也可直接输入“主页”。

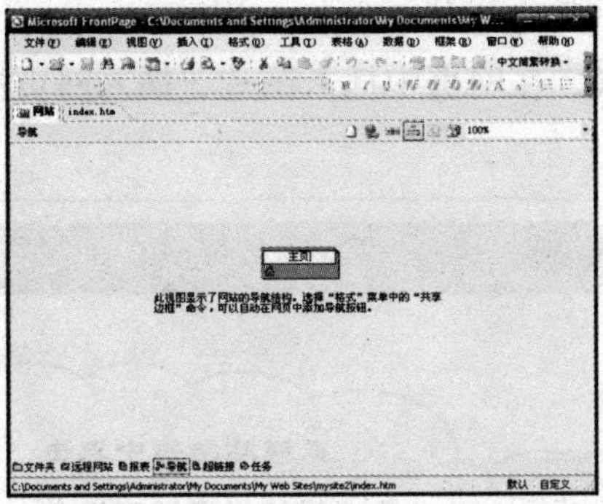

输入完成后，将鼠标指向窗口的其他位置单击即可。然后用鼠标指向主页的位置单击右键，并在弹出的快捷菜单中执行“新建/网页”命令。

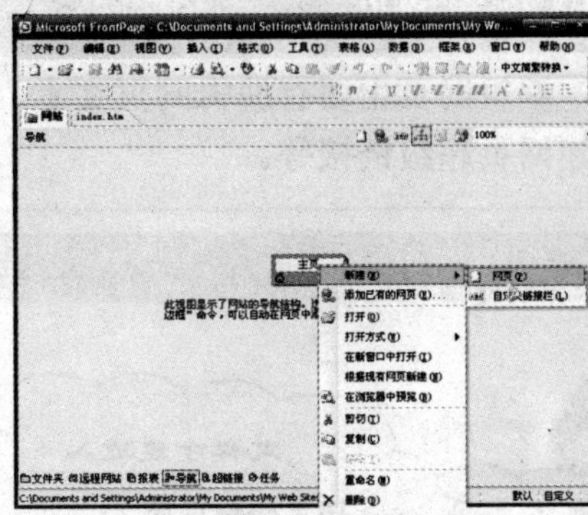

此时，会在主页的下面出现网页2的结构图。

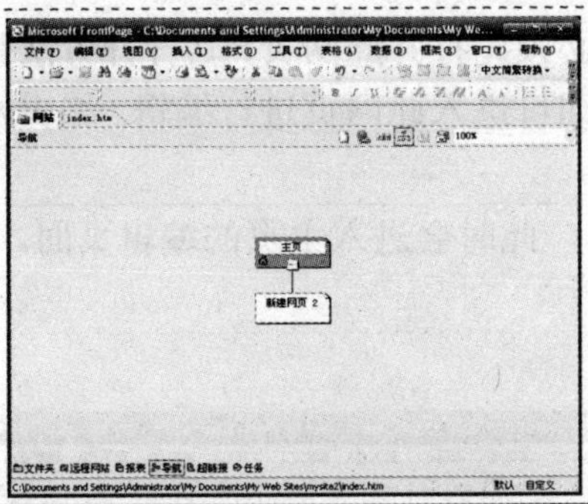

用鼠标单击“网页面”，当其呈反向显示时，输入网页的名称，如输入“我的空间”。

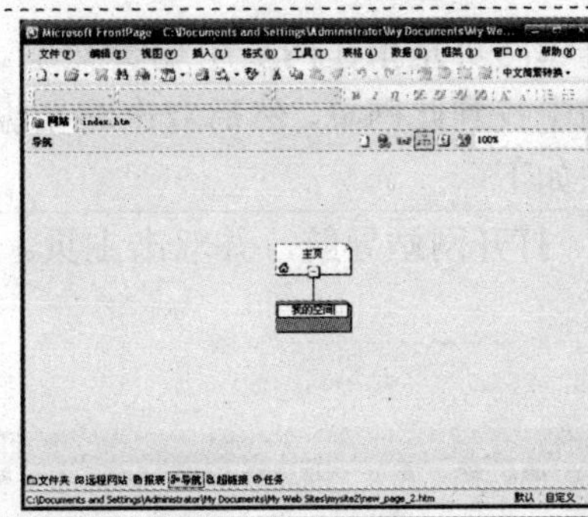

使用同样的方法，还可在主页下面的网页下再创建网页。

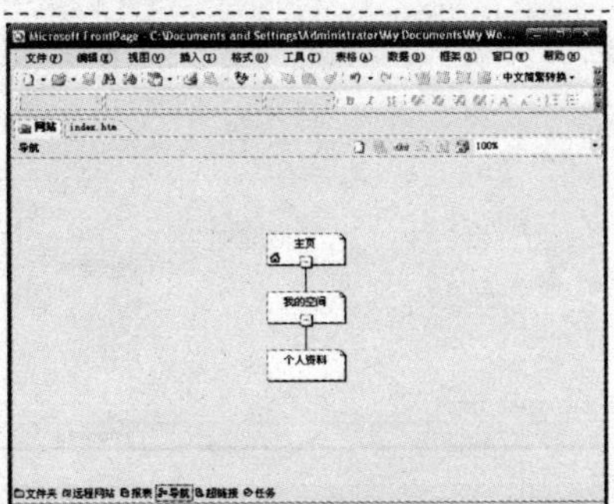

使用以上同样的方法，创建网站结构。

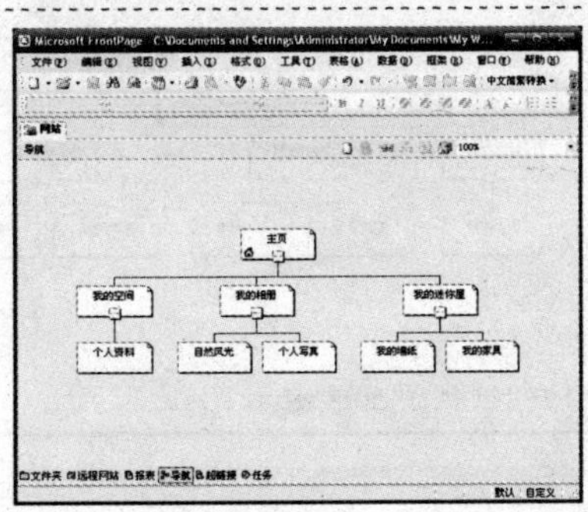

提示：

如果要创建新的顶级网页，可在编辑窗口的空白处单击鼠标右键，从弹出的菜单中选择“新建顶层网页”命令即可。

9.3 编辑网页

编辑网页主要有编辑网页文本、设置网页格式、在网页中插入图片、插入网页横幅和创建网页超级链接等。

9.3.1 编辑网页

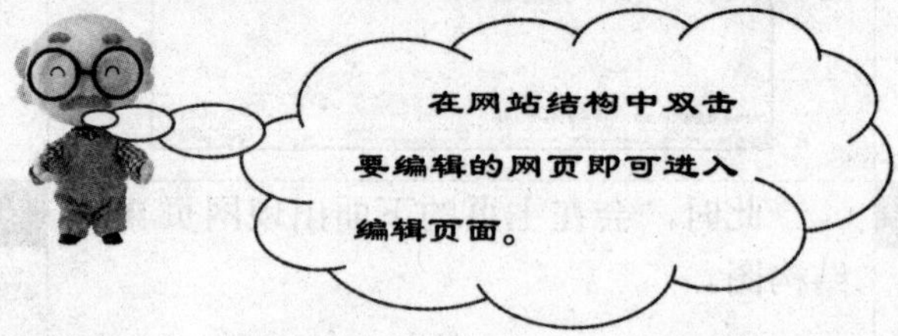

编辑网页是指在网页中编辑文本。在编辑网页时必须先打开此网页，其打开方法是先在网站结构中找到此网页，然后双击将要编辑的网页名称即可进入此网页进行编辑。编辑网页的具体方法如下：

打开网站导航，并双击主页。

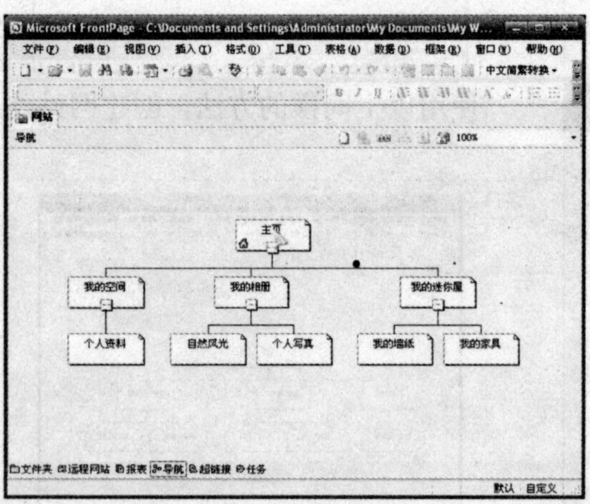

此时会进入主页的编辑页面。

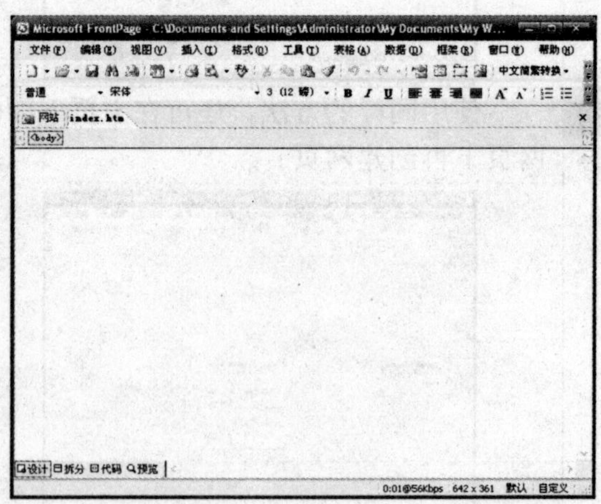

进入网页编辑页面，即可自由进行编辑，如在此页面中输入文字。

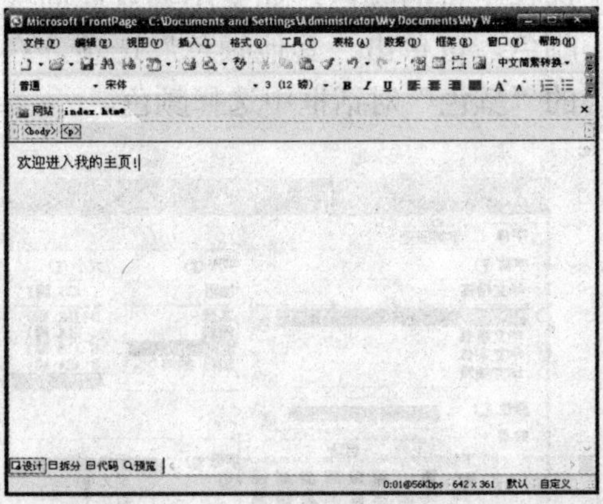
欢迎进入我的主页！

使用同样的方法，在此输入其他文字。

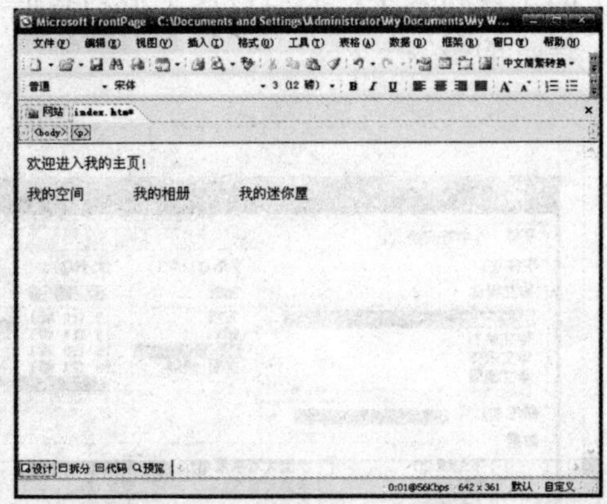
欢迎进入我的主页！
我的空间　我的相册　我的迷你屋

9.3.2 设置网页格式

设置网页格式
有什么作用？

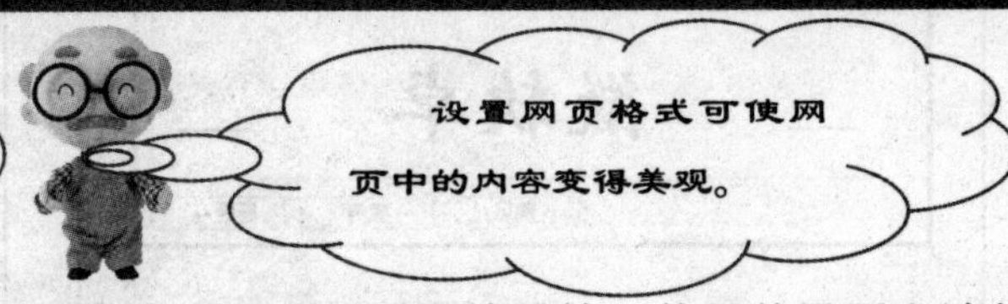
设置网页格式可使网
页中的内容变得美观。

设置网页格式包括设置字符格式、设置段落格式和设置项目符号等，其具体设置方法如下：

• 设置字符格式

要设置字符格式，必须先选择将要设置格式的字符，再执行“格式/字体”命令。

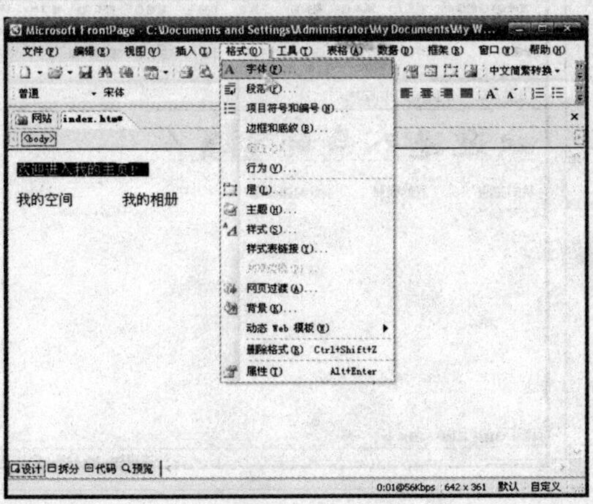

此时会弹出“字体”对话框。

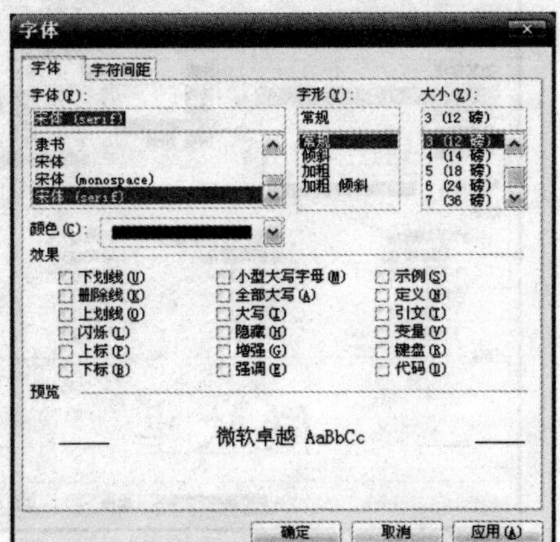
字体
确定
取消
应用(A)

在此对话框中通过拖动“字体”和“大小”列表框右侧的滚动条设置其字符的字体和大小，然后再在字形列表框中选择“加粗”。

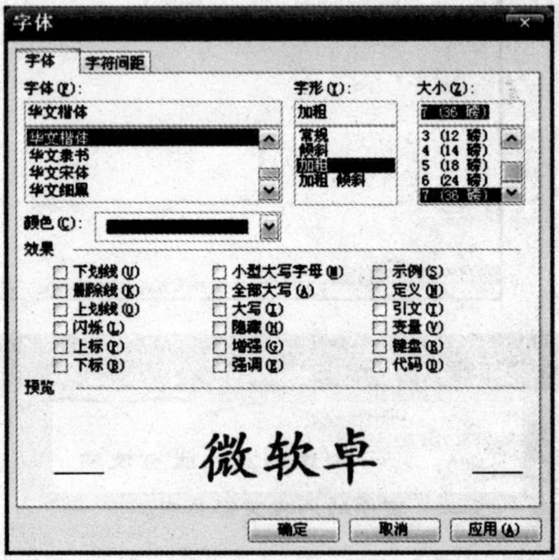

在“字体”对话框中单击“颜色”栏右侧的下拉按钮，并在弹出的颜色面板中选择字符的颜色。如果不喜欢此面板中的颜色，可单击“其他颜色”选项，在弹出的“颜色”对话框中选择颜色。

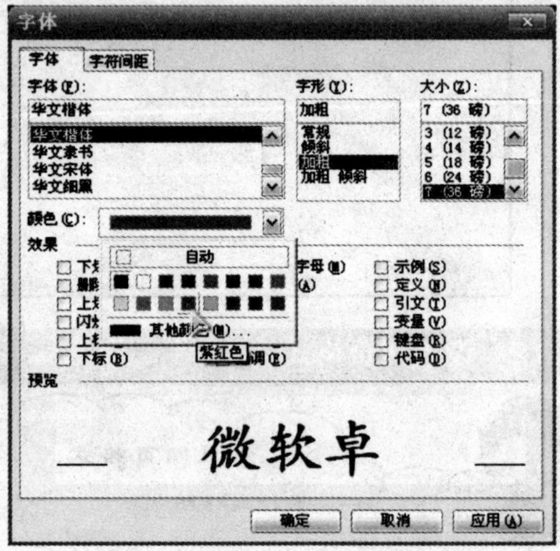

在“字体”对话框中，还可在“效果”选项中选择字符的显示效果，如下划线、闪烁、增强、上标等，在此选择“下划线”和“闪烁”复选框，再单击“确定”按钮。

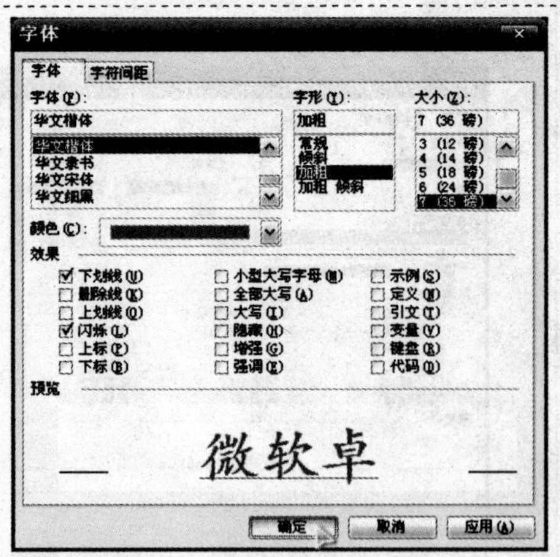

此时，所选字符的效果如下图所示。

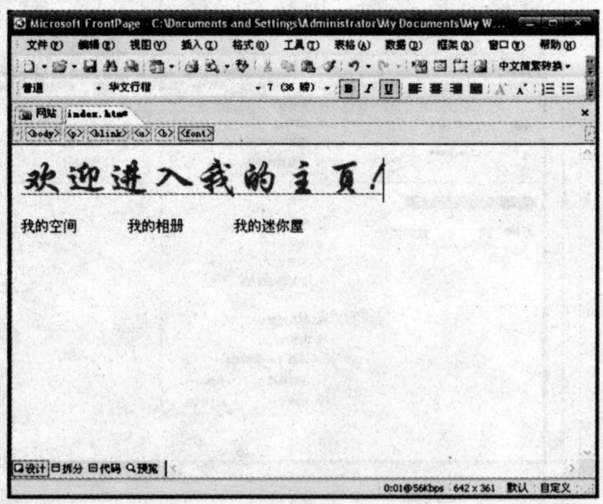

使用同样的方法，可设置其分类目录的文字颜色。

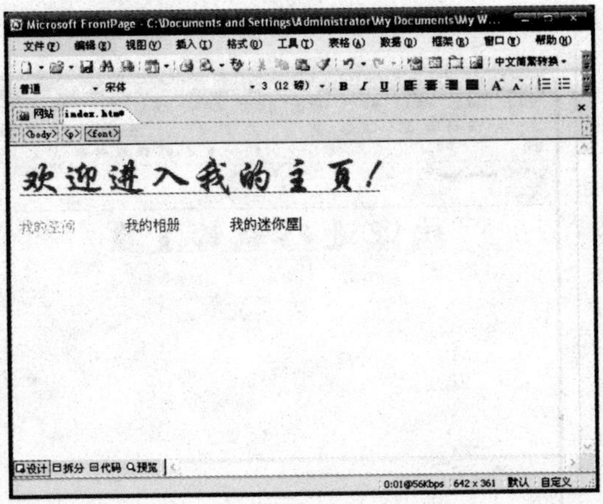

提示：

在 Frontpage2003 中，使用格式工具栏也可设置其字符的字体、字形和字号。

• **设置段落格式**

选择需要设置段落格式的文本，然后执行“格式/段落”命令。

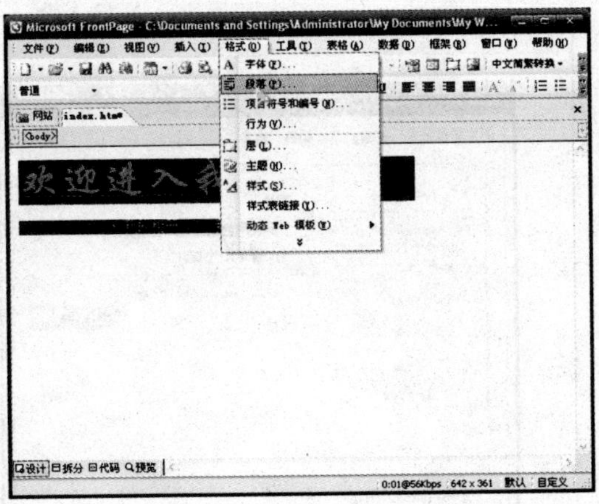

此时会弹出“段落”对话框。

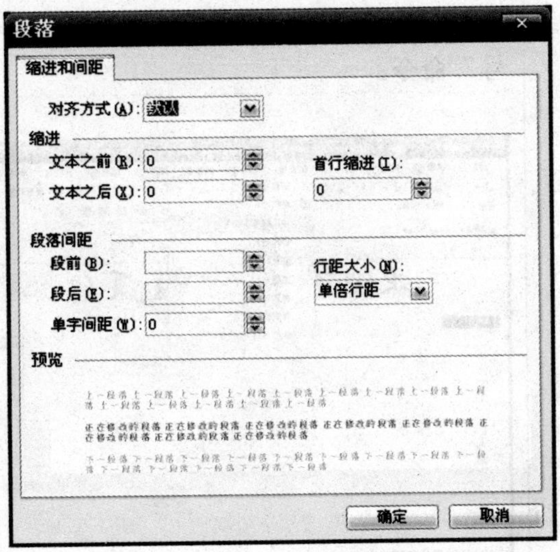

在此对话框中单击“对齐方式”右侧的下拉按钮，在此列表中选择“居中”选项。

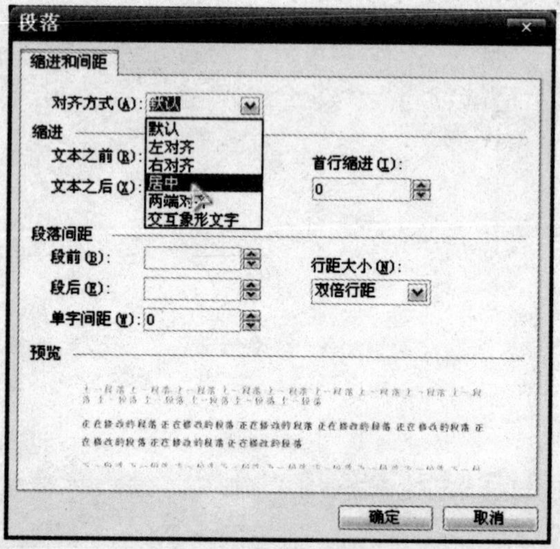

在“段落”对话框中单击“确定”按钮后，其效果如下图所示。

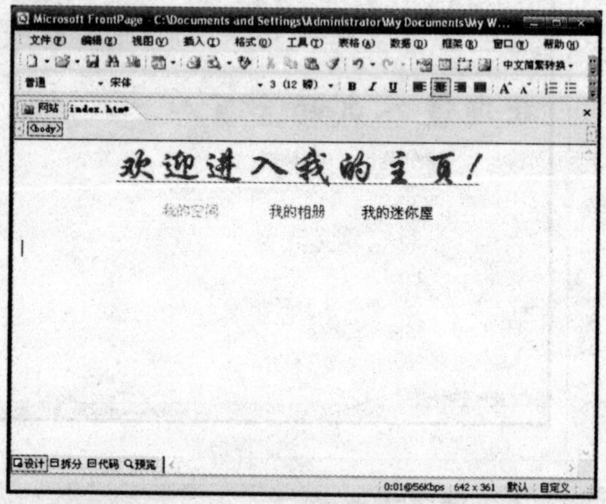

• 设置项目符号和编号

调整好将要设置项目符号和编号的文本的位置，然后选择需要设置项目符号和编号的文本，再执行“格式/项目符号和编号”命令。

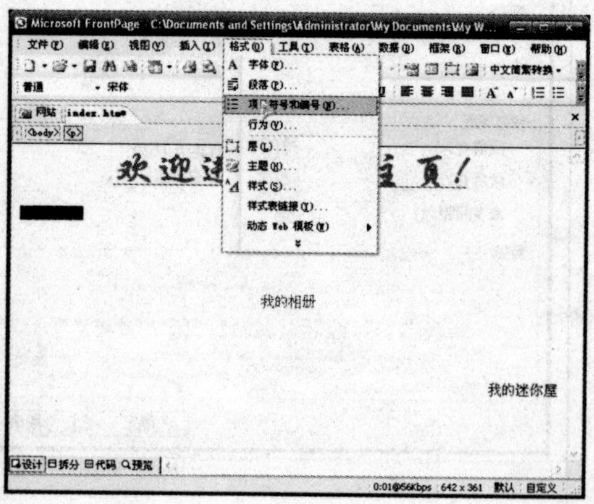

单击此命令后，会弹出 “项目符号和编号方式”对话框。

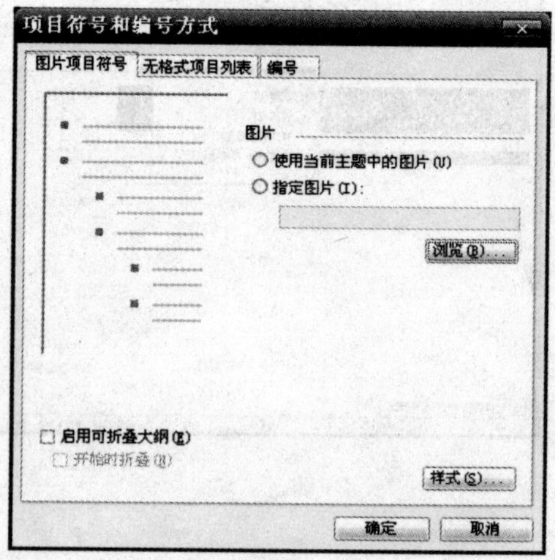

在此对话框中单击“无格式项目列表”选项卡，再在下面的项目列表中选择喜欢的项目样式，最后再单击“确定”按钮。

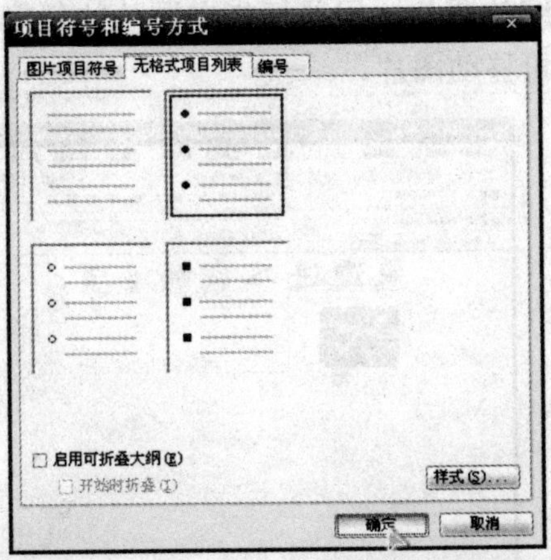

此时项目符号的效果如下图所示。然后再使用同样的方法为“我的相册”和“我的迷你屋”设置同样的项目符号。

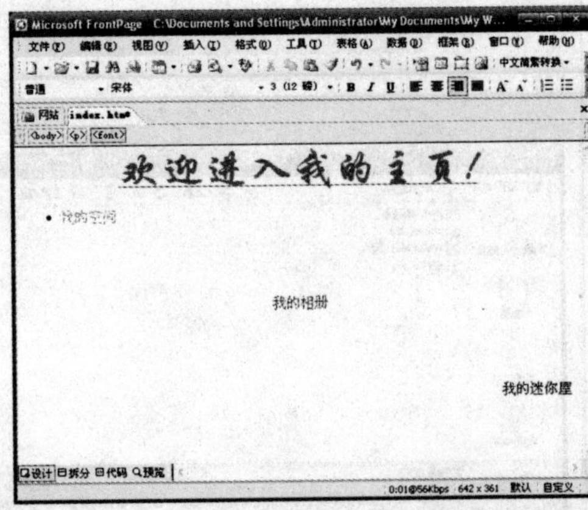

9.3.3 插入图片

在网页中插入图片是制作网页必不可少的步骤，其方法如下：

将光标定位在需要插入图片的位置，然后执行“插入/图片/来自文件”命令。

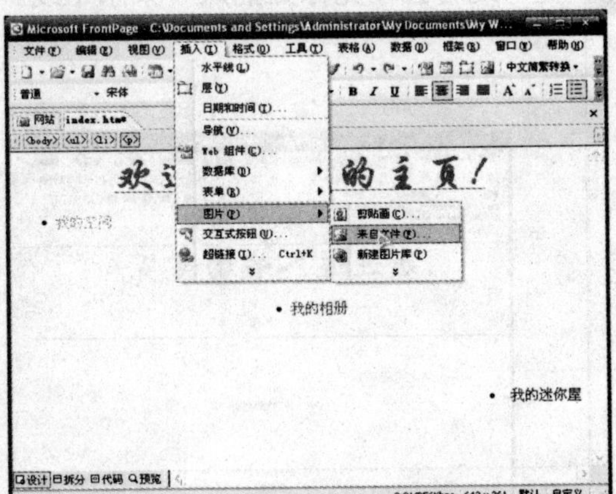

此时会弹出“图片”对话框。

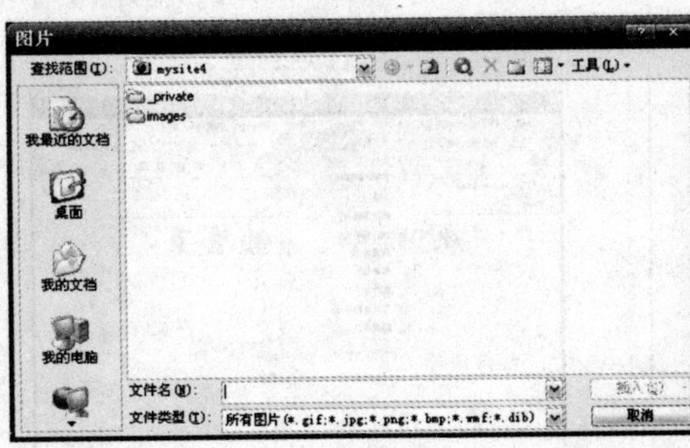

在此对话框中选择图片所在的位置，然后单击“确定”按钮。

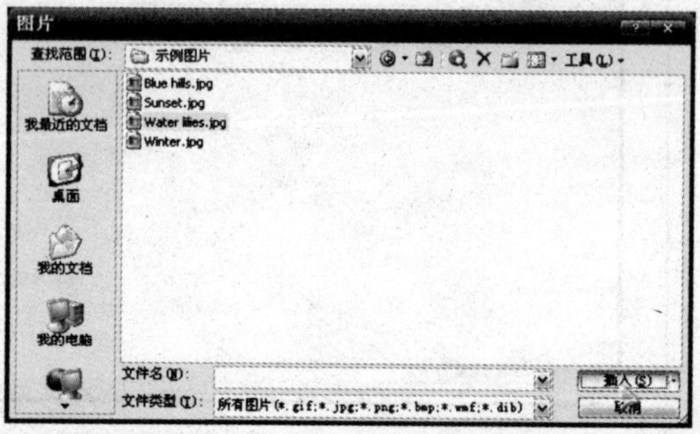

单击“确定”按钮后，即可插入所选图片，插入图片后，如果图片太大可用鼠标指向图片周围的控制点进行拖动，即可缩放图片。用鼠标指向图片的任何位置还可移动图片。

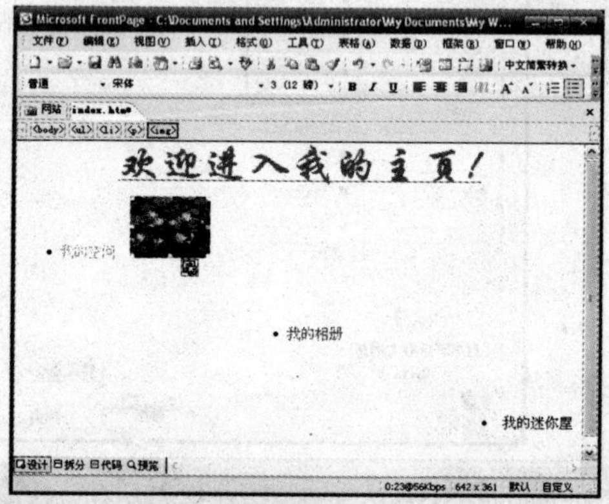

9.3.4 插入水平线

在网页中插入水平线有什么作用？
在网页中插入水平线可用来分隔文本或加着重符号。

在网页中插入水平线的方法是：

将光标定位在需要插入水平线的位置，然后单击“插入”菜单中的“水平线”命令。

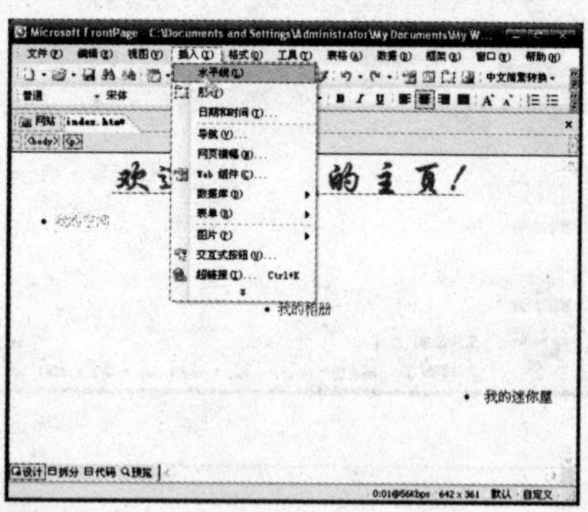

此时会在光标处插入一条水平线。

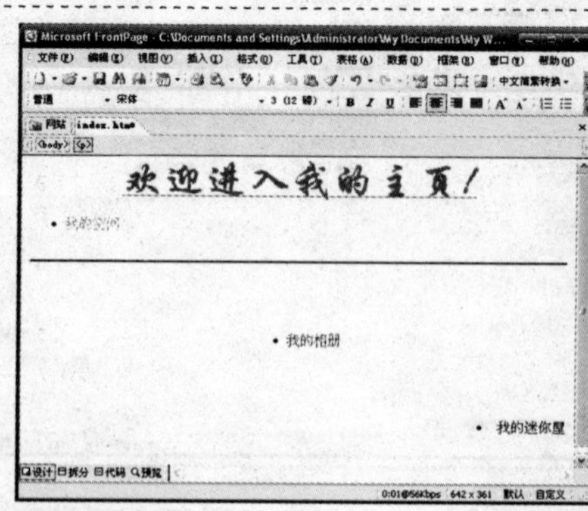

如果需要设置水平线的格式，可用鼠标指向水平线并双击，此时会弹出“水平线属性”对话框。

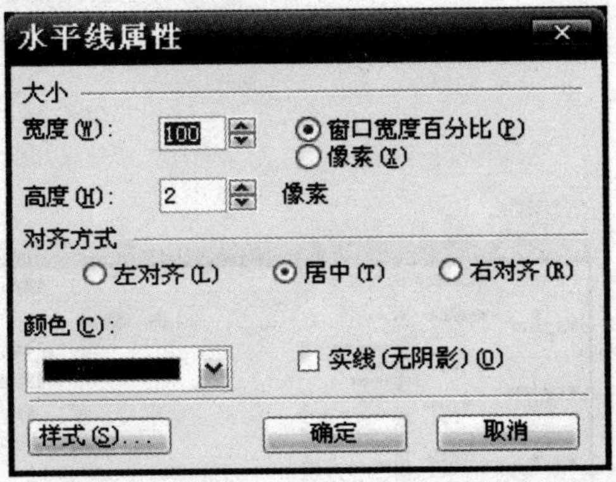

在此对话框中可设置水平线的大小和对齐方式。

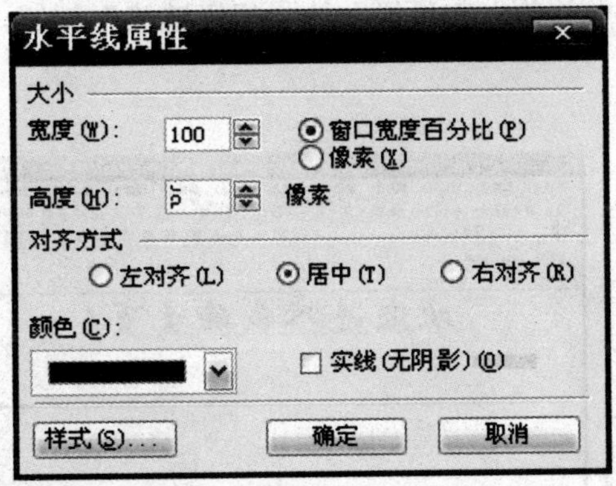

在此对话框中单击“颜色”栏右侧向下的按钮，可在弹出的颜色面板中选择水平线的颜色。

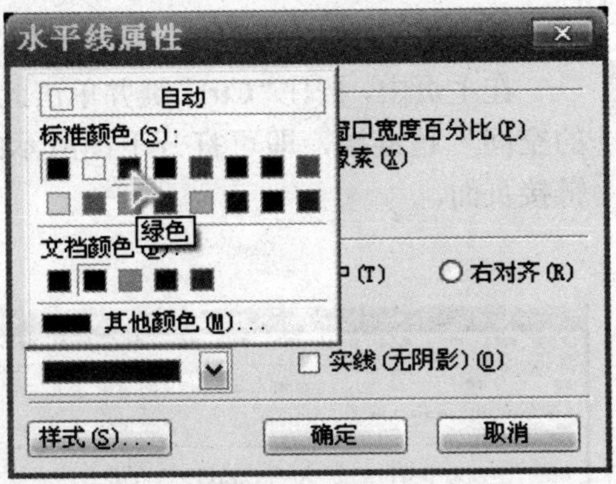

在此对话框中单击“确定”按钮，其水平线效果如下图所示。

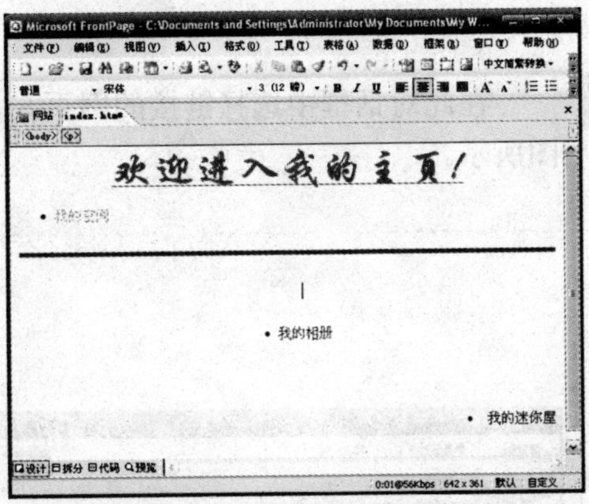

9.3.5 创建网页间的链接

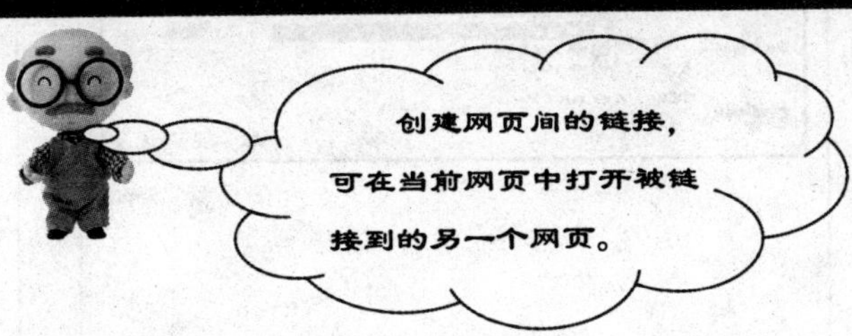

在创建网页间的链接时，按照链接的形式可将超级链接分为相对链接和绝对链接两种。相对链接是指同一网站的不同页面之间的链接。

选择需要链接到另一个网页的文本，并单击工具栏上的“超级链接”按钮。

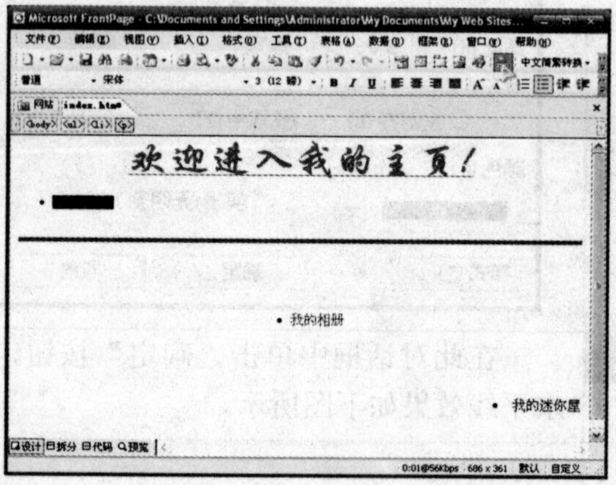

此时，会弹出对话框。

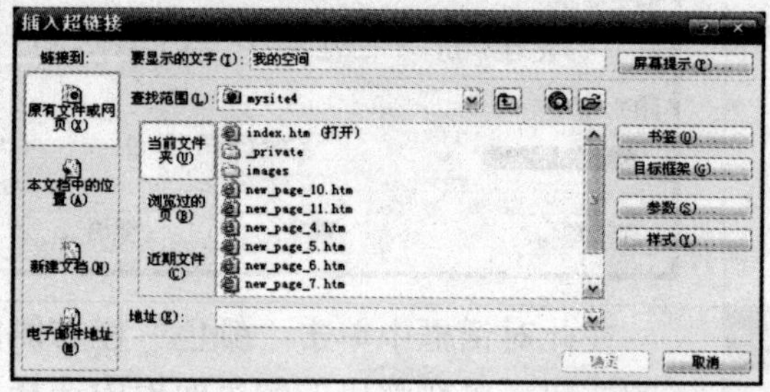

在此对话框中选择链接的网页，如下图所示。

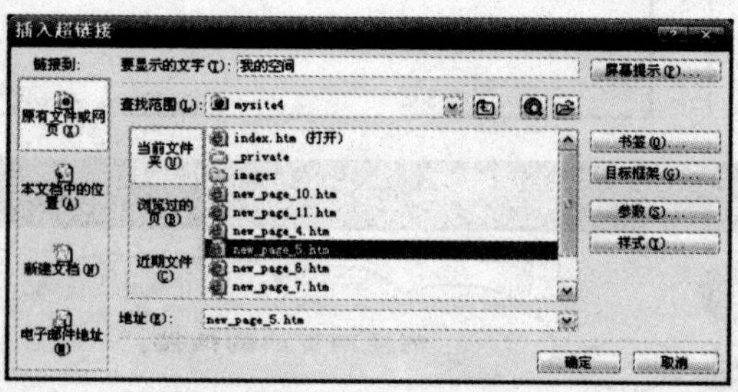

在主页中，按住“Ctrl”键并单击此“我的空间”超链接，即可打开下图所示的超链接页面。

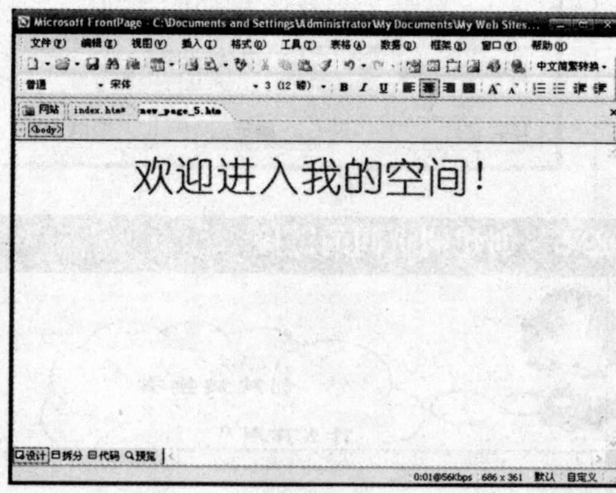

9.3.6 预览网页

制作完网页后，
可进行预览？
当然可以，直接单击
网页编辑窗口底部的预览
选项即可预览网页。

预览网页用于查看制作出的网页效果。如果要制作比较漂亮的网页，使用 HTML 代码是必不可少的，因此，现在许多网站都提供有 HTML 代码下载，用户只需将这些代码添加到指定位置，然后单击网页编辑窗口底部的预览选项或在网页视图模式下单击工具栏中的“预览”按钮，打开 Web 浏览器即可预览网页效果。

主页 - Microsoft Internet Explorer
文件(F) 编辑(E) 查看(V) 收藏(A) 工具(T) 帮助(H)
后退 搜索 收藏夹
地址(D) C:\Documents and Settings\Administrator\My Documents\My Web Sites\mysite4\inde
转到 链接
Google 开始 书签 设置
欢迎进入我的主页！
我的空间
我的相册
我的迷你屋
我的电脑

9.4 保存网页

制作完网页后，即可进行保存。在保存网页时，一定要注意网页的保存格式。通常，网页的后缀名是“html”。

怎样保存网
页？
单击“文件”菜单
中的“保存”命令即可
保存网页。

保存网页的方法主要有以下三种：

（1）执行“文件/保存”命令。

（2）执行“文件/另存为”命令。

（3）单击工具栏上的“保存”按钮。

使用上面三种方法保存网页时，如果是第一次保存网页，都会弹出“另存为”对话框。

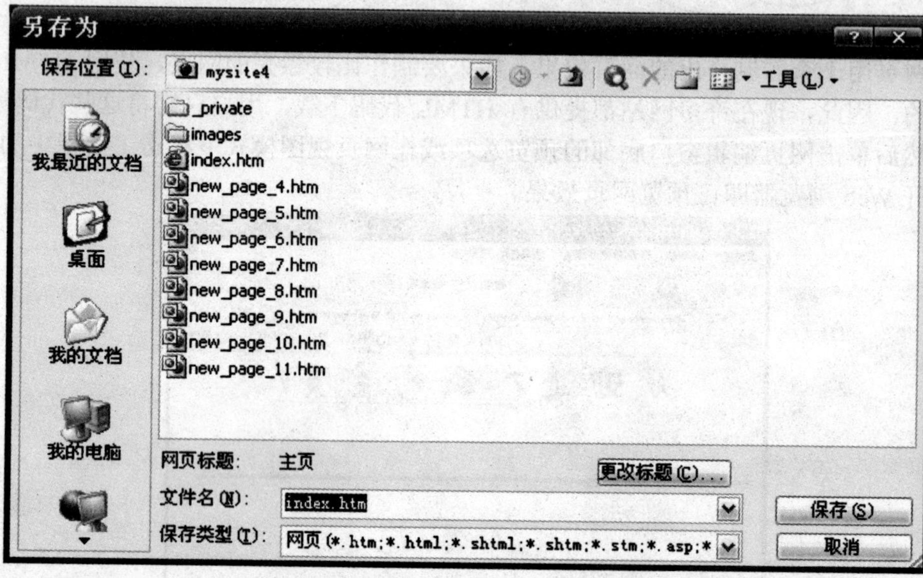

在此对话框中，用户可选择网页的保存位置、名称和扩展名等。如果设置好后，可单击“保存”按钮，即可将网页保存到指定的位置。

9.5 发布网页

用户制作完网页后，可将其传送到网页服务器上让别人来访问并提出意见，使网页变得更加完美。

目前，有许多提供免费发布个人主页的网站，一般选择提供的免费空间大、附加的免费服务多、访问速度快且信誉好的网站。本节以在“www.id666.com”网站中申请网页空间为例，简单介绍发布网页的具体方法。

启动 IE 浏览器后，在地址栏中输入“www.id666.com”，进入爱迪免费个人主页网。

在此页面中单击登录框右下侧的“免费注册”文字链接。

单击此文字链接后，会弹出注册协议页面，用户仔细阅读此协议后单击“我同意”按钮。

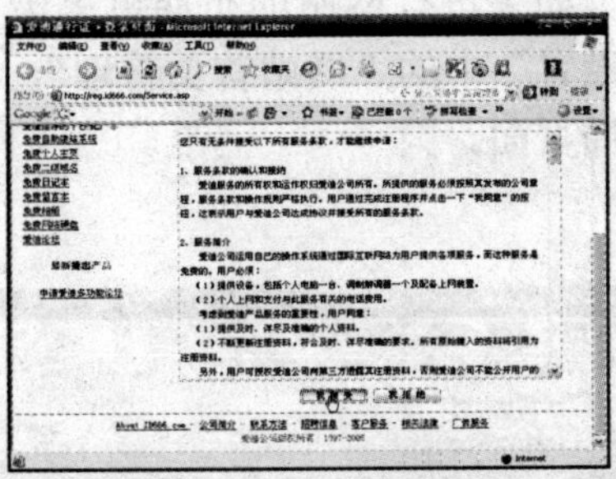

在弹出的输入通行用户名页面中填写用户名，在进行填写时应仔细看右侧的提示，以免用户名填写错误，填写完后，单击“提交表单”按钮。

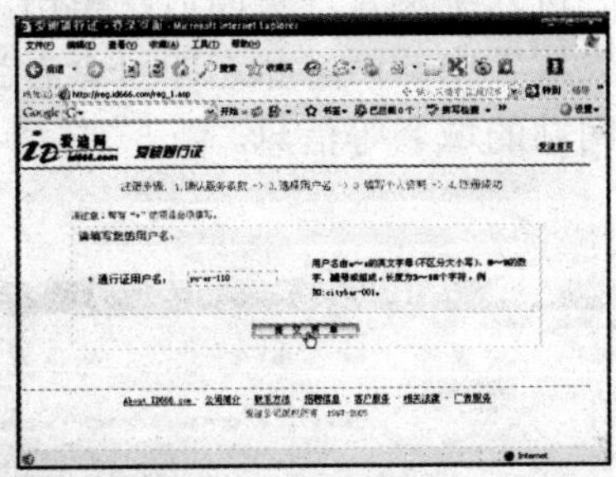

在弹出的填写个人信息页面中输入个人信息，应注意此页面中带“*”号的信息是必须填写的，填写完成后单击“提交表单”按钮。

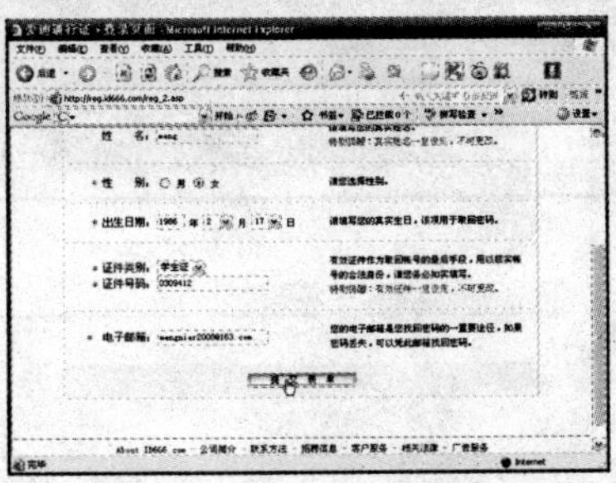

单击“提交表单”按钮后，如果注册成功会弹出页面。

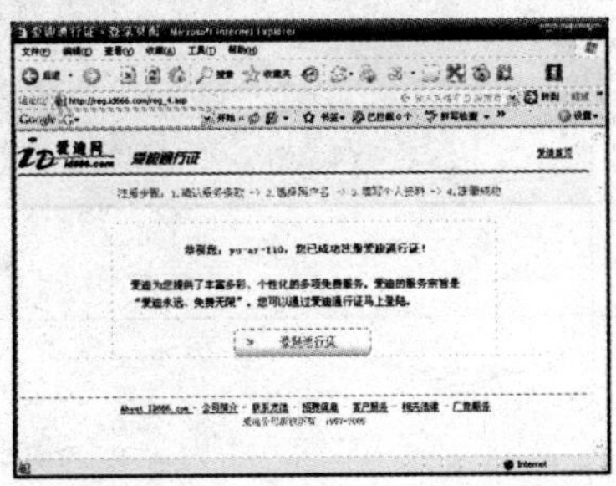

回到爱迪网主页，在登录框中输入刚才申请的用户名和密码，然后单击“登录”按钮。

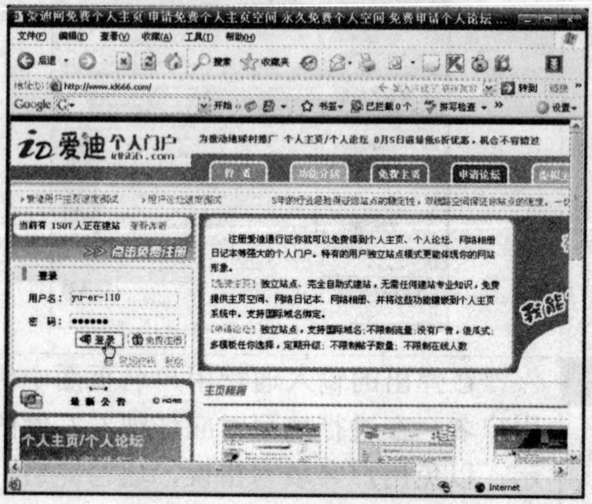

登录成功后，在此页面中单击“主页管理”命令。

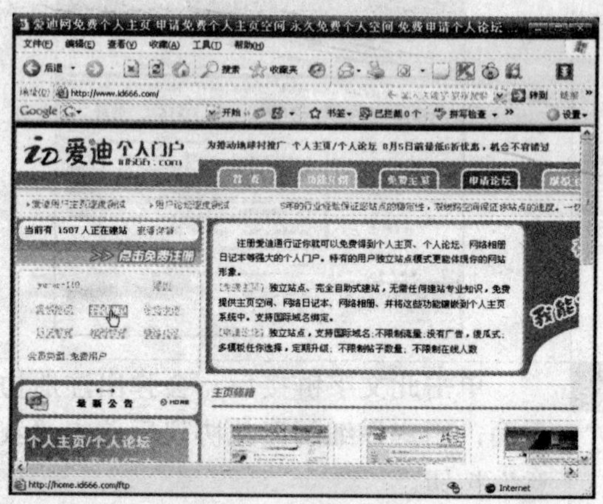

进入主页管理页面后，单击“网站综合设置”中的网站状态即可查看当前申请的网站的域名等信息。

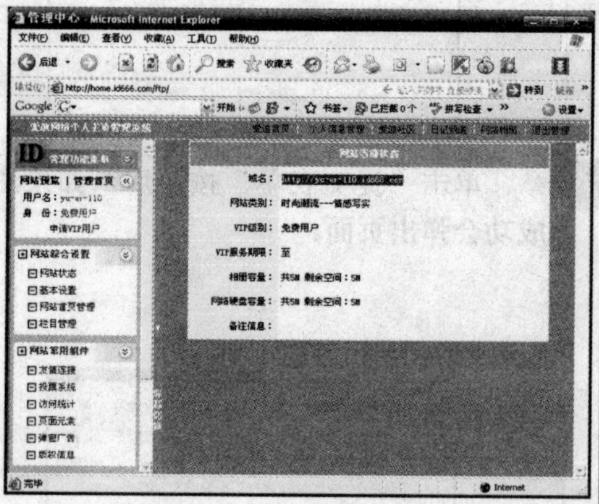

如果进行网站的布局可单击“网站综合设置”中的“网站首页管理”，即可打开布局页面。

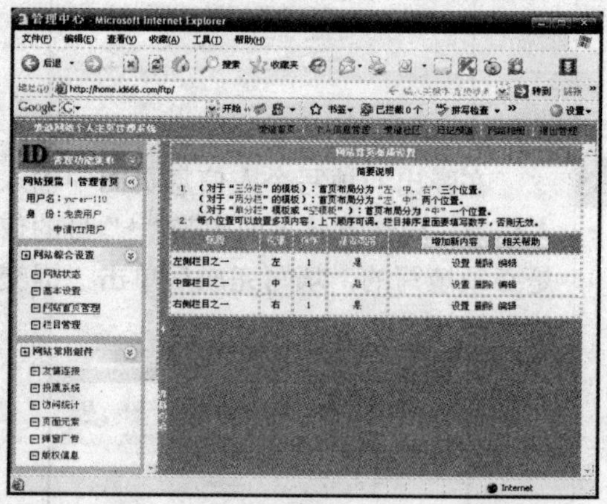